osteuropa

72. JAHRGANG / HEFT 12 / 2022

Waffen, Wappen, Wirtschaft
Russlands glokaler Krieg gegen die Ukraine

Hanna Notte

Infektiöse Kooperationsverweigerung

USA vs. RF: Das Sterben der atomaren Rüstungskontrolle

Ausklammern ist eine wichtige Strategie in der internationalen Politik. Trotz eines übergeordneten Konflikts nehmen Staaten bestimmte Bereiche aus diesem aus und kooperieren zu beiderseitigem Vorteil. Diese Praxis wird immer seltener in den Beziehungen zwischen den USA und Russland. Moskau droht mit dem Ende der gemeinsamen atomaren Rüstungskontrolle, um die USA dazu zu bewegen, ihre Unterstützung der Ukraine einzustellen. Nach dem ABM-Vertrag und dem INF-Vertrag steht nun mit dem New START-Abkommen das letzte große bilaterale Übereinkommen zur atomaren Rüstungskontrolle vor dem Aus. Betroffen von der um sich greifenden Konfrontationslogik sind auch viele andere Bereiche der internationalen Kooperation: der Atomwaffensperrvertrag, das Atomabkommen mit dem Iran, die humanitären Hilfslieferungen nach Nordwestsyrien, die gemeinsame Klimaforschung in der Arktis.

Russland hat im Jahr 2022 fast alle verbliebenen Stützen der Kooperation mit dem Westen eingerissen. Besonders besorgniserregend ist, dass Moskau sich auch aus der gemeinsamen atomaren Rüstungskontrolle und der gemeinsamen Arbeit gegen die Verbreitung von Kernwaffen zunehmend verabschiedet. Dies zeigt sich an dem Vorgehen Moskaus bei der 10. Konferenz zur Überprüfung des Atomwaffensperrvertrags Ende August 2022 und der Ankündigung vom Februar 2023, die Teilnahme am Vertrag über Maßnahmen zur weiteren Reduzierung und Begrenzung der strategischen Angriffswaffen (New START) aus dem Jahr 2010 auszusetzen.[1] Damit gehen die Mechanismen zur Verringerung des Risikos eines Atomkriegs genau in einer Zeit verloren, in der sie am dringendsten gebraucht würden.

Schluss mit „Business as Usual“

Nach Russlands völkerrechtswidriger Annexion der Krim im Februar 2014 gab der Westen schrittweise die zuvor geübte Praxis auf, die verschiedenen Felder von Kooperation und Konflikt mit Russland streng getrennt zu behandeln. Binnen weniger Monate

---

Hanna Notte, Ph.D., Senior Research Associate am Vienna Center for Disarmament and Non-Proliferation, Berlin

Der Text ist zuerst am 22.2.2023 auf der Plattform *War on the Rocks* erschienen. Wir drucken ihn in einer von der Autorin erweiterten Fassung und danken der Redaktion für die Genehmigung zur Veröffentlichung der Übersetzung.

[1] Putin pulls back from last remaining nuclear arms control pact with the US. CNN, 21.2.2023.

wurde die Zusammenarbeit mit Moskau erheblich eingeschränkt. Die NATO setzte im April 2014 die gesamte technische Kooperation mit Russland aus.[2] Der damalige Generalsekretär des Verteidigungsbündnisses Anders Fogh Rasmussen prägte die oft wiederholte Formel: Schluss mit „Business as Usual“.[3] Bereits im März hatten sich die USA unter Präsident Barack Obama dafür eingesetzt, Russlands Mitgliedschaft in der G8 zu beenden.[4] Auch die Bereiche Weltraumforschung, Raketenabwehr, zivile Nutzung der Atomenergie und Strafverfolgung klammerten die USA jetzt nicht mehr von der allgemeinen Verschlechterung der Beziehungen zu Russland aus und beendeten die Kooperation mit Moskau.[5] Gleiches galt für das Dossier Afghanistan. Eine der wenigen Ausnahmen blieb die Zusammenarbeit bei der Vernichtung von Chemiewaffen in Syrien, obwohl es auch hier Druck von Seiten einiger Beamter der Obama-Administration gegeben hatte, die Kooperation mit Russland aufzukündigen.[6]

Washington betrachtete die Aufkündigung eingespielter Zusammenarbeit zum einen als Bestrafung Russlands, zum anderen aber auch als Signal an Moskau, dass es seine Politik ändern müsse. In einer Rede in Brüssel im März 2014 erklärte Barack Obama: „Wenn Russlands Führung bei ihrem derzeitigen Kurs bleibt, werden wir gemeinsam dafür sorgen, dass sich [Russlands] Isolation vertieft.“[7] Die europäischen Staaten folgten im Großen und Ganzen der neuen Linie Washingtons. Deutschland setzte etwa die jährlichen Regierungskonsultationen mit Russland aus.[8]

Nun übernimmt Russland das Vorgehen der USA und klammert seinerseits bestimmte Bereiche nicht mehr aus dem von Konfrontation geprägten Beziehungsmuster aus. Dies gilt vor allem für die atomare Rüstungskontrolle und die Kooperation in Sachen Nichtverbreitung von Kernwaffen.

Am Anfang der gemeinsamen strategischen Rüstungskontrolle standen Gespräche zwischen Washington und Moskau, die ab Ende 1969 in Helsinki geführt wurden. Sie führten 1972 zu einem Interimsabkommen über die Begrenzung strategischer Offensivwaffen (SALT I) sowie zu dem im gleichen Jahr geschlossenen ABM-Vertrag. Diese beendeten Jahre des unkontrollierten Wettrüstens.[9] Im SALT-1-Abkommen verpflichteten sich beide Seiten für fünf Jahre auf Obergrenzen bei land- oder seegestützten Interkontinentalraketen. Der ABM-Vertrag sah eine Begrenzung bei Raketenabwehrsystemen vor. Ersteres zielte darauf, das numerische Wettrüsten zu begrenzen, letzterer sollte eine

---

2 NATO-Russia Relations: The Background, <www.nato.int/nato_static_fl2014/assets/pdf/2020/4/pdf/2003-NATO-Russia_en.pdf>.

3 NATO suspends cooperation with Russia. Reuters, 2.4.2014.

4 U.S., other powers kick Russia out of G8. CNN, 24.3.2022.

5 NASA Hit by U.S.-Russia Ukraine Spat. The Moscow Times, 3.4.2014.

6 Hanna Notte: The United States, Russia, and Syria's chemical weapons: a tale of cooperation and its unravelling, in: The Nonproliferation Review, 1–3/2020, S. 201–224. – Dies.: Russian-American Cooperation in the Middle East – An Analysis of Moscow's Interests, Leverage, and Strategies of Linkage. Oxford 2017.

7 Remarks by the President in Address to European Youth. The White House. Office of the Press Secretary, 26.3.2014.

8 Germany and the Russian Federation: Bilateral relations, <www.auswaertiges-amt.de/en/aussenpolitik/russianfederation/218616>.

9 Siehe dazu Steven E. Miller, Alexey Arbatov: Nuclear Perils in a New Era. Bringing Perspective to the Nuclear Choices Facing Russia and the United States. Kapitel: Unmanaged Competition, 1945–1970: Racing to Oblivion?, <www.amacad.org/publication/nuclear-perils-new-era/section/2#unmanaged-competition-1945-1970-racing-to-oblivion>.

Unterwanderung des strategischen Gleichgewichts durch neue Abwehrsysteme verhindern. In den folgenden Jahrzehnten wurden diese Verträge durch neue Abkommen, in denen sich Moskau und Washington auf quantitative und qualitative Beschränkungen ihres Atomwaffenpotentials und der Trägersysteme einigten, entweder ergänzt oder ersetzt. Seit die USA im August 2019 unter Verweis auf wiederholte Vertragsbrüche Russlands das 1987 geschlossene Abkommen über nuklear bestückte Mittelstreckenraketen (INF) gekündigt haben,[10] bleibt nur noch eine einzige dieser Vereinbarungen in Kraft: das New START-Abkommen, welches 2011 in Kraft trat. In diesem verpflichten sich Russland und die USA, maximal 1550 atomare Sprengköpfe auf höchstens 700 Trägersystemen bereitzuhalten.

Da Russland jedoch mit immer höherem Einsatz spielt, steht auch dieser Vertrag nun vor dem Aus. Am 28. November 2022 verschob Russland in letzter Minute ein Treffen der Bilateralen Gesprächskommission auf unbestimmte Zeit.[11] Die USA hatten gehofft, bei dieser Sitzung Einigkeit über die Wiederaufnahme der im Vertrag vorgesehenen Vor-Ort-Inspektionen zu erzielen. Diese waren Anfang 2020 im gegenseitigen Einvernehmen wegen der COVID-19-Pandemie ausgesetzt worden. Als es nach Abklingen der Pandemie um die Wiederaufnahme der Inspektionen ging, hatte Russland im August 2022 erklärt, es werde solche vorübergehend in seinen Anlagen nicht zulassen, da „die USA auf eine Wiederaufnahme der Inspektionstätigkeit zu Bedingungen drängen, welche die bestehenden Realitäten nicht zur Kenntnis nehmen und einseitige Vorteile für die USA schaffen."[12] Mit der Absage des Treffens im November zerstob auch die von einigen Beobachtern gehegte Hoffnung, dass dieses ein erster Schritt zur Aufnahme von Gesprächen über ein Nachfolgeabkommen nach Auslaufen des New START-Abkommens im Jahr 2026 sein könnte.[13]

Stattdessen wurde klar, dass Russland vor dem Hintergrund der amerikanischen Unterstützung für die Ukraine nun auch die atomare Rüstungskontrolle nicht mehr von der allgemeinen Verschlechterung der Beziehungen ausnehmen würde. Im November 2022 erklärte die Sprecherin des Moskauer Außenministeriums, Marija Zacharova, Russland werde nicht über New START sprechen, solange Washington die Ukraine aufrüste.[14] Nachdem die USA der Ukraine gemeinsam mit zahlreichen europäischen Staaten im Januar 2023 die Lieferung von Kampfpanzern zugesagt hatten, bekräftigte Russlands stellvertretender Außenminister Sergej Rjabkov, dass die allgemeine Lage es weiterhin nicht erlaube, ein neues Treffen der Bilateralen Gesprächskommission anzusetzen. Die USA wüssten „sehr gut, welche Deeskalationsschritte Russland erwartet".[15] Dies war faktisch ein Eingeständnis, dass Russland versucht, die USA mit einer Blockade des

---

10 U.S. Withdrawal from the INF Treaty on August 2, 2019. U.S. Departement of State, 2.8.2019. – Siehe dazu die Beiträge im Schwerpunkt „Rüstungskontrolle", in: OSTEUROPA, 1–2/2019.

11 US says Russia abruptly postpones arms control talks. APNews, 28.11.2022.

12 Foreign Ministry statement on the Treaty on Measures for the Further Reduction and Limitation of Strategic Offensive Arms, < https://mid.ru/ru/foreign_policy/news/1825525/?lang=en>.

13 Rose Gottemoeller: Resuming New START inspections must be a critical goal of upcoming US-Russia talks. Bulletin of the Atomic Scientists, 23.11.2022.

14 Stop arming Kiev otherwise no talks: Diplomat warns US on arms control dialogue. TASS, 30.11.2022.

15 Rjabkov: obstanovka ne raspologaet k naznačeniju novoj daty komissii RF I SŠA po DSNV. TASS, 23.1.2023. – „V SŠA prekrasno ponimajut, kakich šagov po deėskalacii my ot nich ždem". Kommersant", 26.1.2023.

New START-Abkommens zu erpressen, damit diese die Waffenlieferungen an die Ukraine einstellt.

Daraufhin beschuldigte das US-Außenministerium Russland erstmals seit Inkrafttreten des Abkommens, dieses nicht einzuhalten.[16] Washington ging allerdings nicht so weit zu behaupten, Russland verletze die vereinbarten Obergrenzen für atomare Sprengköpfe.

Das Moskauer Außenministerium ließ im Gegenzug verlautbaren: „Wir erklären mit aller Bestimmtheit, dass jegliche Art „positiver Signale“ oder „Schritte des Entgegenkommens“ in den von den USA aufgeworfenen Fragen im Zusammenhang mit dem New START-Abkommen eines Anlasses entbehren, zur falschen Zeit kämen und unangemessen wären, solange Washington seine feindselige Politik gegenüber Russland nicht überdenkt“.[17] In seiner Rede vor der Föderalversammlung am 21. Februar ging Russlands Präsident Vladimir Putin noch einen Schritt weiter und kündigte an, dass Moskau die Umsetzung von New START aussetzen werde.[18] Russland wird also die Übermittlung von Informationen und Benachrichtigungen im Rahmen des Vertrages zumindest teilweise einstellen.

Bei diesem erneuten Erpressungsversuch forderte Putin nun nicht mehr nur eine andere Ukrainepolitik der USA, sondern stellte auch das Atomwaffenarsenal Frankreichs und Großbritanniens in einen Zusammenhang mit dem New START-Abkommen, obwohl es sich um einen bilateralen Vertrag zwischen den USA und Russland handelt.

Auch in anderen Bereichen der Rüstungskontrolldiplomatie hat Moskau von kooperativem auf konfrontatives Vorgehen umgeschaltet. Seit Russland Drohnen aus dem Iran für seinen Krieg gegen die Ukraine bezieht, hat Moskau Bemühungen reduziert, das von den USA, China, Frankreich, Großbritannien, Deutschland und Russland mit dem Iran geschlossene Atomabkommen wiederzubeleben.[19] Zudem war Russland bei der 10. Überprüfungskonferenz des Atomwaffensperrvertrags im August 2022 der einzige Vertragsstaat, der dem Entwurf für eine gemeinsame Abschlusserklärung nicht zustimmte. Bei einer geschlossenen Sitzung, bei der die Autorin anwesend war, erklärte ein hochrangiger Diplomat aus Russland anschließend, der Konflikt mit dem Westen wegen der Ukraine sei „viel wichtiger geworden als diese oder jene Formulierung in einem Abschlussdokument der Überprüfungskonferenz“.

Zugegebenermaßen hatten sich bereits vor dem Einmarsch Russlands in die Ukraine die Aussichten auf gemeinsame Standpunkte in Sachen Nonproliferation verdüstert.

Der zehnte Überprüfungszyklus des Atomwaffensperrvertrags, der 2015 begonnen hatte, wurde durch die amerikanisch-russische Krise in der atomaren Rüstungskontrolle beeinträchtigt,[20] die sich in dem Rückzug der USA aus dem INF-Vertrag 2019 sowie

---

16 U.S. Department of State: Report to Congress on Implementation of the New START Treaty, <www.state.gov/wp-content/uploads/2023/01/2022-New-START-Implementation-Report.pdf>.

17 Foreign Ministry statement regarding the Treaty on Measures for the Further Reduction and Limitation of Strategic Offensive Arms (New START), <https://mid.ru/ru/foreign_policy/news/1852877/?lang=en>.

18 Poslanie Prezidenta Federal'nomu Sobraniju, 21.2.2023, <http://kremlin.ru/events/president/news/70565>.

19 Hanna Notte: Russia's Invasion of Ukraine. The Iran Nuclear Price Tag. Berlin 2023, <https://library.fes.de/pdf-files/international/20083.pdf>.

20 Gaukhar Mukhatzhanova: 10th NPT Review Conference: Why It Was Doomed and How It Almost Succeeded. armscontrol.org, Oktober 2022.

dem Rückzug beider Parteien aus dem Vertrag über den Offenen Himmel spiegelte. Auch hatten im Jahr 2021 eine große Zahl kontroverser Themen die Bemühungen um eine Wiederbelebung des Atomabkommens mit dem Iran behindert.[21] Gleichwohl ist unverkennbar, dass Moskau seit dem Einmarsch in der Ukraine der Kooperation in der nuklearen Nichtverbreitung noch weniger Bedeutung beimisst.

Konfrontation statt Kooperation – und einige Ausnahmen

Gleichwohl gibt es immer noch einzelne Bereiche, die Moskau nicht dem Konfrontationsschema unterwirft. So unterstützte Russland Anfang Januar 2023 Resolution 2672 des Sicherheitsrats der Vereinten Nationen, mit der die Fortsetzung der grenzüberschreitenden Lieferung humanitärer Hilfe in den Nordwesten Syriens, der nicht durch Truppen des von Russland unterstützten Assad-Regimes kontrolliert wird, ermöglicht wurde.[22] Dies gibt Aufschluss darüber, unter welchen Bedingungen Moskau weiter bereit ist, einzelne Fragen von dem übergeordneten Konflikt mit dem Westen auszuklammern. Vor der Abstimmung im Sicherheitsrat war befürchtet worden, dass Russland Veto gegen eine entsprechende Resolution einlegen würde.[23] Resolution 2642 zum gleichen Thema hatte Russland im Juli 2022 erst dann zugestimmt, als die anderen Mitglieder des Sicherheitsrats sich auf bestimmte Forderungen Moskaus eingelassen hatten, etwa größere Unterstützung für ein Basisaufbauprogramm (Early Recovery).[24]

Moskau hat letztendlich Resolution 2672 doch mitgetragen. Dahinter stand gewiss die Überlegung, dass man sich mit einem Veto selbst schadet. Syrien dient Russland als Sprungbrett für Machtprojektion im östlichen Mittelmeerraum und gegenüber der NATO. Daher benötigt Russland in Zeiten, in denen seine militärischen Kräfte in erheblichem Maße in der Ukraine gebunden sind, ein gewisses Maß an Stabilität in Syrien. Da Resolution 2672 nur bestätigt, was bereits in Resolution 2642 vereinbart wurde, konnte Moskau sich zudem sicher sein, seine diplomatischen Hebel in Sachen Basisaufbauprogramm nicht aus der Hand zu geben. Eine Rolle spielte zweifellos auch, dass Russland der Türkei entgegenkommen wollte, die auf eine Fortsetzung der humanitären Hilfe für den Nordwesten Syriens drängt und seit Russlands Einmarsch in die Ukraine erhebliche Möglichkeiten zur Einflussnahme auf Moskau gewonnen hat.[25] Russland hat sich also in diesem Fall kooperationsbereit gezeigt, weil es mit Obstruktion keinen maß-

---

[21] Is Restoring the Iran Nuclear Deal Still Possible? International Crisis Group, Briefing 87 / Middle East & North Africa, 12.9.2022.

[22] Resolution 2672 (2023), verabschiedet auf der 9237. Sitzung des Sicherheitsrats am 9. Januar 2023, <www.un.org/Depts/german/sr/sr_23/sr2672.pdf>.

[23] UN extends Syria cross-border aid by six months. Al Monitor, 9.1.2023.

[24] Resolution 2642 (2022) / adopted by the Security Council at its 9089th meeting, on 12 July 2022, <https://digitallibrary.un.org/record/3980717>. – Zum Streit über die Frage, ob die humanitäre Erstaufbauhilfe bereits als Wiederaufbauhilfe zu werten ist, die das Assad-Regime stärkt, siehe: Samy Akil, Karam Shaar: The politics of early recovery aid in Syria. Is it actually reconstruction aid? Atlantic Council, 8.2.2022.

[25] Hanna Notte, Chen Kane: Russian-Turkish Relations and Implications for U.S. Strategy and Operations. James Martin Center for Nonproliferation Studies. Middlebury Institute of International Studies at Monterey. November 2022, <https://nonproliferation.org/wp-content/uploads/2022/11/ op56-web-version.pdf>.

geblichen Druck auf den Westen hätte ausüben können, weil es auf diese Weise Entgegenkommen gegenüber seinem Kooperationspartner in Ankara zeigen konnte, was aus der Sicht Moskaus angesichts seiner knappen Ressourcen eine rationale Strategie war.

Jenseits solcher seltenen Beispiele gibt es kaum Bereiche, die Russland und der Westen noch nicht der Konfrontationslogik unterworfen haben. Da Moskau den Krieg gegen die Ukraine als eine Schlacht sieht, in der es um die Souveränität und Identität Russlands sowie um die Zukunft der globalen Ordnung geht, glaubt es, „freie Hand" gegenüber westlichen Staaten zu brauchen – sich also nicht mehr an frühere Vereinbarungen gebunden fühlen zu müssen und dies auch zu dürfen.[26] Solange Russland die bestehende europäische Sicherheitsordnung grundsätzlich in Frage stellt, und davon wird das gegenwärtige Regime in Moskau nicht abrücken, wird sich an dieser Lage nichts ändern.

Beide Seiten sollten sich von der Vorstellung verabschieden, dass Kooperationsbereitschaft eine Art Belohnung ist, die sie gewähren, wenn die andere Seite ihr Verhalten grundlegend ändert. Die im Westen nach 2014 gehegte Hoffnung, mit der Aussetzung der Zusammenarbeit Moskau zu einer Kurskorrektur zu bringen, hat sich nicht erfüllt. Es gibt wenig Grund zu der Annahme, dass Russland heute mit diesem Ansatz mehr Erfolg hat. Washington wird seine Unterstützung für die Ukraine nicht aufgeben, weil Moskau mit einem Ende der gemeinsamen atomaren Rüstungskontrolle droht.

Bleibt Moskau bei dem Ansatz „Ausnutzen statt Ausklammern", so wird es bald kein einziges Feld mehr geben, in dem Kooperation möglich ist. Die grenzüberschreitenden Hilfslieferungen nach Syrien sind etwa keineswegs durch Resolution 2672 gesichert. Jüngste Äußerungen aus Russland nach dem verheerenden Erdbeben in Syrien und der Türkei weisen bereits darauf hin, dass künftige Gespräche über die Verlängerung des Mandats erneut zäh werden.[27] Auch will Russland, wie schon im Juli 2022 angekündigt, im Jahr 2024 aus dem gemeinsamen Unterhalt der Internationalen Raumstation aussteigen.[28] Aber auch die westlichen Staaten tragen ihren Teil zur Verkümmerung kooperativer Ansätze in einzelnen Feldern bei. So haben sie etwa die wissenschaftliche Zusammenarbeit in der Arktis weitgehend eingestellt.[29] In den bestehenden multilateralen Institutionen finden weiter Gespräche mit Vertretern Russlands statt, aber Moskaus Abstimmungsverhalten im UN-Sicherheitsrat im Jahr 2022 zeigt, dass es immer schwieriger wird, eine gemeinsame Basis zu finden.[30]

Was tun?

Es gibt keinen einheitlichen Ansatz, wie mit der auf immer mehr Felder übergreifenden Konfrontationslogik umzugehen ist. In multilateralen Gremien, in denen Entscheidungen

[26] Dmitrij Trenin: Special'naja voennaja operacija na Ukraine kak perelomnaja točka vnešnej politiki sovremennoj Rossii, in: Rossija v Global'noj Politike, 30.11.2022, < https://globalaffairs.ru/articles/perelomnaya-tochka>. Englische Fassung: <www.memri.org/reports/russian-former-colonel-trenin-russia-failed-assess-western-response-ukraine-invasion-there#_edn1>.

[27] O popytkach navjazat' prinjatie novoj rezoljucii CB OON s rasšireniem transgraničnogo mechanizma (TGM) v Sirii, <https://mid.ru/ru/foreign_policy/news/1853926/>.

[28] Russia to quit International Space Station after 2024. Politico, 26.6.2022.

[29] Arctic cooperation after Russia's break with the West, in: Strategic Comments, 5/2022, S. 10–12.

[30] Adrian Steube: Voting Wrap-Up of the UN Security Council in 2022: Bitterness Mixed With Agreements. passblue.com, 9.1.2023.

nicht im Konsens, sondern mit Mehrheitsvotum getroffen werden, können die USA und ihre europäischen Partner darauf hinwirken, dass ihre Vorschläge auch von Staaten unterstützt werden, die unter Russlands Einfluss stehen und sich für gewöhnlich der Stimme enthalten oder gegen westliche Vorlagen stimmen. Dies könnte etwa in der Organisation für das Verbot chemischer Waffen funktionieren.[31]

Schwieriger wird es in Gremien, in denen Russland Entscheidungen im Alleingang blockieren kann – etwa bei den Überprüfungskonferenzen zum Atomwaffensperrvertrag. Das Treffen zur Vorbereitung der 11. Überprüfungskonferenz im August 2023 in Wien wird zweifellos im Schatten des Kriegs in der Ukraine stehen. Stillstand hier könnte zunehmend Vertragsstaaten des Atomwaffensperrvertrags dazu veranlassen, mit dem Atomwaffenverbotsvertrag (TPNW) zumindest zu liebäugeln und in einen offeneren Austausch mit dessen Befürwortern zu treten. Fortschritte in Sachen nukleare Risikoverminderung und Abrüstung könnten somit auch durch einen intensivierten Dialog zwischen Befürwortern und nicht-Vertragsstaaten des Atomwaffenverbotsvertrages erreicht werden.[32]

Jenseits multilateraler Organisationen spielen Staaten eine wichtige Rolle, die Einfluss auf den Kreml haben. Die Türkei etwa wird vermutlich wie bereits bei den Themen Getreideexporte aus der Ukraine und Gefangenenaustausch zwischen Russland und der Ukraine auch in anderen Fragen der „Konfliktverwaltung“ mit Russland eine Vermittlerrolle spielen können.[33] In anderen Bereichen, insbesondere bei der Frage der humanitären Hilfe für den Nordwesten Syriens, sollten die westlichen Staaten Notfallpläne ausarbeiten, um ohne Russland handlungsfähig zu sein. Hilfsorganisationen fordern seit langem, die rechtlichen, finanziellen und logistischen Voraussetzungen für die Fortsetzung der Lieferungen für den Fall zu schaffen, dass Moskau deren Verlängerung im UN-Sicherheitsrat blockiert. Nach dem verheerenden Erdbeben sind diese Stimmen noch lauter geworden.[34] In der Arktis zeichnet sich eine Umgehung Russlands bereits ab: Die USA streben eine Wiederaufnahme von Projekten des Arktischen Rats ohne Beteiligung Russlands an.[35]

In anderen Bereichen wird es weder möglich sein, Russland zu überstimmen, noch es zu umgehen. Sollte Moskau etwa dazu übergehen, Iran bei der Realisierung seines Atomprogramms zu helfen, muss der Westen zum Einsatz schärferer Mittel – zum Beispiel Sanktionen und Exportkontrollen – übergehen, um Moskau davon abzuhalten.[36]

---

31 Siehe etwa Andrea Stricker: OPCW Member States Must Counter Russian Obstruction. FDD Memo, 8.4.2021.

32 Mukhatzhanova, 10th NPT Review Conference [Fn. 20]. – Der Atomwaffenverbotsvertrag, der im Januar 2021 in Kraft trat, verbietet Entwicklung, Produktion, Test, Erwerb, Lagerung, Transport, Stationierung und Einsatz von Nuklearwaffen. Diesen Vertrag haben bislang 91 Staaten unterzeichnet, 68 Staaten haben ihn ratifiziert. Die offiziellen Atommächte, denen im Atomwaffensperrvertrag der Besitz von Nuklearwaffen zugestanden wird, sowie alle NATO-Staaten, beteiligen sich bislang nicht am Atomwaffenverbotsvertrag. Deutschland und die Niederlande nahmen aber im Sommer 2022 als Beobachter an der ersten Vertragsstaatenkonferenz des TPNW teil.

33 Ukraine and Russia agree new prisoner swap in talks, says Russian official, Reuters, 11.1.2023.

34 Pressure mounts on UN to provide urgent support to north-western Syria. The Guardian, 10.2.2023.

35 Cooperation with Russia in the Arctic is Virtually Impossible Says US Official. High North News, 16.2.2023.

36 Louis Dugit-Gros et al.: After Ukraine: Russia’s Potential Military and Nuclear Compensation to Iran. The Washington Institute for Near East Policy. Policy Watch 3693.

Die Kontrolle strategischer Nuklearwaffen ist ein eigenes Thema. In Anbetracht dessen, was auf dem Spiel steht, sollte Washington nach wie vor mit Appellen und Gesprächsangeboten versuchen, Russland dazu zu bewegen, die Entscheidung zur Aussetzung von New START rückgängig zu machen. Wenn die Vertragsparteien New START vor seinem Auslaufen im Jahr 2026 aufgeben oder keine Folgeabkommen treffen, verlieren beide Seiten. Ohne verlässliches Wissen über die Arsenale und Pläne der Gegenseite steht ein atomares Wettrüsten bevor, das Mittel verschlingt, die Washington besser anderswo investiert.[37] Auch würde es noch schwieriger werden, China zu gemeinsamer Rüstungskontrolle zu bewegen, und die Gefahr einer Eskalation bestehender oder zukünftiger Konflikte mit Russland würde wachsen.

Je länger allerdings Moskau am Gerüst des Vertrags rüttelt, um auf diese Weise andere Ziele zu erreichen, desto lauter werden in Washington die Stimmen, die sich gegen jegliche Rüstungskontrolle mit Russland aussprechen. Wenn Moskau nun Forderungen erhebt, die gar nichts mit dem Vertrag zu tun haben, so deutet das darauf hin, dass der Kreml vielleicht gar eine Situation schaffen will, in der Washington gar keine andere Wahl mehr sieht, als den Vertrag aufzugeben – um den USA anschließend die Schuld zu geben. Es bleibt zu hoffen, dass Moskau erkennt, dass es in einem neuen Rüstungswettlauf nur den Kürzeren ziehen kann – auch weil der Krieg gegen die Ukraine und die wegen diesem verhängten Sanktionen Russlands Wirtschaft mittelfristig massiv schwächen – und daher ungeachtet aller Konflikte mit den USA selbst Interesse an einer Fortsetzung der gemeinsamen Begrenzung strategischer Atomwaffen hat.

Sollte es nicht gelingen, den New START-Vertrag zu retten, dann hätten sowohl die USA als auch Russland die technischen Kapazitäten, ihre Trägersysteme mit deutlich mehr nuklearen Sprengköpfen zu bestücken. Die USA beispielsweise könnten nach Schätzungen die Zahl der nuklearen Sprengköpfe auf ihren landgestützten ballistischen Interkontinentalraketen innerhalb weniger Monate von 400 auf 950 erhöhen, Russland von 834 auf 1200.[38] Die Zweitschlagkapazität der USA würde dadurch jedoch nicht in Frage gestellt.[39] Gleiches gilt für Russland, das in den vergangenen Jahren neue strategische Fähigkeiten entwickelt hat, über die die USA teilweise nicht verfügen – wohl auch aus angeblicher Sorge, dass das US-Raketenabwehrprogramm die eigene Zweitschlagfähigkeit bedroht. Dazu zählen der bereits stationierte manövrierfähige Hyperschall-Gleitflugkörper Avangard, aber auch Systeme, die sich noch in der Entwicklungs- oder Testphase befinden: der Langstreckentorpedo Poseidon und der nukleargetriebene Marschflugkörper Burevestnik.[40]

Auch wenn eine Abkehr vom New START-Abkommen die Zweitschlagfähigkeit beider Parteien nicht unmittelbar gefährdet, so würde eine solche dennoch Probleme für die strategische Stabilität aufwerfen: Die USA und Russland würden aufgrund des reduzierten Wissens über die Pläne und Arsenale der Gegenseite vermutlich nicht nur die Zahl ihrer strategischen Nuklearwaffen erhöhen, sondern auch versuchen, in anderen Berei-

---

37 Keeping New Start alive is vital for the world's nuclear future. Financial Times, 31.1.2023.

38 Matt Korda, Hans Kristensen: If Arms Control Collapses, US and Russian Strategic Nuclear Arsenals Could Double In Size. Federation of American Scientists. 7.2.2023.

39 Ebd.

40 Hanna Notte et al.: Russia's novel weapons systems: military innovation in the post-Soviet period. The Nonproliferation Review, 1–3/2021, S. 61–93.

chen aufzurüsten: bei nicht-strategischen Atomwaffen, die bislang keinerlei Rüstungskontrolle unterliegen; bei der Raketenabwehr sowie bei sogenannten *dual-capable*-Raketen, die nukleare oder konventionelle Sprengköpfe tragen können. Russland hat für eine solche Aufrüstung wahrscheinlich geringere wirtschaftliche Kapazitäten als die USA. Doch gerade dies erhöht das Eskalationspotential. Bereits jetzt ist davon auszugehen, dass die konventionelle Schwäche der russländischen Armee in der Ukraine Moskau zu einer stärkeren Gewichtung von Nuklearwaffen zum Zwecke der Abschreckung und des Eskalationsmanagements führt.[41]

Ein Ende des New START-Vertrags würde auch das ohnehin stark angeschlagene Regime des Atomwaffensperrvertrages erschüttern. Staaten, die die völkerrechtliche Unterteilung in Atommächte und Nicht-Atommächte kritisieren, würden Rückenwind erhalten. Auch wenn es keinen klaren kausalen Zusammenhang zwischen abnehmender Rüstungskontrolle und nuklearer Proliferation gibt,[42] ist davon auszugehen, dass ein nukleares Aufrüsten der USA und Russlands es erschweren würde, den Iran und andere Staaten vom Erwerb von Nuklearwaffen abzuhalten.

Strategische Stabilität ist heute nicht mehr nur eine Frage des nuklearen „Gleichgewichts des Schreckens“ zwischen Russland und den USA. Die Herausforderungen sind viel größer als zu Zeiten des Kalten Krieges: ganz unabhängig von der Zukunft des New START-Vertrags geben Chinas nukleare Aufrüstung, Raketen mit wahlweise nuklearer oder konventioneller Sprengkopfbestückung und neue Entwicklungen in den Bereichen Künstliche Intelligenz, Autonome Systeme, Robotik, Cyber, Hyperschall und Weltraumrüstung Anlass zur Sorge. Angesichts dieser Herausforderungen ist es essentiell, zumindest ein weiteres Aufstocken der strategischen Arsenale der USA und Russlands zu verhindern und diversen Kettenreaktionen vorzubeugen.

Aus dem Englischen von Volker Weichsel, Berlin

Schlagwörter:
USA, Russland, Rüstungskontrolle, New START

---

[41] Office of the Director of National Intelligence: Annual Threat Assessment of the U.S. Intelligence Community 2022, <www.dni.gov/files/ODNI/documents/assessments/ATA-2023-Unclassified-Report.pdf>. – Lydia Wachs: Die Rolle von Nuklearwaffen in Russlands strategischer Abschreckung. SWP Aktuell 2022/A59.

[42] Rebecca Davis Gibbons: The Hegemon's Tool Kit: US Leadership and the Politics of the Nuclear Nonproliferation Regime. Ithaka, NY 2022. – Matthew Kroenig: US nuclear weapons and nonproliferation: Is there a link? Journal of Peace Research, Vol. 53, Issue 2.

Mykola Homanyuk

Reich, Union, Rossija

Die Symbolpolitik der Besatzer in der Ukraine

Russland versucht seit dem Überfall auf die Ukraine mit allen Mitteln der Symbolpolitik, die Besetzung und Annexion von Gebieten im Südosten des Landes zu rechtfertigen. Vor allem Toponyme aus der Zeit des Russischen Reichs spielen eine große Rolle. Aber auch in der Heraldik und auf Plakaten wird ein Geschichtsbild verbreitet, das die gewaltsame Aneignung von Territorien rechtfertigen soll. Dem gleichen Zweck dienen auch sowjetische Symbole, etwa die Wiedererrichtung von Lenin-Denkmälern. Sehr zurückhaltend gehen die Besatzer mit Russland-Symbolik um.

„Es gab keine Ukraine, kein Kasachstan und kein Weißrussland, es gab nichts. Es gab das Russische Reich, ein Einheitsstaat mit verschiedenen Gegenden, die er verwaltete. Es gab kein Baltikum, kein Transkaukasien, nichts.“[1] Worte des „Bildungsministers“ der von Moskau auf dem von Russlands Armee besetzten Teil des ukrainischen Gebiets Cherson installierten „Regionalverwaltung“, gesprochen Anfang November 2022 bei einem Vortrag zum Thema „Wir sind eine Familie“ vor Schülern im südukrainischen Heničes'k. Wenngleich es sich um die Sätze eines niederen Erfüllungsgehilfen handelte, gibt dessen spezielles Verständnis von historischer Geographie doch Anlass zu der Frage, welche Raumordnungsvorstellungen Russland mit seiner „Spezialoperation“ durchsetzen will. Hat Moskau die Karten aus den Zeiten Katharina der Großen oder Alexander des Zweiten im Kopf? Die Grenzen der Sowjetunion oder gar die Einflusssphären, die durch das geheime Zusatzprotokoll zum Hitler-Stalin-Pakt geschaffen wurden?
Ortsnamen, Raumbegriffe und andere Toponyme entstammen stets einer bestimmten Zeit, sie transportieren Vorstellungen über territoriale Zugehörigkeit und die soziale Ordnung von Dörfern, Städten und Regionen. Es kann von Bedeutung sein, ob man Belarus oder Weißrussland sagt, ob man vom Baltikum oder den baltischen Staaten spricht, vom Südkaukasus oder von Transkaukasien. Ob man sagt „v Ukraine“ – im Staat Ukraine oder „na Ukraine“ – in der „Ukraine“ genannten Gegend. Gleiches gilt selbstredend für Fahnen, Flaggen, Banner, Wappen und heraldische Abzeichen aller Art, die genau zum Zweck der Markierung von Welt- und Raumbildern geschaffen wurden

---

Mykola Homanyuk (1974), Dr. rer. soc., Soziologe, Geograph, wissenschaftlicher Mitarbeiter am Lehrstuhl für Geographie und Ökologie der Staatsuniversität Cherson, 2022/2023 Gastwissenschaftler im „Prisma Ukraine“-Programm des Forums Transregionale Studien

[1] Ministr obrazovanija Chersonskoj oblasti Michail Rodikov provel pervyj urok v škole №1 g. Geničeska na temu: „My odna sem'ja“. ZOV: Lenta novostej Chersona, <https://kherson-news.ru/society/2022/11/07/62947.html https://t.me/tavriya_kherson/2563>.

 doi: 10.35998/oe-2022-207

und werden. Und ebenso für Denkmäler und Plakate historischer Personen im öffentlichen Raum. All diese Mittel setzten die russländischen Besatzer und ihre örtlichen Sympathisanten in den okkupierten Gebieten der Ukraine ein.

„Wir haben die Gebiete des Russischen Reichs zurückgeholt"

Die ersten „neuen" Toponyme, die nach dem Überfall auf die Ukraine in der politischen Debatte in Russland auftauchten, entstammten den Landkarten der Zarenzeit. Anfang April 2022 erklärte der von der Krim kommende Duma-Abgeordnete Michail Šeremet und kurze Zeit später auch der vom Parlament der annektierten Krim in den russländischen Föderationsrat entsandte Senator Sergej Cekov, dass nun die Zeit gekommen sei, das „Gouvernement Taurien" wieder zu errichten.[2] Gemeint war ein Verwaltungsgebiet des Russischen Reichs, das von 1802 bis 1921 im Südosten der heutigen Ukraine bestand. Da die Territorialordnung des heutigen Russland keine Gouvernements kennt, sollte ein Bezirk Taurien (Tavričeskij kraj) geschaffen werden, in dem das ukrainische Gebiet Cherson, Teile der Gebiete Mykolajiv und Zaporižžja sowie die Krim und Sevastopol' administrativ zusammengefasst werden. Der Kreml unterstützte diese Idee jedoch nicht, und bald war auch von den in Moskau tätigen Krimpolitikern, die an einem solchen Bezirk das größte Interesse hatten, nichts mehr zu hören.
Anders sah es in den besetzten Gebieten in der Ukraine aus, insbesondere in dem von der russländischen Armee eingenommenen Teil des Gebiets Zaporižžja. Dort wurde auf großen Plakaten im öffentlichen Raum der „220. Jahrestag" der Schaffung des Gouvernements Taurien verkündet. Vor einem dieser Plakate ließ sich die aus Russland stammende Rock-Sängerin Julija Čičerina fotografieren, die seit 2014 als Propagandistin im Donbass unterwegs ist.[3] Vorträge und Ausstellungen wurden organisieren, teils mit Beteiligung der Russländischen Historischen Gesellschaft (Rossijskoe istoričeskoe obščestvo, RIO).[4] Die örtliche Post und der wichtigste Energieversorger erhielten neue Namen mit diesem Toponym: Počta Tavrii, Tavrija-Ėnergo. Eine Zeitung mit dem Namen *Taurischer Bote* (Tavričeskij vestnik) erschien, ebenso wurden Telegram-Kanäle mit entsprechenden Namen eröffnet: Tavričeskaja Gubernija (Gouvernement Taurien), Z-Tavrija (Z-Taurien), Tavričeskij kraj (Bezirk Taurien), Tavričeskaja Pravda (Taurische Wahrheit), Novoross-Tavričeskie vesti (Neurussland-Taurien-Nachrichten).
Die Besitzer von Kraftfahrzeugen wurden gezwungen, an den Nummernschildern ihres Wagens das Kürzel UA für Ukraine und die blau-gelbe Plakette durch einen Aufkleber zu verdecken, der das Kürzel TVR für „Tavrija" sowie ein historisches Wappen der Stadt Zaporižžja zeigt.[5]

---

2 Deputat Gosdumy Šeremet predložil vosstanovit' Tavričeskuju guberniju v istoričeskich granicach. Moskovskij komsomolec, 10.4.2022. – V Sovfede podderžali ideju sozdanija Tavričeskogo kraja. RIA Novosti, 22.4.2022.

3 Telegram-kanal „Južnyj Placdarm", <https://t.me/yug_plazdarm/7429>.
Am 23. September 2022 sang Čičerina auf dem Konzert zur Unterstützung der angeblichen Referenden über den Anschluss an Russland in den besetzten Gebieten, vier Wochen später ernannte Putin sie zur Verdienten Künstlerin Russlands.
<https://meduza.io/feature/2022/09/23/esli-prizovut-s-radostyu-poydu>.

4 Telegram-kanal „Južnyj Placdarm", <https://t.me/yug_plazdarm/12330>.

5 Telegram-kanal „Južnyj Placdarm", <https://t.me/yug_plazdarm/7403>.

Iphigenie auf Tauris. Vorführung der neuen Taurien-Kennzeichen. Zaporižžja, 19.5.2022

„220 Jahre Gouvernement Taurien. Melitopol'“. Plakat in Zaporižžja, Mai 2022

Im Toponym „Taurien" klingen bei genauerer Betrachtung nicht nur die Bezüge zum Russischen Reich der Zarenzeit an, die die Besatzer im Auge haben. Das Wort geht zurück auf Herodot, der in seiner Universalgeschichte über den Aufstieg des Perserreichs ab dem späten 6. Jh. v. Chr. die Halbinsel Krim als Taurien bezeichnete. Im Zuge des militärischen Vordringens des Zarenreichs zur Nordküste des Schwarzen Meers ab Mitte des 18. Jahrhunderts wurde das Toponym zur Legitimierung der Eingliederung der eroberten Gebiete in das Russische Reich verwendet. Auf dem Gebiet des ehemaligen Krim-Khanats wurde das Gouvernement Taurien geschaffen, das die als „Südtaurien" bezeichnete Krim sowie das „Nordtaurien" genannte Küstengebiet des Schwarzen Meers bis zum Dnipro im Westen und Norden und bis einschließlich Berdjans'k im Osten umfasste. Nach dem Umbruch im Oktober 1917 riefen örtliche Revolutionäre im März 1918 auf der Krim eine „Taurische Sozialistische Sowjetrepublik" aus, die mit der Besetzung durch deutsche Truppen Ende April 1918 bereits ihr Ende fand.[6] Danach verschwand das Toponym und tauchte nur während der deutschen Besatzung im Zweiten Weltkrieg zwischen Mitte 1942 wieder auf, als die Besatzungsbehörden im Reichskommissariat Ukraine einen Teilbezirk Taurien mit Sitz der Zivilverwaltung in Melitopol' schufen. Dieser erstreckte sich nur über die Gebiete auf dem Festland, da die Wehrmacht die Krim nicht für den vorgesehenen Bezirk Krim freigab. Mit der Rückeroberung des Gebiets an der Küste des Schwarzen Meers durch die Rote Armee Ende 1943 war auch diese Episode vorbei.

Neue Verbreitung fand das Toponym Taurien im Zuge des Baus des Wasserkraftwerks Kachovka am Dnipro sowie der Schaffung weitläufiger Bewässerungskanäle im Südosten der Ukrainischen Sowjetrepublik in den 1950er Jahren. Taurien wurden nun die Steppengebiete in den Gebieten Zaporož'e, Cherson und auf der Krim genannt, in die über die Kanäle Wasser aus dem Dnipro geleitet wurde.[7] In der unabhängigen Ukraine nahmen viele Unternehmen aus dem Südosten der Ukraine die Wörter „Taurien" oder „taurisch" in ihren Namen und den ihrer Produkte auf. Im Zuge dieser „Ukrainisierung" des Toponyms verlagerte sich das Zentrum des Gebiets auf der mentalen Landkarte nach Cherson. Gleichzeitig erfreute sich das Wort Taurien auf der Krim insbesondere nach der Annexion durch Russland im Jahr 2014 großer Beliebtheit. Die Anhänger einer weiteren territorialen Expansion Russlands gaben sich überzeugt, im Kreml bereite man Pläne zum Anschluss von „Nordtaurien" an Russland vor, um so einen über russländisches Staatsgebiet verlaufenden Landweg auf die Krim zu schaffen.[8]

Auch im Gebiet Cherson wurde die örtliche Telekommunikationsgesellschaft in „Tavrija" umbenannt, zuvor hieß sie, unter Bezugnahme auf das Reiternomadenvolk der Skythen „Skifija". Darüber hinaus verwenden die Besatzer und ihre örtlichen Handlanger einzelne weitere Toponyme aus der Zarenzeit für Orte im Gebiet Cherson.

So wird die Stadt Olėški/Oleški, die gegenüber der Gebietshauptstadt Cherson am anderen Ufer des Dnipro liegt, in russländischen Quellen seit Beginn der Invasion beharrlich Alëški (Aljoschki) genannt. Eine Initiative, sie in Cjurupinsk umzubenennen, fand keine

---

[6] Mykola Homanjuk: Zatavrovanij Pivden': vid Herodota do dekommunizaciji, in: Krytyka, 1–2/2016, S. 2–7.

[7] Mykola Homanjuk: Konstruivoranie ponjatij „Tavrida" i „Tavrija" v Ukraine i Rossii, in: Laboratorium. Žurnal social'nyh issledovanij, 3/2021, S. 4–32.

[8] Mykola Homanyuk: „Battle for Tavria": A historical region in politics and in the market of goods and services, in: Ėkonomična ta Social'na Geografija 82/2019, S. 4–9.

breite Unterstützung.[9] Zu blass oder zu negativ war die Erinnerung an den Volkskommissar für Versorgung Aleksandr Cjurupa, einen der Hauptverantwortlichen für die Hungersnot in der Ukraine in den Jahren 1921–1923.

Auch die Bezeichnung Novorossija (Neurussland) ist weiter im Umlauf. Diese wurde bereits seit dem Jahr 2014 zur Legitimierung russländischer Gebietsansprüche in der Ukraine verwendet. Gerade auch Russlands Präsident Putin verwendete den Begriff häufig zu diesem Zweck.[10] Das Toponym „Novorossija" hat die zuvor verwendete Bezeichnung „Südostukraine" weitgehend verdrängt. Diese nahm Bezug auf eine „Autonome Republik Südost-Ukraine", deren Gründung der Gebietssowjet von Luhans'k mit Unterstützung des damaligen Chefs der Gebietsverwaltung von Luhans'k Aleksandr Efremov im November 2004 während der zur Orangenen Revolution führenden Auseinandersetzungen in Kiew initiiert hatte. Bei einem Kongress in Severodonec'k, an dem über 3000 Lokalpolitiker und 150 Abgeordnete des ukrainischen Parlaments teilnahmen, stellte der damalige Vorsitzende des Gebietssowjets von Donec'k das Projekt vor, das die Gebiete Luhans'k, Donec'k, Charkiv, Dnipropetrov'sk, Zaporižžja, Cherson, Mykolajiv und Odessa sowie die Autonome Republik Krim mit der Stadt Sevastopol' umfassen sollte. Spötter bezeichneten das Projekt in Anlehnung an ein mögliches ukrainisches Akronym des Wunschgebildes (PiSUAR) als Pissoir. Das wie eine harmlose geographische Bezeichnung klingende Wort „Südostukraine" hatte daher stets eine politische Note und es ist kein Zufall, dass es nur in der russischsprachigen, nicht aber in der ukrainischsprachigen Variante der Online-Enzyklopädie Wikipedia einen solchen Eintrag gibt.[11] Der Begriff suggeriert, dass es einen einheitlichen russischsprechenden und prorussländischen Sprach- und Kulturraum im Süden und Osten der Ukraine gebe. Tatsächlich aber gab es immer riesige Unterschiede etwa zwischen der Industriezone des Donbass und dem ländlich geprägten Gebiet Cherson, die sich auch in Wahlergebnissen sehr deutlich spiegelten.[12]

Neben neuen Toponymen sollen auch bestimmte Flaggen und Wappen Raum in spezifischer Weise markieren. Die neomonarchistische Bewegung in Russland etwa verwendet eine Fahne, die einen Christuskopf auf rotem Grund zeigt und die Aufschrift „Für Glaube, Zar und die Dreieinige Rus'" trägt.[13] Diese sogenannte Russische Chorugv' war die erste Fahne, die am 6. April 2022 nach Entfernung der ukrainischen Fahne auf dem Gebäude der Gebietsverwaltung von Cherson aufgezogen – jedoch am gleichen Tag auch wieder entfernt – wurde.[14] Auch bei öffentlichen Veranstaltungen an Feiertagen, bei Märschen und Autokorsos im besetzten Gebiet war dieses Kampfbanner immer wieder zu sehen. Stärkeren Rückhalt bei den Okkupationsbehörden hat allerdings die

---

[9] <https://kherson-news.ru/society/2022/08/05/18620.html>.

[10] <www.kremlin.ru/events/president/news/46860>.

[11] <https://ru.wikipedia.org/wiki/Юго-Восток_Украины>.
Zu den Plänen für die Gründung einer Autonomen Republik Südost-Ukraine siehe: <https://ru.wikipedia.org/wiki/Юго-Восточная_Украинская_Автономная_Республика>.

[12] Bei der wiederholten Stichwahl zum Amt des Präsidenten Ende Dezember 2004 etwa entfielen im Gebiet Cherson nur 51 Prozent der Stimmen auf den von Moskau unterstützten Kandidaten Viktor Janukovyč, in den Gebieten Donec'k und Luhans'k waren es über 90 Prozent. Karte unter: <https://zeitschrift-osteuropa.de/site/assets/files/1410/pim_karte_0202021.jpg>.
Texte zu der Wahl und der Orangenen Revolution im Ukraine-Schwerpunkt in OSTEUROPA, 1/2005,

[13] Flag „Russkaja Chorugv' s nadpic'ju. RosAtribut, <https://rusatribut.ru/products/flag-russkaya-horugv->.

[14] Interesnyj flag v Chersone. livejournal gooodvins, 6.4.2022.

Änderung von Gebietswappen. Das Ende September zum Teil Russlands erklärte, seit November aber von der Ukraine teilbefreite Gebiet Cherson etwa erhielt das Wappen des Gouvernements Cherson aus den Jahren 1802–1818, das Gebiet Zaporižžja das Wappen der Stadt Aleksandrovka (Zaporižžja) in seiner heraldischen Ausführung aus dem Jahr 1811. Der von den Besatzern eingesetzte Chef der zivilmilitärischen Verwaltungsbehörde Vladimir Rogov erklärte dazu: „Zu Zeiten der Ukraine wurde das Wappen manipuliert. Anstelle der Gewehre der russischen Soldaten erschienen dort Musketen. Diese Verfälschung der Heraldik haben wir beseitigt. Wir haben die Gewehre zurückgeholt, alles, was es zu Zeiten des Russischen Imperiums gab."[15]

Back to the roots: Plakat der Besatzungsverwaltung mit Wappen des Gebiets Cherson

[15] Gerb Zaporožskoj oblasti očistili ot ukrainskogo sleda. Radio Sputnik, 25.5.2022.

Zeitung der Besatzungsverwaltung des Gebiets Cherson mit alt-neuem Wappen vom 14. Juli 2022. Die Überschrift lautet: „Die Kinder von Cherson fahren nach Artek“. Artek ist ein bekanntes Kindererholungslager aus sowjetischer Zeit auf der Krim.

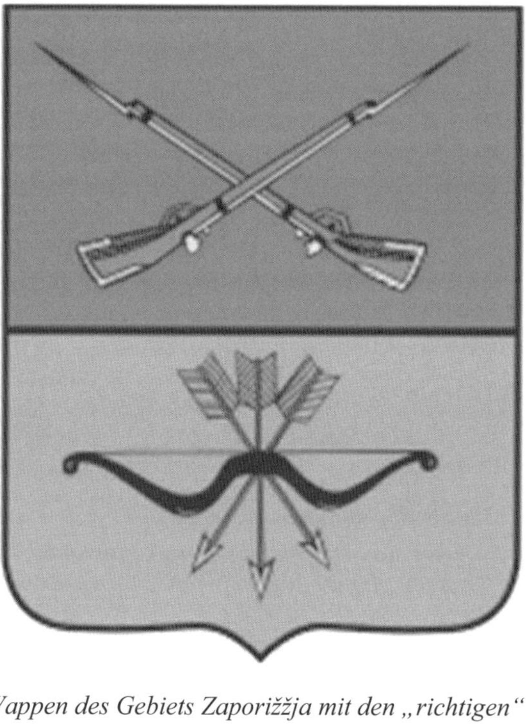

Wappen des Gebiets Zaporižžja mit den „richtigen“ Gewehren

Schließlich hoben und heben die Besatzer und ihre Kollaborateure im öffentlichen Raum und in ihren Medien historische Figuren hervor, die mit der Eroberung und Herrschaft des Russischen Reichs über die im Jahr 2022 unter Okkupation geratenen Gebiete tatsächlich oder angeblich in Verbindung stehen: Katharina die Große, Feldmarschall Aleksandr Suvorov, Admiral Fedor Ušakov, Fürst Grigorij Potemkin von Taurien, General-Feldmarschall Dolgorukij, die Dichter Aleksandr Puškin, Denis Davydov und Afanasij Fet.[16] Diese Namen wurden auf große Plakatwände gedruckt, die Plätze, an denen Denkmäler für einen von ihnen stehen – etwa in Cherson für Suvorov und Potemkin – für öffentliche Veranstaltungen ausgewählt, bei denen die Unterstützung der örtlichen Bevölkerung für die Besatzer demonstriert werden sollte. Dies gipfelte darin, dass die russländische Armee bei ihrem von den ukrainischen Streitkräften erzwungenen Abzug aus Cherson die Denkmäler für Suvorov, Ušakov und Potemkin demontierte und abtransportierte. Sogar das Grab Potem kins samt angeblicher sterblicher Überreste nahmen sie mit – und bezeichneten diese als „Reliquien",[17] offenbar unter Verwechslung von Potemkin und Ušakov, den die Russische Orthodoxe Kirche im Jahr 2001 als „Rechtschaffener Krieger Fedor Ušakov" heiliggesprochen hat.

„Generalissimus Aleksandr Suvorov". Plakat aus der Serie „Cherson ist Russland. Russische Helden damals und heute". Cherson, August 2022

---

[16] Leben und Schaffen von Afanasij Fet stehen mit den besetzten Gebiete in keinerlei Verbindung.

[17] Mošči Grigorija Potemkina otpravili „posmotret' Chersonščinu". ZOV, Lenta novostej Chersona, 26.10.2022.

Zurück zur Sowjetunion: die „Wiederherstellung historischer Gerechtigkeit“

In den ersten Wochen nach dem Einmarsch der russländischen Truppen in die Ukraine erzählte man sich dort gerne die Geschichte, dass diese Karten aus dem Zweiten Weltkrieg verwenden würden.[18] Daher hätten sich die russländischen Soldaten oft verfahren und verlaufen. Bekanntlich haben vor allem viele Städte in den vergangenen 30 Jahren neue Namen erhalten. Hinzu kam, dass die Ukrainer im Norden, Osten und Süden des Landes Straßenschilder aller Art abmontierten oder übermalten, um den Besatzern ihr Werk zu erschweren.

Ob diese Aktionen zivilen Widerstands entscheidend zu den Niederlagen der russländischen Gruppen beigetragen haben, sei dahingestellt. Fest steht, dass der Sprecher des Moskauer Verteidigungsministeriums stur Städtenamen verwendet, von denen sich die Ukraine im Zuge der Überwindung der kommunistischen Vergangenheit seit 2014 verabschiedet hat. Dnipro bezeichnet er als Dnepropetrovsk, Liman als Krasnyj Liman, Bachmut als Artemovsk und Kropyvnyc'kyj als Kirovograd.[19] Für die Städte in den seit 2014 besetzten Gebieten und auf der Krim, deren sowjetische Namen die Ukraine ebenfalls in den Jahren 2015/2016 geändert hatte, ohne dies vor Ort umsetzen zu können, gilt dies ohnehin.

Wichtiger noch als die Symbolpolitik ist, dass die territorialen Ansprüche Russlands sich an der sowjetischen administrativen Gliederung orientieren. Die vier Anfang Oktober 2022 annektierten ukrainischen Gebiete wurden in jenen Grenzen in die Russländische Föderation „aufgenommen“, die in der Stalin-Zeit geschaffen wurden – Gebiete Donec'k und Luhans'k 1938, Zaporižžja 1939, Cherson 1944 – und auch nach der staatlichen Unabhängigkeit der Ukraine unverändert blieben. Obwohl die Besatzer nur Teile der vier Anfang Oktober 2022 annektierten ukrainischen Gebiete kontrollieren, werden in Russland seit Mitte Oktober neue Karten des Landes in Umlauf gebracht, in denen die vier neuen „Föderationssubjekte“ als Teil Russlands gezeigt werden.

In der Ukraine änderten die Besatzer in den zwischen Ende Februar und Mitte Mai eroberten Städten zahlreiche Straßennamen. Meist führten sie sowjetische Bezeichnungen wieder ein. Am eifrigsten waren sie in Mariupol', wo sie den Platz der Freiheit wieder in Leninplatz umtauften, die Uferpromenade (Morsokoj Bul'var) in Promenade des Komsomol, die Meotida-Allee in Straße des 50-jährigen Jubiläums der Oktoberrevolution, die Straße der ukrainischen Kosaken in Ordžonikidze-Straße, den Freiheitsdamm in Leningrader Damm, die Straße der Helden der Ukraine in Marschall-Žukov-Damm. Zudem wurden bereits im Sommer alle Straßenschilder ausgetauscht, um ukrainische Orthographie durch russische zu ersetzen.[20] Ähnlich gingen die Besatzer und ihre örtlichen Anhänger an vielen Orten in den von ihnen kontrollierten Teilen der Gebiete Charkiv, Donec'k, Luhans'k und Zaporižžja vor.

---

[18] Rossijskaja armija na svoich kartach ispol'zuet sistemu koordinat 1942 goda. Fokus.ua, 1.4.2022.

[19] Exemplarisch: Svodka Minoborony Rossii o chode provedenija special'noj voennoj operacii na territorii Ukrainy (po sostojaniju na 30 nojabrja 2022), <https://structure.mil.ru/structure/forces/ground/structure/tank/address/more.htm?id=12447041@egNews>.

[20] Morskoj bul'var sdelali komsomol'skim: v Mariupole okkupanty pereimenovyvajut ulicy Novosti Donbassa. Novosti Donbassa, 5.11.2022.

In einigen Fällen gingen die Invasoren über eine Resowjetisierung hinaus und kreierten sowjetisierende Straßennamen, die es zu sowjetischer Zeit nicht gegeben hatte. In Melitopol' etwa soll nach ihrem Willen die nach dem ukrainischen Nationalideologen Dmytro Doncov (1883–1973) benannte Straße jetzt den Namen Sudoplatov-Straße tragen. Der ebenfalls aus Melitopol' stammende Pavel Sudoplatov (1907–1996) arbeitete seit Ende der 1920er Jahre für den sowjetischen Geheimdienst OGPU, und war dort ab der zweiten Hälfte der 1930er Jahre für die Organisation der Ermordung von „Gegnern" im Ausland tätig, etwa des ukrainischen Politikers Evhen Konovalec in Rotterdam 1938 und Lev Trockijs in Mexiko 1940. Nach dem Tod Stalins und dem Sturz Berijas wurde er zu 15 Jahren Gefängnis verurteilt, 1992 rehabilitiert. Mittlerweile haben die Besatzungsbehörden in Melitopol' ein Denkmal für diesen „Ehrenbürger" der Stadt errichtet und ein Freiwilligenbataillon nach ihm benannt.

Auch Universitäten und Hochschulen gaben die Besatzer neue Namen. Die Staatliche Universität Melitopol' etwa benannten sie im Anschluss an die erzwungene Übernahme der Einrichtung nach dem sowjetischen Pädagogen A.S. Makarenko (1888–1939). In Cherson wurde die Staatliche Marineakademie nach Admiral Ušakov benannt, einem Vertreter aus der Ahnengalerie des Zarenreichs. Zugleich erhielt die Akademie sowjetische Orden zurück – den der Völkerfreundschaft und den des Roten Banners der Arbeit, die kurz nach der „Verleihung" an der Fassade des Hochschulgebäudes erschienen.[21] Die zu den Besatzern übergelaufene Rektorin der Staatlichen Universität Cherson erklärte, die nach Lenins Frau Nadežda Krupskaja benannte Pädagogische Hochschule sei Vorbild auch für ihre Einrichtung. Doch bevor es zu einer Umbenennung kam, befreiten ukrainische Truppen die Stadt .

Zu ihrem wichtigsten Symbol im öffentlichen Raum erkoren Besatzer und Kollaborateure in den Monaten Februar bis Mai 2022 die Siegesflagge – das Sturmbanner der 150. Irdica-Schützendivision (der 79. Abteilung der 3. Sturmarmee der 1. Belarussischen Front), das diese mit dem Kutuzov-Orden zweiten Rangs ausgezeichnete Einheit am 1. Mai 1945 in Berlin auf dem Reichstag hisste. Russländische Fahnen waren in den ersten Monaten der Okkupation kaum zu sehen. Dieses Sturmbanner hingegen wehte auf besetzten Verwaltungsgebäuden und an Fahnenmasten, es hing an Denkmälern und an den monumentalen Ortsschildern, die an vielen Ausfallstraßen ukrainischer Städte stehen, er war an Checkpoints und an Militärfahrzeugen zu sehen. Mancherorts ersetzte eine sowjetische Fahne das Siegesbanner, anderswo hingen beide nebeneinander und gelegentlich kam eine russländische Fahne hinzu, die jedoch stets kleiner war und niedriger hing als die für den Triumph im Zweiten Weltkrieg stehende Flagge.

Sehr rasch wurden in den eroberten Städten und Dörfern auch Lenin-Denkmäler aufgestellt. In Heničes'k etwa bereits am 18. April 2022 – an jener Stelle, wo es bis zum Juli 2015 gestanden hatte, bevor es auf Beschluss des Stadtrats demontiert wurde.

---

[21] Chersonskoj morskoj akademii namereny vernut' imja admirala Ušakova i istoričeskie ordena. ZOV, Lenta novostej Chersona, 26.8.2022.

Zurück in die Zukunft. Der stellvertretende Leiter der Administration des russländischen Präsidenten Sergej Kirienko bei einer Sitzung mit dem von den Besatzern eingesetzten „Gouverneur" des Gebiets Cherson Vladimir Sal'do und Mitgliedern von dessen „Regierung" am 25.11.2022 in Heničes'k

Anschließend kehrte Lenin auch nach Nova Kachovka (30. April), das weiter nördlich ebenfalls am linken Dnipro-Ufer gelegene Hornostajivka (21. August) oder etwa auch nach Vovčans'k im Gebiet Charkiv (ebenfalls 21. August) zurück.[22] In Melitopol' hielt der Sowjetführer am 5. November Einzug, in Bilokurakyne im Gebiet Luhans'k am 7. November und in Svitlodars'k im Gebiet Donec'k am 3. Dezember. Bei der Einweihung des Denkmals in Svitlodars'k erklärte der von der Besatzungsmacht eingesetzte Verwaltungschef der Stadt: „Hier wird historische Gerechtigkeit wiederhergestellt. Hier wird nicht nur ein kulturelles Erbe bewahrt, sondern einem der Symbole für Gleichheit und soziale Gerechtigkeit Ehre erwiesen."[23]

Ungeachtet dieser Beispiele kann man nicht davon sprechen, dass Lenindenkmäler flächendeckend wiedererrichtet worden wären. Ein profaner Grund ist, dass ein großer Teil der Denkmäler, die im Jahr 2014 im Zuge des „Leninopad" („Leninfall", in Anlehnung an Laubfall) demontiert wurden, anschließend zerstört wurde.[24] Eine Rolle könnte aber auch spielen, dass Lenin im Putinschen Weltbild ja eine durchaus negative Rolle zukommt. Diesen machte Russlands Präsident in seiner Rede zur Anerkennung der sogenannten Volksrepubliken von Donezk und Lugansk, die er drei Tage vor dem Losschlagen seiner Armee am 21. Februar 2022 hielt, dafür verantwortlich, dass „Gebiete, mitsamt ihrer Bevölkerung, die zum historischen Russland gehörten, den neu geschaffenen, oft völlig willkürlich zugeschnittenen Verwaltungseinheiten, den Unionsrepubliken, riesige Gebiete übergeben wurden".[25]

---

[22] Okkupanty ustanovili v licee na Char'kovščine bjust Lenina. Charkiv Today, 20.8.2022.

[23] Okkupanty vernuli v Svetlodarsk snesennogo 9 let nazad Lenina. Cenzor.net, 3.12.2022.

[24] Zum „Leninopad" siehe Gerhard Simon: Good Bye, Lenin! Die Ukraine verbietet kommunistische Symbole, in: OSTEUROPA, 3/2016, S. 79–94.

[25] <https://zeitschrift-osteuropa.de/blog/putin-rede-21.2.2022/>.

In Cherson, wo zunächst ebenfalls das im Jahr 2014 demontierte Denkmal wiedererrichtet werden sollte, verkündete die Verwaltungsbehörde der Besatzer später, dass an diesem Ort ein Denkmal für Katharina die Große aufgestellt würde.

Die Vorgeschichte: Donec'k, 9. Mai 2010. Bei einer Feier zum Tag des Sieges im Park des Lenin-Komsomol wird das Siegesbanner hochgehalten.

9.8.2014: Ausweitung der Kampfzone. Aleksandr Chodakovskij, Kommandeur der Brigade „Vostok“ (Osten) der „Volksrepublik Donezk“ bei einer Pressekonferenz zur Schlacht um die Anhöhe von Savur-Mohyla im Donbass

„70 Jahre Sieg im Großen Vaterländischen Krieg 1941–1945.“ Russländische Briefmarke mit dem Siegesbanner aus dem Jahr 2015

Eine sowjetisierende Geschichtspolitik im öffentlichen Raum betreiben die Besatzer auch mit Plakaten zu historischen Themen. In Cherson wurden Plakate mit den Köpfen sowjetischer Kulturschaffender aufgehängt, die im Süden der Ukraine geboren wurden: der Regisseur Sergej Bondarčuk, der Schriftsteller Sergej Lavrenev, der Schauspieler Evgenij Matveev sowie der Schriftsteller und Kriegsberichterstatter Boris Gorbatov. Von Mai 2022 an hingen bis zum Ende der Besatzung auch Plakate zum „Tag des Sieges" im Großen Vaterländischen Krieg, die nach der Befreiung der Stadt im Außenbereich des Kiewer Museums des Zweiten Weltkriegs zu bewundern waren. Im Gebiet Zaporižžja hingen Plakate mit Köpfen verschiedener „Helden der Sowjetunion", sowie mit einem Konterfei Sudoplatovs, geschmückt mit dem Satz: „Er wusste, was man mit Bandera-Leuten macht."[26] In Cherson wurde an die Befreiung der Stadt und die Schaffung des Gebiets Cherson im Jahr 1944 erinnert.
Ebenso wurden zwecks Bedienung des Mythos von der goldenen sowjetischen Zeit Plakate aufgehängt mit Aufschriften wie „Nach dem Krieg wurde Cherson zu einem wichtigen Zentrum von Industrie, Agrarwirtschaft und Kultur" und „Nach 2014 hat die Stadt 60 Prozent ihrer Wirtschaftsleistung wegen der ukrainischen Blockade der Krim verloren."
Auf die Wiedereinführung sowjetischer Heraldik im öffentlichen Raum verzichteten die Besatzer hingegen weitgehend. Fast überall blieben die seit der Unabhängigkeit der Ukraine im ukrainischen heraldischen Stil geschaffenen Wappen unverändert. In Nova Kachivka, wo das Wappen seit 1968 einen Säbel und eine Budjonowka – eine in der Roten Armee zwischen 1918 und 1940 verwendete Mütze – zeigt, beabsichtigten die Besatzer, das Wappen zu ändern, weil es ein Symbol des „Brudermords im Bürgerkrieg der Jahre 1918–1922" zeige.

„30. März 1944. Per Erlass des Präsidiums des Obersten Sowjets der UdSSR wird das Gebiet Cherson gegründet." Plakat aus der Reihe „Die wichtigsten historischen Daten der Region Cherson". Cherson, Juli 2022

[26] U Melitopoli okupanty rozklejily bilbordy z čekistom, pryčetnym do vbyvstva Troc'kogo i Konoval'cja. Mind.ua, 17.5.2022.

Angezogene Handbremse: Russland-Fahnen im öffentlichen Raum

Russland-Symbolik kam in großem Stil in den besetzten Gebieten erst in der zweiten Hälfte des Jahres 2022 zur Anwendung. Lediglich die Farben der russländischen Trikolore tauchten früher auf. An den riesigen steinernen Ortsschildern okkupierter Städte erschienen sie unmittelbar nach deren Besetzung, auf Verwaltungsgebäuden tauchte sie hingegen erst schrittweise auf. In Cherson etwa auf dem Gebäude der Gebietsverwaltung erst am 9. April, obwohl die Besatzer das Gebäude bereits am 2. März eingenommen und am 17. März die ukrainische Flagge vom Mast geholt hatten. Ab dem 25. April wehte sie dann auch vom Gebäude der Stadtverwaltung.[27] An den zahlreichen Checkpoints und an Militärfahrzeugen war die Trikolore von Februar bis Mai kaum zu sehen, häufig hingegen die Flaggen der beiden sogenannten Volksrepubliken sowie Fahnen russländischer Teilrepubliken, etwa Dagestans, Tschetscheniens oder Nordossetiens.

Von den Verwaltungsgebäuden und den Militärfahrzeugen abgesehen tauchte Russland-Symbolik im öffentlichen Raum erst kurz vor den sogenannten „Referenden" Ende September 2022 auf. Im Gebiet Cherson etwa wurden offenkundig eiligst produzierte Plakate auf Straßen und Plätzen aufgehängt, mit Parolen wie „Russland ist für immer gekommen" und „Wir gehen mit Russland". Im Gebiet Zaporižžja lauteten entsprechende Formeln „Wir sind ein Volk" und „Russland steht für …", mit Wörtern wie „Erinnerung", „Entwicklung", „Liebe", „Glück".

Die Zurückhaltung bei der Verwendung von Russland-Symbolik fiel auch dem Militärblogger Igor' Girkin auf, jenem Geheimdienstoffizier, der im Frühjahr 2014 die Operation zur Besetzung der Krim geleitete hatte, später den bewaffneten Aufstand im Donbass anzettelte, dann „Verteidigungsminister" der „Volksrepublik Donezk" war, und sich seit den ersten Niederlagen der russländischen Armee als Kritiker der in seinen Augen nicht entschlossen genug handelnden Kreml-Führung hervortut. Er schimpfte noch im Dezember 2022, dass „die russische Karte nicht ausgespielt wird":

> „Immer noch wird bei uns die Linie verfolgt, innerhalb Russlands eine kleine Sowjetunion zu errichten. [. . .] Am Anfang wurden oft das sogenannte Siegesbanner und die russländische Fahne nebeneinander gehängt. Ich bin der Ansicht, dass eine solche Ambivalenz zu nichts Gutem führt. Es wurde wie eine Flagge der Sowjetunion aufgefasst. Da wurde zum Beispiel das Azovstal'-Werk eingenommen – und dann dort die sowjetische Flagge aufgezogen. Warum nicht die russische? Wenn Russland diese Spezialoperation durchführt, dann hat es ja wohl auch eine Flagge. Schämt es sich etwa für diese Flagge? Teilweise korrigieren sie das, es wird jetzt besser."[28]

---

[27] Klimkoveckij Markijan. V Chersone rossijskie okkupanty zachvatili gorsovet, so zdanija snjali ukrainskij flag. Gromadske.ua, 25.4.2022.

[28] Igor Strelkov „Girkin": Obstanovka na fronte. 16.12.2022. HID Studio UA, <https://www.youtube.com/watch?v=ieLf4qminHs>.

Vereinte Idole. Staatliche Universität Cherson nach der Befreiung im November 2022

Ein Land für Blumenkinder: „Russland ist für immer hier!" Cherson, September 2022

Fazit: Heim ins Reich

Die russländischen Invasoren und ihre örtlichen Kollaborateure widmeten vom ersten Tag der sogenannten Spezialoperation an der Schaffung neuer mentaler Landkarten große Aufmerksamkeit. Der eroberte Raum wurde im Zuge kleiner Aktionen und großangelegter Kampagnen mit Toponymen markiert und mit öffentlich ausgestellten ideologischen Symbolen überzogen. Das Geschichtsbild und die Erinnerungslandschaft, die so geschaffen wurden, nehmen teils auf das Zarenreich, teils auf die Sowjetunion Bezug. Auf diese Weise wurde in den besetzten Gebieten selbst sowie in der russländischen Öffentlichkeit das Bild geschaffen, dass historisch zu Russland gehörende Gebiete auf der Basis legitimer Ansprüche heimhole. Russlands Soldaten wiederholen vergangene Schlachten um Städte, deren Namen es nur noch auf historischen Karten gibt. Auch dies ist ein Ausdruck davon, wie sehr Russlands Präsident und alle seine Beamten, Soldaten und Anhänger den Bezug zur Realität verloren haben und eine Anerkennung der Tatsachen verweigert, die die ukrainische Gesellschaft als Ausdruck ihres nationalen Selbstverständnisses geschaffen hat. Dies geht so weit, dass sie Anerkennung simpler Fakten für Empörung sorgt. Als der Duma-Abgeordnete Konstantin Zatulin in der Propaganda-Talk-Show „Der Abend mit Vladimir Solov'ev" Ende November 2022 davon sprach, die annektierten Gebiete seien „zwischen Russland und der Ukraine umstrittenes Territorium", handelte er sich den Vorwurf ein, er „beleidige" die neuen Regionen Russlands.

Gleichzeitig hält sich der Kreml mit dem Einsatz von Russland-Symbolik in den besetzten Gebiete zurück. Die widerrechtliche Eingliederung fremden Staatsgebiets soll nicht allzu sehr in den Vordergrund geschoben werden. Doch auch die Entscheidung, ob der Eroberungsfeldzug einer „Wiederherstellung historischer Gerechtigkeit" in der Traditionslinie des Zarenreichs oder in jener der Sowjetunion sein soll, fällt der Kreml nicht. Dies schafft Spielraum für die Ideologiearbeiter, die im Gefolge der regulären Soldaten der russländischen in die Ukraine kommen. Sie können sich einbilden, dass sie dort all das tun, was ihnen in ihrer Heimat verboten ist: ein Imperium errichten, den Kommunismus aufbauen, gegen korrupte Oligarchen kämpfen. Kurzum: eine gerechte Gesellschaft schaffen, die es im echten Leben weder im Russischen Reich noch in der Sowjetunion je gegeben hat, und von der Russland so weit entfernt ist wie nur wenige andere Länder der Welt.

Aus dem Russischen von Volker Weichsel, Berlin

Schlagwörter:
Russisches Reich, Rossija, Geschichtspolitik, Staatssymbolik, Heraldik

November 2022 bei Bachmut. Foto: Ukrainisches Verteidigungsministerium

Egbert Jahn

Waffenstillstand durch Waffenlieferung

Zwei Szenarien für die Ukraine

Westliche Staaten liefern der Ukraine mehr und bessere Waffen. Gleichzeitig werden die Rufe lauter, diese Lieferungen einzustellen und Verhandlungen über einen Waffenstillstand aufzunehmen. In Deutschland hat das „Manifest für den Frieden“ beachtliche Unterstützung erhalten. Eine Umsetzung der Forderungen würde zu einer direkten deutschen Unterstützung der Kriegs- und Eroberungspolitik Russlands führen, die Ukraine in ihrer bisherigen Gestalt vernichten und die Weltfriedensordnung erschüttern. Der deutsche Nationalpazifismus würde eine ernsthafte Existenzkrise der EU und NATO heraufbeschwören. Friedenspolitik ist nur als eine europäische und transatlantische denkbar. Russland und die Ukraine sind zu Waffenstillstandsverhandlungen noch nicht bereit. Aber schon ist es sinnvoll, Szenarien für Verhandlungslösungen zu entwickeln. Keine Kriegspartei wird ihre maximalen Kriegsziele militärisch erreichen.

Die Ukraine erhält seit 2014, als Russland die Krim annektierte und die Besetzung von Teilen des Donbass in die Wege leitete, von westlichen Staaten Waffen. Diese haben es der Ukraine enorm erleichtert, ihren – für viele Beobachter überraschenden – effektiven militärischen Widerstand gegen Russlands Aggression im Februar 2022 zu leisten. Seither hat der Westen die Waffenlieferungen stark ausgeweitet. Das hat die Eroberung der Ukraine durch russländische Truppen bislang verhindert. Jahrelang wurden diese Waffen fast ausschließlich von den USA und Großbritannien als den beiden westlichen Unterzeichnern des Budapester Memorandums von 1994 geliefert.[1] Das Memorandum hatte festgelegt, dass die Ukraine – wie auch Belarus und Kasachstan – die auf ihrem Territorium gelagerten sowjetischen Nuklearwaffen an Russland abgibt, was auch tatsächlich geschah. Im Gegenzug verpflichteten sich die Nuklearmächte Russland, USA und Großbritannien, die Unabhängigkeit und territoriale Integrität der Ukraine zu achten und keine Gewalt gegen sie anzuwenden. Das Memorandum war allerdings kein völkerrechtlich verbindlicher Vertrag und legte auch keine Sanktionen für den Fall einer

---

Egbert Jahn (1941), Dr. phil., Prof. em. für Politische Wissenschaft und Zeitgeschichte, Universität Mannheim

Von Egbert Jahn ist in Osteuropa u.a. erschienen: Aufgetaut und wieder eingefroren. Kontinuität und Wandel im Bergkarabach-Konflikt, in: OE, 12/2020, S. 81–104. – Völkerfriede. Idee und Realität des kommunistischen Internationalismus, in: OE, 9–10/2017, S. 117–136. – Neuauflage des Ost-West-Konflikts? Friedenspolitische Herausforderungen durch die neuen Kriege in Europa, in: OE, 3/2015, S. 25–45.

[1] Memorandum on security assurances in connection with Ukraine's accession to the Treaty on the Non-Proliferation of Nuclear Weapons. Budapest, 5 December 1994, <https://treaties.un.org/doc/Publication/UNTS/Volume%2+03007/Part/volume-3007-I-52241.pdf>.

Osteuropa, 72. Jg., 12/2022, S. 31–45 **doi: 10.35998/oe-2022-208**

Zuwiderhandlung durch eine der drei Großmächte fest.[2] Es nimmt dennoch die beiden westlichen Großmächte politisch-moralisch in die Pflicht, besonders nachhaltig für die Einheit der Ukraine in den Grenzen von 1991 einzutreten und diese Einheit nach ihrer Zerstörung durch Russland wiederherzustellen. Auch Deutschland hatte Interesse an der nuklearen Abrüstung der drei Ex-Sowjetrepubliken, wie es generell an der Einhaltung des Vertrags über die Nichtverbreitung von Kernwaffen interessiert ist. Daraus ergibt sich Deutschlands Wunsch, seine Bündnispartner bei ihren Bemühungen zu unterstützen, ihren internationalen Verpflichtungen zu entsprechen und weltpolitische Glaubwürdigkeit zu bewahren. Es ist nicht bloß ein allgemeines Gebot, für die Einhaltung der völkerrechtlichen Normen nach der Charta der Vereinten Nationen Sorge zu tragen, das den Westen motiviert, die Ukraine in ihrem Verteidigungskrieg tatkräftig zu unterstützen.[3]

Auch die Tatsache, dass die Ukraine sich in einem ernsthaften Demokratisierungsprozess befindet, war für den Westen kein ausschlaggebender Grund, sie durch Waffenlieferungen zu unterstützen. Wohl aber ist zu bedenken, dass eine internationale Hinnahme der Eroberung ukrainischen Territoriums durch Russland ein wichtiger Impuls für zahlreiche Staaten sein wird, sich eine nukleare Abschreckungsstreitmacht zuzulegen. Russland verstößt seit 2014 und nicht erst seit 2022 gegen seine wiederholten völkerrechtlichen Selbstverpflichtungen und politische Zusage von 1994, die Einheit der Ukraine in den Grenzen von 1991 zu achten.

Zwischen westlichen Waffenlieferungen an die Ukraine und Initiativen für Waffenstillstandsverhandlungen besteht kein Widerspruch. Waffenlieferungen können auch nach der Aufnahme von Verhandlungen fortgesetzt werden – wie auch Russland selbstverständlich weitere Waffen und Truppen in die Ukraine schicken wird. Mit zunehmenden westlichen Waffenlieferungen an die Ukraine wachsen der Einfluss des Westens auf den Kriegsverlauf und damit auch seine Verantwortung, zur Beendigung des Krieges beizutragen.[4] Aus diesem Grunde sollte der Westen jede Chance ergreifen, in Übereinstimmung mit der Ukraine solche Waffenstillstandsverhandlungen – in welchem Rahmen auch immer – in Gang zu setzen, sobald es Anzeichen gibt, dass die beiden Staaten von ihren maximalen Kriegszielen Abstand nehmen könnten.

Allerdings muss man realistisch eingestehen, dass zurzeit weder die Ukraine noch Russland ein Interesse an einem Waffenstillstand haben, der nicht die Erfüllung ihrer wichtigsten Kriegsziele beinhaltet. Doch diese sind gegenwärtig völlig unvereinbar. Trotz dieser Sachlage sollte der Westen jederzeit bereit sein, Waffenstillstandsverhandlungen zwischen der Ukraine und Russland unter Vermittlung beliebiger neutraler Staaten und

---

[2] Mariana Budjeryn, Andreas Umland: Damage Control: The Breach of the Budapest Memorandum and the Nuclear Non-Proliferation Regime, in: Oxana Schmies (Hg.): NATO's Enlargement and Russia. A Strategic Challenge in the Past and Future. Stuttgart 2021, S. 177–190.

[3] In vielen anderen Fällen hat der Westen angegriffene Staaten, die um die Erhaltung ihrer territorialen Integrität kämpfen, nicht mit Waffenlieferungen unterstützt, so z.B. Iran im Krieg mit Irak 1980–1988, Armenien im Krieg mit Aserbaidschan 2020, Vietnam im Krieg mit China 1979 oder mehrere Staaten im Südchinesischen Meer, die Inseln als ihr Territorium nach internationalem Recht ansehen, die nach und nach von China militärisch besetzt werden.

[4] Jürgen Habermas: Ein Plädoyer für Verhandlungen. Süddeutsche Zeitung, 15.2.2023. – Habermas plädiert allerdings dafür, dass die Ukraine sich auf eine Wiederherstellung des Status quo ante 24.2.2022 festlegt, statt die Wiederherstellung ihrer Souveränität über das gesamte Territorium anzustreben. – Dazu kritisch: Peter Neumann: Seine Sorge. Warum Jürgen Habermas noch immer in den Kategorien der Welt von 1989 denkt. Die Zeit, 23.2.2023.

möglichst auch der Vereinten Nationen zu ermöglichen und zu erleichtern, z.B. durch die Aussetzung mancher Waffenlieferung, sofern Russland gleichzeitig seinen Nachschub von Waffen und Truppen in die Ukraine unterbricht. Das dürfte allerdings nur äußerst schwer zu überprüfen sein.

Die Zuspitzung der Debatte über die Lieferung von Leopard-Panzern

Deutschland war erst nach der Ausweitung der russländischen Eroberungspolitik am 24. Februar bereit, in mehreren zögerlichen Schritten gewichtige und militärisch bedeutsame Waffensysteme an die Ukraine zu liefern und damit seine umfangreiche finanzielle, wirtschaftliche und humanitäre Hilfe zu ergänzen. Lange zögerte der Westen, auch Panzer und weitreichende Raketensysteme oder gar Kampfflugzeuge und Kriegsschiffe an die Ukraine zu liefern, mit denen die Ukraine den Krieg auch auf international anerkanntes russländisches Territorium tragen könnte. Bisher hat die Ukraine vereinzelt militärische Stützpunkte in Russland angegriffen, ohne dies offiziell einzugestehen.

In den letzten Monaten forderten die Ukraine und kleinere NATO-Staaten vor allem die Lieferung von Leopard-Panzern aus deutscher Produktion, die in mehreren NATO-Ländern vorhanden sind. Dazu ist die Genehmigung der deutschen Regierung erforderlich. Dieser Panzer gilt als militärisch leistungsfähigster Kampfpanzer weltweit, obwohl er im Unterschied zu US-amerikanischen, britischen, französischen und russländischen Kampfpanzern noch in keinem Krieg eingesetzt wurde. Damit rückte Deutschland ungewollt erneut ins Zentrum der Debatte über eine qualitative Ausdehnung der westlichen Waffenlieferungen und der Intensität des Krieges in der Ukraine. Mehrere europäische Staaten, die über Leopard-Panzer verfügen, drängten Deutschland, sich an die Spitze einer Staatenkoalition zu setzen, die solche Panzer an die Ukraine zu liefern bereit sei. Dazu gehören allerdings nicht die Türkei und Griechenland, die einen großen Bestand an Leopard 2-Panzern haben.[5] Die Bundesregierung und insbesondere Bundeskanzler Olaf Scholz zögerten lange, Panzer dieses Typs zu liefern und Bündnispartnern die Ausfuhrgenehmigung zu erteilen.

Scholz vermied einen deutschen Alleingang. Er drängte darauf, dass die großen westlichen Staaten nur gemeinsam beschließen und verkünden sollten, ihre Kampfpanzer Abrams (USA), Challenger (Großbritannien), Leclerc (Frankreich) an die Ukraine zu liefern.[6] Für sein Beharren gab er keine weitere Begründung als zu wiederholen, dass es notwendig sei, besonnen und gemeinsam zu handeln. Es ist naheliegend, dass Deutschland ohne die Unterstützung der drei westlichen Nuklearstaaten aus sicherheitspolitischen Erwägungen keinen Alleingang wagen kann, wenn es um eine steigende qualitative Ausrüstung der Ukraine geht. Zudem kann man die ständige Präsenz des nationalsozialistischen Angriffskrieges gegen die Sowjetunion im Geschichtsbewusstsein der

---

5 Überblick über die Bestände: Welche Länder haben Leopard-2-Panzer? <www.zdf.de/ nachrichten/politik/leopard-2-panzer-nato-staaten-ukraine-krieg-russland-100.html>.

6 Deutschland und die USA schmieden Panzerallianz für die Ukraine. Manager Magazin, 25.1.2023, <www.manager-magazin.de/politik/deutschland/leopard-2-olaf-scholz-schickt-14-kampfpanzer-in-die-ukraine-a-25fbffa6-03ca-41a5-8dca-742d03bdc153>. – Bundesregierung kündigt Lieferung von Leopard-2-Panzern an die Ukraine an. <www.bundesregierung.de/bregde/suche/bundesregierung-kuendigt-lieferung-von-leopard-2-panzern-an-die-ukraine-an-2160236>.

Russen, Ukrainer und Deutschen, dessen Bild stark durch die großen Panzerschlachten geprägt ist, nicht außer Acht lassen. Putin nutzt schon seit langem die traumatische Erinnerung der meisten Russen an den deutschen Nationalsozialismus zur Denunziation der Kiewer demokratischen und prowestlichen Regierung und ihrer vielen Unterstützer als (Neo-)Nazisten und Faschisten. Umgekehrt ist es für viele Ukrainer naheliegend, die russländische Aggression 2014 und 2022 mit der deutschen Aggression zuerst 1939 gegen Polen und dann 1941 gegen die Ukraine als „faschistische" gleichermaßen zu kennzeichnen und Putin und Hitler gleichzusetzen.

Aus diesem Grunde wäre die alleinige Lieferung von deutschen Panzern vermutlich kontraproduktiv gewesen, da die Bilder von deutschen Panzern in der Ukraine Moskaus psychologische Aufrüstung der Bevölkerung Russlands bedienen würden, die behauptet, Russland verteidige sich gegen eine neue nazistische Aggression gegen Russen und Russischsprachige so wie im „Großen Vaterländischen Krieg" von 1941–1945.[7] Dieser Behauptung kann nun entgegengehalten werden, dass auch Panzer aus den USA und Großbritannien, den sowjetischen Alliierten gegen das nationalsozialistische Deutschland, die zudem Garantiemächte des Budapester Memorandums von 1994 sind, zur Verteidigung der Ukraine beitragen. Der Westen ist bei seinen Friedensbemühungen darauf angewiesen, auf die politisch-psychologische Situation in Russland einzugehen.

So nahm Präsident Putin die Ankündigung deutscher Kampfpanzer-Lieferungen sofort als Gelegenheit wahr, einen Zusammenhang zwischen dem Einsatz deutscher Tiger- und Phantom-Panzer in den Jahren 1941–1945 und von Gepard- und Leopard-Panzern heute in der Ukraine herzustellen.[8]

So abwegig diese Gleichsetzung auch ist: Es ändert nichts daran, dass sie politisch-psychologisch in Russland wirksam ist. Zur propagandistischen Rechtfertigung der blutigen „Spezialoperation" benutzt Putin bekanntlich von Anfang an den Großen Vaterländischen Krieg, indem er eine Parallele herstellt zwischen der damaligen Verteidigung Russlands als Kernland der Sowjetunion und der angeblichen Verteidigung des heutigen Russlands gegen einen von der NATO und insbesondere den USA geführten Krieg, der auf die Zerstückelung und Vernichtung Russlands ziele.[9] In diesem Krieg bediene sich

---

[7] Lev Gudkov: Die Fesseln des Sieges. Russlands Identität aus der Erinnerung an den Krieg, in: OSTEUROPA, 4–6/2005, S. 56–73. – Das Kriegserlebnis 1941–1945 ist das wichtigste einigende Band der russländischen Gesellschaft. – Maria Stepanova: Die russische Frage. FAZ, 23.1.2023.

[8] Vystuplenie Putina na 80-letii Stalingradskoj bitvy v Volgograde, <www.youtube.com/watch?v=lA15wXfFeSM>. – Auf Knochen gebaut. FAZ, 3.2.2023.

[9] Siehe die Rede von Vladimir Putin am 21.9.2022, wo er sich an die Bewohner der „Volksrepubliken Donec'k und Lugans'k, der Gebiete Cherson und Zaporižžja und weiterer von dem neonazistischen Regime befreiter Gebiete" wendet und meint, Ziel des Westens sei es, Russlands Einheit zu torpedieren und das Land in letzter Konsequenz zu zerstören. Man rede bereits unverhohlen davon, „dass Russland mit allen Mitteln auf dem Schlachtfeld vernichtet und anschließend seiner politischen, wirtschaftlichen, kulturellen, ja überhaupt jeder Souveränität beraubt werden soll". Vladimir Putin: Erklärung der Teilmobilmachung in: OSTEUROPA, 9–10/2022, S. 213 sowie 216. Siehe dazu auch Putins Reden aus Anlass der Annexion der vier ukrainischen Gebiete vom 30.9.2022 sowie vor dem Valdaj-Klub am 27.10.2022, in: OSTEUROPA, 9–10/2022, S. 219–240, hier S. 223. Nach Putin streben die USA nach Weltherrschaft und halten bis heute „Deutschland, Japan, die Republik Korea und andere Staaten faktisch unter Besatzung und nennen sich zynisch ihre Verbündeten", S. 226.

der „kollektive Westen" der ihm als Marionetten dienenden „ukrainischen Nazis" und „Banderovcy".[10]

Fatal ist, dass manche deutschen Politiker einen Führungsanspruch Deutschlands in Europa fordern oder sich antragen lassen.[11] Dies kann in Frankreich und auch in Italien und Großbritannien nur als deutscher Größenwahnsinn empfunden werden. Schließlich bleibt Deutschland auf die nukleare Abschreckungsmacht der drei westlichen Weltmächte angewiesen, was ihm jeglichen Alleingang in der Ukraine-Politik einschließlich der Waffenlieferungen verbietet. Andererseits ist auch die Debatte über eine bloß nationale, deutsche Einstellung von Waffenlieferungen an die Ukraine abwegig. Sie hätte nur Sinn als eine internationale Debatte über eine gemeinsame Einstellung von Waffenlieferungen aller NATO-Staaten, falls die Ukraine zu einer Kriegspolitik übergehen würde, die die NATO nicht mehr billigen will. Das könnten etwa Angriffe auf das Territorium Russlands in den Grenzen von 1991 oder der Einsatz völkerrechtswidriger Waffensysteme sein. Die Einstellung von Waffenlieferungen könnte zu einem Thema werden, wenn sich die Vorstellungen der Ukraine und des Westens von den Bedingungen für eine Beendigung des Krieges fundamental auseinanderentwickeln. Dies ist möglich, wenn die Bereitschaft der Bevölkerungen der Ukraine, einzelner oder aller westlicher Staaten, die Kosten des Krieges zu tragen, in den kommenden Monaten gravierend auseinanderdriften und dies sich in der Regierungspolitik niederschlagen würde.

Die Einstellung von westlichen Waffenlieferungen an die Ukraine – ein Mittel zum Frieden oder für den Kriegserfolg Putins?

Von der Partei der *Linken* und auch in einem „Manifest für Frieden" von Alice Schwarzer und Sahra Wagenknecht,[12] das zwischen seiner Veröffentlichung am 10.2.2023 und Anfang April über 700 000 Unterschriften erhielt, werden Waffenstillstands- und Friedensverhandlungen als eine Alternative zu Waffenlieferungen an die Ukraine gefordert. Bundeskanzler Scholz solle sich „auf deutscher wie europäischer Ebene (also ausdrücklich nicht auf nordatlantischer Ebene! E.J.) an die Spitze einer starken Allianz für einen Waffenstillstand und für Friedensverhandlungen setzen. Jetzt!" Von einer notwendigen Gemeinsamkeit der EU und der NATO ist hier ausdrücklich nicht die Rede.

---

[10] Anhänger von Stepan Bandera, die mit den deutschen Nationalsozialisten nach 1941 kollaborierten. Dazu Wilfried Jilge: Stepan Bandera: Zum historischen und politischen Hintergrund einer Symbolfigur, in: Katharina Raabe (Hg.): Gefährdete Nachbarschaften. Ukraine, Russland, Europäische Union. Göttingen 2015, S. 103–123.

[11] Olaf Scholz: Rede bei der Bundeswehrtagung am 16.9.2022 in Berlin, <www. bundesregierung.de/breg-de/service/bulletin/rede-von-bundeskanzler-olaf-scholz-2127314>.

[12] Alice Schwarzer, Sahra Wagenknecht: Manifest für den Frieden, <www.change.org/p/manifest-f%C3%BCr-frieden>. – Ein Interview und Streitgespräch hierzu zwischen Petra Bahr und Margot Käßmann. Die Zeit, 23.2.2023. – Für eine Zurückhaltung von Waffenlieferungen sprachen sich im Januar/Februar 2023 49 Prozent der Deutschen aus. Verunsichert durch den Krieg. FAZ, 16.2.2023. Schon eine Woche nach der Entscheidung der Bundesregierung stieg die Zahl derjenigen, die die Lieferung von Leopard-2-Panzern für richtig befinden, von 42 auf 54 Prozent. Wie die Deutschen über den Krieg denken. Die Zeit, 26.2.2023.

Das Schwarzer/Wagenknecht-Manifest fordert den Bundeskanzler auf, die „Eskalation der Waffenlieferungen“ zu stoppen, was zwar nicht die Einstellung aller deutschen Waffenlieferungen bedeuten würde,[13] aber die von Kampfpanzern und vielen sonstigen Waffen. Von einer Aufforderung an Russland, seinerseits von weiteren Waffen- und zudem Truppenlieferungen in die Ukraine Abstand zu nehmen, ist keine Rede. Damit wird das Manifest zu einer direkten Unterstützung der Kriegs- und Eroberungspolitik Putins und Russlands[14] – wahrscheinlich ungewollt,[15] aber in der Sache unvermeidlich. Der deutsche Nationalpazifismus würde, wenn er mehrheits- oder gar regierungsfähig werden würde (was nicht zu erwarten ist), eine ernsthafte Existenzkrise der Europäischen Union und der NATO heraufbeschwören.

Es ist nicht der geringste Grund erkennbar, weshalb sich Russland auf einen Waffenstillstand vor seinem vollständigen Sieg über die Ukraine einlassen sollte, wenn der Ukraine tendenziell die Waffen ausgehen. Das Manifest ist durch und durch undurchdacht, da nicht anzunehmen ist, dass die meisten seiner Unterzeichner wirklich wollen, was die Realisierung ihres Vorschlages bewirken würde. Friedenspolitik ist überhaupt nur als europäische und transatlantische konzipierbar, nicht als national-deutsche.

Waffenstillstand bedeutet, dass vorhandene Waffen vorerst nicht weiter in einem Konflikt eingesetzt werden. Die sie benutzenden Truppen bleiben lediglich an einer territorialen Linie stehen oder werden von ihr zurückgezogen. Die Waffenstillstandslinie kann entweder ungefähr die Kriegsfront im Augenblick des Waffenstillstandsabkommens sein – wie im Falle des Minsker Abkommens 2014 – oder eine neue Linie sein, die den Rückzug der Truppen und Waffen der unterlegenen oder gar zur Kapitulation gezwungenen Kriegspartei erfordert. Letzteres geschah im Falle des jüngsten Krieges zwischen Armenien und Aserbaidschan im November 2020, als Armenien auch bislang noch von seinen Truppen besetzte Gebiete an Aserbaidschan kampflos zurückgeben musste.[16] Die meisten Waffenstillstände halten nur kurze Zeit. Ein Waffenstillstand kann aber auch Jahrzehnte anhalten wie z.B. in Korea seit 1953 und in Zypern seit 1974. Er kann aber auch nach Jahren wieder gebrochen werden, wie der in Bergkarabach nach 1994 und im Osten der Ukraine nach 2015.

In absehbarer Zeit haben jedoch weder die Ukraine noch Russland ein Interesse, die heutige oder eine spätere militärische Frontlinie irgendwo im Südosten der Ukraine als Waffenstillstandslinie festzulegen, weil beide Staaten völlig unvereinbare Kriegsziele verfolgen und glauben, diese im Wesentlichen noch militärisch erreichen zu können. In Verhandlungen würde die Ukraine mit einem Waffenstillstand nur dann einverstanden sein, wenn er den vollständigen Rückzug aller Truppen Russlands aus allen derzeit von Russland besetzten und annektierten Gebieten der Ukraine in den Grenzen von 1991 vorsehen würde.[17] Dieses Kriegsziel unterstützen derzeit alle NATO- und EU-Staaten. Russland würde als Minimalziel den Rückzug aller ukrainischen Truppen aus den am 5. Oktober 2022 annektierten vier südostukrainischen Gebieten verlangen, wenn es nicht gar an seiner weitergehenden Forderung eines *regime change* in der Restukraine festhält,

---

[13] Bei der Demonstration der Manifest-Anhänger wurde allerdings vielfach ein Stopp der Waffenlieferungen als Alternative zu diplomatischen Waffenstillstandsverhandlungen gefordert.

[14] Reinhard Veser: Putins propagandistische Helfer. FAZ, 14.2.2023, S. 8.

[15] Prominente Unterzeichnerinnen wie Margot Käßmann oder Antje Vollmer wollen sicherlich nicht die Eroberungspolitik Russlands unterstützen.

[16] Egbert Jahn: Aufgetaut und wieder eingefroren. Kontinuität und Wandel im Bergkarabach-Konflikt, in: OSTEUROPA, 12/2020, S. 81–104.

[17] Interview mit Zelens'kyj-Berater Mychajlo Podoljak. ZDF, 20.1.2023.

damit ein autokratisches, prorussländisches Regime (wie in Belarus) die Ukraine in das russländische Bündnissystem der Eurasischen Wirtschaftsunion und der Organisation des Vertrags über kollektive Sicherheit eingliedert.[18]

Vermutlich sind im Ukraine-Krieg bislang schon über 200 000 ukrainische und russländische Menschenleben zu beklagen.[19] Je mehr Opfer der Krieg verlangt, desto unnachgiebiger werden die beiden unvereinbaren Kriegsziele nicht nur von den Regierungen, sondern auch der Mehrheit der Bevölkerung beider Staaten verfochten, da sich sonst die Kriegsopfer „nicht gelohnt" hätten und es als ein „Verrat an den Gefallenen" erschiene, wenn nicht bis zur Erreichung des eigenen Kriegsziels gekämpft würde. Erst wenn der Glaube an die Möglichkeit des eigenen Sieges infolge kaum noch ertragbarer Verluste an eigenen Menschenleben und sozialökonomischen Lebenschancen auf einer Seite oder auf beiden Seiten des Krieges geschwunden ist, wird eine Chance zur Beendigung des Krieges durch Verhandlungen entstehen. Vorher hätten Waffenstillstandsverhandlungen – wie sie es zumeist haben – lediglich die propagandistische Funktion, Friedensbereitschaft vorzutäuschen, oder die taktische Funktion, die Truppen umzugruppieren und auf- oder nachzurüsten, um den Krieg effektiver fortsetzen zu können.

Da es nicht danach aussieht, dass eine der beiden Kriegsparteien in absehbarer Zeit entscheidende militärische Geländegewinne erringen kann, wird der Krieg wahrscheinlich noch viele Monate oder gar Jahre andauern, in denen nicht nur weitere Hunderttausende, sondern gar Millionen Menschen getötet oder körperlich und psychisch schwer geschädigt werden. Wir sollten nicht vergessen, dass die Sowjetunion ihren Verteidigungskrieg trotz eines Verlustes von weit über zwanzig Millionen Menschenleben und Deutschland seinen Angriffskrieg trotz des Todes von über sieben Millionen deutschen Soldaten und Zivilisten bis zur vollständigen Kapitulation im Mai 1945 fortsetzten.

Der russländische Nachschub von Waffen und Truppen in die Ukraine wird nicht nachlassen, und westliche Waffenlieferungen werden eine immer größere Bedeutung für die Ukraine haben. Dies erhöht die Verantwortung des Westens für eine Beendigung des Krieges. Aufgrund seiner eigenen Interessen muss er eigene Vorstellungen über die Bedingungen eines Waffenstillstandes und eines Friedens in der Ukraine und in der ganzen Region entwickeln und diese mit der Ukraine abstimmen, da nur die Ukraine einen Waffenstillstand vereinbaren und anschließend eine Friedensregelung mit Russland ermöglichen kann.

Man kann nicht davon ausgehen, dass die Interessen der Ukraine und des Westens in diesem Krieg identisch sind, trotz zahlreicher irreführender Bekundungen beider Seiten. Die Ukraine verteidigt nicht Europa oder die westliche Werteordnung, wie viele westliche Politiker zur Legitimierung ihrer Waffenlieferungen zu sagen pflegen und wie die ukrainischen Politiker gern sagen, um die westliche Unterstützung möglichst zu maximieren, sondern sie verteidigt ausschließlich ihre eigene Freiheit, d.h. ihre nationale Unabhängigkeit, Souveränität und politische Selbstbestimmung über ihre innere staatliche Ordnung. Hätte die Ukraine im Februar 2022 kampflos kapituliert (wie z.B. die Tschechoslowakei 1938, 1939 und 1968) oder erst nach einem kurzen Krieg wie Ungarn 1956 und die Etablierung eines prorussländischen Regimes in Kiew und ihre Eingliederung

---

[18] Dies hatte Putin schon Monate vor dem Überfall in einem Aufsatz gefordert. Vladimir Putin: Über die historische Einheit der Russen und der Ukrainer, in: OSTEUROPA, 7/2021, S. 51–65.

[19] Für einen laufend aktualisierten Überblick mit Zahlen aus verschiedenen Quellen: <https://de.wikipedia.org/wiki/Russischer_Überfall_auf_die_Ukraine_2022>.

in das russländische Bündnissystem akzeptiert, so wäre die Freiheit Deutschlands, Polens oder Estlands durch nichts beeinträchtigt worden, außer durch notwendige gesteigerte Rüstungsaufwendungen zur Abschreckung eines russländischen Angriffskrieges gegen ein NATO-Mitglied.

Allerdings wäre das Verteidigungs- und Abschreckungspotential des Westens geringer, wenn Russland sich das demographische und wirtschaftliche Potential der Ukraine einverleiben würde. Insofern hat der Westen durchaus auch eigene Interessen, dass sich die Demokratie nach Osten ausbreitet. Gefährdet sind im Falle einer unbehinderten russländischen Eroberungspolitik allerdings Moldova, Kasachstan und potentiell auch die südkaukasischen Länder. Aber die NATO wird auch diesen Ländern wohl keinen direkten militärischen Beistand leisten.

Der Westen sah sich als zu schwach an, um den sowjetischen Interventionen in der DDR 1953, in Polen und Ungarn 1956 und in der Tschechoslowakei 1968 massiv (gar mit Waffenlieferungen im Falle Ungarns) oder einschneidenden Wirtschaftssanktionen) entgegenzutreten, duldete also die militärische Aufrechterhaltung der sowjetischen Interessensphäre. Allerdings haben die Sowjetunion genau wie der Westen nach 1946 nur in bestehenden Staaten interveniert (Vietnam, Afghanistan u.a.), aber nicht neue Gebiete für sich erobert, wie das heute Russland tut. Insofern war das Jahr 2014 ein qualitativer Epochenbruch in der internationalen Politik und Weltgeschichte seit dem Jahre 1945.

Der Westen ist nicht bereit, eine russländische Interessenssphäre im postsowjetischen Raum (ohne Baltikum) anzuerkennen, indem er dort militärische Interventionen Moskaus duldet. Gleichzeitig weigerte er sich jedoch, angegriffenen Staaten in diesem Raum militärischen Beistand nach Art. 51 der Charta der Vereinten Nationen zu leisten. Das Völkerrecht hätte es ihm erlaubt und er hätte es höchstwahrscheinlich auch im Falle einer Aggression Russlands gegen Schweden oder Finnland getan, obwohl diese bislang nicht Mitglied der NATO sind. Insofern erkennt der Westen doch in gewisser, durchaus in sich widersprüchlicher Weise an, dass der postsowjetische Raum für Russland eine andere Bedeutung hat als das übrige Europa. Mit der massiven Unterstützung der ukrainischen Verteidigungskriegsführung durch Waffenlieferungen, logistische, finanzielle und humanitäre Hilfsdienste und erhebliche ökonomische Sanktionen verteidigt der Westen das völkerrechtliche Prinzip der territorialen Souveränität und Unabhängigkeit aller international anerkannten Staaten gemäß der Charta der Vereinten Nationen.

Dieses Prinzip verteidigt er allerdings nicht uneingeschränkt, vor allem dann nicht, wenn das Prinzip der territorialen Integrität mit dem Selbstbestimmungsrecht der Völker in Konflikt gerät. So tritt der Westen nicht für ein Recht der Rückeroberung Taiwans durch China, Nordzyperns durch die Republik Zypern, Bergkarabachs durch Aserbaidschan, Transnistriens durch die Republik Moldova, Kosovos durch Serbien usw. ein. Es ist fraglich, ob der Westen seine derzeitige Haltung beibehalten wird, die Ukraine bis zur Rückeroberung der Krim und Sevastopol's sowie der Volksrepubliken Lugans'k und Donec'k (in den Grenzen von 2014) militärisch und politisch zu unterstützen, obwohl er gleichzeitig die Einheit der Ukraine in den Grenzen von 1991 anerkennen will – nach internationalem Recht sogar muss – und eine friedliche Wiedervereinigung der ganzen Ukraine unterstützen wird.

Einen anderen Charakter hat die Absicht der Ukraine, die seit dem 24. Februar 2022 verlorenen Gebiete (Teile der Gebiete Cherson, Zaporižžja und weitere Teile der Gebiete Lugans'k und Donec'k) zurückzuerobern, weil es sich um einen laufenden Krieg handelt, in dem russländische Annexionserklärungen für die vier südukrainischen Gebiete keine rechtlichen Konsequenzen haben. Sie kämen erst nach einem langanhaltenden Waffenstillstand zustande, bei dem weiterhin russländische Truppen in diesen Gebieten oder Gebietsteilen verblieben. Es besteht kein Zweifel, dass der Westen das Kriegsziel der ukrainischen Rückeroberung der seit Februar 2022 neu besetzten Gebiete oder gar des ganzen Donbass unterstützen wird.

Die Gefahr der Ausweitung eines langanhaltenden Krieges in der Ukraine auf NATO-Gebiet und des Einsatzes von Nuklearwaffen

Die Gefahr, dass Russland als Vergeltung für die Intensivierung der westlichen Waffenlieferungen ein NATO-Mitgliedsland angreift, ist recht gering, weil Russland damit einen Krieg gegen sämtliche NATO-Staaten auslösen würde. Zurzeit sind seine Truppen nicht einmal in der Lage, das ganze Gebiet Donec'k in der Ukraine zu erobern. Wie sollte es sich dann einen militärischen Erfolg gegen ein NATO-Land erhoffen, das zumindest die Unterstützung aller großen NATO-Staaten erhalten würde?

Die Gefahr eines Einsatzes von Nuklearwaffen durch Russland ist trotz der vielen Drohungen seitens seiner führenden Politiker zurzeit ebenfalls gering. Russland würde damit keinen militärischen Vorteil erringen und sich weltpolitisch völlig isolieren, auch gegenüber Indien und China. Russland hat stets betont, dass es Nuklearwaffen nur einsetzen werde, wenn seine Sicherheit wesentlich bedroht würde. Dieser Grundsatz bleibt unterschiedlich interpretierbar. Die Anwesenheit und das Vorrücken von ukrainischen Truppen in den im September 2022 annektierten vier süd- und ostukrainischen Gebieten wird in Moskau wohl nicht als eine solche Bedrohung definiert, weil dies ein Eingeständnis wäre, dass Russland der Ukraine dauerhaft konventionell unterlegen ist.

Eine andere Situation könnte sich ergeben, wenn die Ukraine dazu übergehen würde, mit überlegenen westlichen Waffen die Krim und Sevastopol' zurückzuerobern. Diese beiden Gebiete werden mittlerweile nicht nur von der politischen Führung Russlands, sondern auch von der überwiegenden Mehrheit seiner Bevölkerung als unverzichtbarer Bestandteil Russlands aufgefasst. Bei einem Vorrücken ukrainischer Truppen auf das Territorium der Krim muss mit einer höheren Wahrscheinlichkeit mit dem Einsatz einer russländischen taktischen Atomwaffe gerechnet werden.

Dies allerdings wohl nicht gegen ukrainische Truppen an der Front, weil ein solcher Einsatz auch viele russländische Soldaten und Zivilisten töten würde, sondern eher in der Westukraine. Hypothetisch könnte Russland zur Warnung auch eine Atombombe über dem Schwarzen Meer, in der Arktis oder Sibirien zünden. Auch die Verursachung eines schweren Unfalls in einem ukrainischen Atomreaktor wäre eine Option für die russländische Politik, weil dessen Ursache unter Umständen nicht so leicht zu entdecken ist und wofür man die Ukraine verantwortlich machen würde.

Der Westen tut gut daran, nicht konkret anzukündigen, wie er auf den Einsatz einer russländischen Atomwaffe reagieren würde. Vermutlich wird der Westen nicht seinerseits mit einem Atombombeneinsatz antworten. Ein US-amerikanischer Berater hat die Option zur Debatte gestellt, dass die USA dann mit ihrer Luftwaffe die gesamte Schwarzmeerflotte versenkt, sich also auf einen beschränkten, konventionellen Krieg gegen Russland einlassen würde.[20] In diesem Falle würde sie die Solidarität der anderen NATO-Staaten in irgendeiner Form einfordern.

Eine Eskalation des Krieges in der Ukraine ist somit nicht auszuschließen. Ein Nachdenken darüber, wie der Krieg ohne Rückeroberung des gesamten ukrainischen Staatsgebiets durch die ukrainischen Truppen und gleichermaßen ohne Unterwerfung der Ukraine unter russländische Herrschaft zu Ende gehen kann, ist deshalb geboten. Das Ergebnis sollte möglichst bald in Waffenstillstandsverhandlungen eingebracht werden, die unvermeidlich mit einer Fortsetzung des Krieges, der westlichen Waffenlieferungen an die Ukraine und des permanenten russländischen Nachschubs von Waffen und Truppen in die Ukraine verbunden sind.

Der Westen und die Ukraine sollten jede ernsthafte Initiative für Waffenstillstandsverhandlungen, bei denen ein Abrücken der beiden Kriegsparteien von ihren maximalen Zielsetzungen in Aussicht steht, unterstützen und aufgreifen, selbst wenn gegenwärtig keinerlei Chancen für einen Erfolg solcher Verhandlungen bestehen. Die Ukraine kann nichts gegen Verhandlungen einwenden, in denen sie klarmachen kann, auf welche Weise und in welchem Tempo Russland seine gesamten Truppen vom Territorium der Ukraine in ihren Grenzen von 1991 abziehen und seine alten völkerrechtlichen Verpflichtungen zur Garantie der Souveränität und territorialen Integrität erneuern soll. Und Russland wird nichts dagegen haben, Waffenstillstandsverhandlungen zu führen, bei denen es seine Vorstellungen über einen Rückzug der ukrainischen Truppen aus seinen jüngst annektierten ukrainischen Gebieten, über die Anerkennung der Grenzen Russlands in seinen neuen verfassungsrechtlichen Grenzen vom September 2022, außerdem über den Austausch der Regierung in Kiew gegen eine russlandfreundliche und über die Entmilitarisierung der Restukraine artikulieren kann.

Nur sind Waffenstillstandsverhandlungen mit derartig unvereinbaren Friedensvorstellungen beider Kriegsparteien aussichtslos und sinnlos, sollten sie auf Initiative Chinas, des Vatikans oder der Vereinten Nationen tatsächlich stattfinden. Ernsthafte Waffenstillstandsverhandlungen werden erst führbar, wenn entweder die eine oder die andere Seite „gesiegt" hat oder kurz vor ihrem Sieg steht, also ukrainische Truppen vor Sevastopol' oder russländische Truppen in Kiew stehen, oder beide Seiten aufgrund eines militärischen Patts, bei dem sich beide Kriegsparteien an irgendeiner heute noch nicht vorhersehbaren Front irgendwo in der Südostukraine in Stellungen eingegraben haben und keine Chance mehr sehen, substantielle Geländegewinne zu machen. Wenn sie dann mit der Gefahr konfrontiert werden, die Unterstützung ihrer Bevölkerung für eine Fortführung des Krieges wegen der hohen Verluste an Menschenleben und unerträglichen Überlebensbedingungen und damit ihre Macht zu verlieren, werden sie bereit sein, von ihren derzeitigen maximalen Kriegszielen abzurücken.

Je länger der Krieg dauert, desto größer wird die Bedeutung der westlichen Waffenlieferungen, der logistischen, wirtschaftlichen und humanitären Unterstützung, und desto größer werden damit die sozialen Belastungen der Bevölkerung der westlichen Staaten und vor allem auch der Staaten der südlichen Hemisphäre. Viele der Völker werden immer weniger einsehen, dass sie wegen eines Krieges leiden sollen, der nicht „ihr Krieg" ist. Sie werden wohl eher einen erheblichen Druck auf die westlichen Staaten ausüben, seine Waffenlieferungen an die Ukraine einzustellen als einen Druck auf Russland, seinen Aggressionskrieg zu beenden.

[20] Szenarien für den Ernstfall. FAZ, 26.9.2022.

Somit wird auch der Westen von seiner schlichten Kriegsunterstützungspolitik, die einen „Sieg" der Ukraine, eine Niederlage Russlands oder gar einen Regimewechsel in Moskau fordert, wahrscheinlich in einigen Monaten abgehen und eigene Vorstellungen von einer Beendigung des Krieges entwickeln müssen, die er möglichst hinter den Kulissen öffentlicher Erklärungen in interne Abstimmungen mit der ukrainischen Führung einbringen sollte. Denn der Westen wird wohl nicht an Waffenstillstandsverhandlungen zwischen der Ukraine und Russland, etwa unter Vermittlung der Vereinten Nationen oder neutraler Staaten teilnehmen.
Trotz des ungewissen Kriegsverlaufs in den nächsten Monaten oder Jahren lassen sich unter der Voraussetzung, dass weder die Ukraine noch Russland einen militärischen Sieg erringen und einen Siegfrieden durchsetzen werden,[21] schon heute denkbare Kompromisse zur Debatte stellen, mit denen beide Seiten erklären können, den Krieg gewonnen zu haben.

Szenarien für eine einvernehmliche Beendigung des Ukraine-Krieges

Sinnvolle Waffenstillstandsverhandlungen, die eine gewisse Chance bieten, eine einvernehmliche Beendigung des Krieges in der Ukraine zu erreichen, sind wahrscheinlich erst möglich, wenn die ukrainischen Truppen noch wesentliche Geländegewinne im Südosten errungen haben. Das setzt eine quantitative und qualitative Steigerung der westlichen Waffenlieferungen voraus. Eine weitere Voraussetzung ist die Entstehung eines militärischen Patts, bei dem beide Kriegsparteien keine Chance mehr sehen, bedeutsame Geländegewinne mit tragbaren Kosten an Menschenleben und Material zu erringen. Auch darauf üben westliche Waffenlieferungen einen erheblichen Einfluss aus.
Ernsthafte Waffenstillstandsverhandlungen werden erst möglich sein, wenn die ukrainische Gesellschaft nicht mehr bereit ist, noch einige Zehn- oder gar Hunderttausende Menschenleben zu opfern, um auch noch die Krim und kleinere Teile des östlichen Donbass zurückzuerobern. Gleichzeitig ist Voraussetzung, dass die Gesellschaft Russlands nicht mehr bereit ist, weitere Hunderttausende Leben ihrer jungen Männer zu opfern und ihre Staatsführung durch zahlreiche Unmutsäußerungen drängt, von ihren maximalen Kriegszielen Abstand zu nehmen, auch wenn sie wegen einer effizienten politischen Repression der putinistischen Machtelite vermutlich zu keinen massiven oppositionellen politischen Handlungen in der Lage sein wird. Außerdem müssen relevante Teile der Machtelite erkennen, dass der Krieg Russlands Zukunft als weltpolitisch einflussreiche Großmacht dauerhaft tiefgreifend schädigt und gefährdet, so dass sie bereit sein werden, von den bisherigen maximalen Kriegszielen abzurücken.
Gleichzeitig wird die Ukraine unbeirrbar an dem Ziel der Wiederherstellung ihrer territorialen Integrität in den Grenzen von 1991 festhalten. Das ist nicht nur im ukrainischen Interesse, sondern im Interesse aller Staaten der Welt, die ein Interesse an der Durchsetzung der UN-Charta mit ihrem Verbot jeglicher militärischen Eroberung fremden Staatsgebietes haben. Dennoch wird die ukrainische Führung eines Tages wohl zu dem Schluss kommen, dass sie ihr politisches Ziel militärisch nicht vollständig verwirklichen kann. Die Ukraine kann gleichzeitig drei Tatsachen Rechnung tragen: erstens, versucht sie, die Krim zurückzuerobern, so würde die ukrainische Armee unvermeidlich auch

---

[21] So meint auch Viktor Erofeev: „Höchstwahrscheinlich wird aus dem Krieg ein eingefrorener Konflikt, keine der beiden Seiten wird einen Sieg erringen." Viktor Jerofejew: Mobilmachung als Regierungsmethode. FAZ, 7.2.2023, S. 12.

Städte und Dörfer bombardieren und viele Zivilisten töten, also ihre Kriegsführung an diejenige Putins angleichen; zweitens hat es auf der Krim bisher kaum Kriegshandlungen gegeben und ein erheblicher Teil vielleicht sogar die Mehrheit der zwei Millionen Krimbewohner, die 2014 Staatsbürger Russlands geworden sind, will das bleiben (die unterdrückte ethnische Minderheit der Krimtataren strebt allerdings ganz überwiegend eine Rückkehr der Krim zur Ukraine an); drittens ist für die große Mehrheit der Bevölkerung Russlands, auch für viele Gegner des Putin-Regimes, die Krim legitimer Bestandteil Russlands, ganz anders als die vier im September 2022 annektierten Gebiete der Ukraine, so dass bei einem ukrainischen Rückeroberungsversuch der Krim die Wahrscheinlichkeit eines Kernwaffeneinsatzes Russlands gemäß ihrer allgemein bekannten Militärdoktrin erheblich steigt.

Nach der Okkupation der Krim durch russländische Truppen organisierte Moskau am 16. März 2014 ein diktatorisches Pseudoreferendum. Bei einer angeblichen Wahlbeteiligung von 83,1 Prozent votierten angeblich 96,8 Prozent für einen Anschluss der Autonomen Republik Krim an Russland.[22] Fünf Tage später wurde die Eingliederung der beiden Gebiete in die Russländische Föderation vollzogen.

Man kann annehmen, dass bei einer wirklich freien und demokratischen Volksabstimmung im März 2014 vielleicht 55 oder gar 60 Prozent der Krimbewohner für eine Angliederung an Russland gestimmt hätten, da sich die wirtschaftliche Lage seit 1991 auf der Krim dramatisch verschlechtert hatte und die Unzufriedenheit mit dem Majdan-Umsturz in Kiew groß war; aber das muss reine Spekulation bleiben. Heute dürfte sich die Stimmung der Krimbewohner wegen ihrer unbefriedigenden wirtschaftlichen Entwicklung seit 2014 und der putinistischen Repression wieder stärker der Ukraine zugewandt haben.

Die Ungewissheit, wie der Krieg ausgehen kann, die Häufung seiner Schrecken und die weltweiten Schädigungen veranlassen viele Autoren, Szenarien für eine Beendigung des Krieges zu entwickeln. Zwei Szenarien, die eine gewisse Chance auf Realisierung haben könnten, seien im Folgenden vorgestellt.

Erstens: Ein Szenario für einen Waffenstillstand könnte so aussehen. Die Ukraine kommt Russland bei Waffenstillstandsverhandlungen in der Weise entgegen, dass sie erstens das Gebiet Sevastopol', das ja nicht Bestandteil des Gebietes Krim auf der Halbinsel ist, auf unbegrenzte Zeit an Russland verpachtet, so wie Zypern Akrotiri und Dhekelia an Großbritannien und Kuba Guantanamo an die USA auf unbegrenzte Zeit verpachtet haben. Die Ukraine würde damit dem Weltmachtanspruch Russlands als ständigem Mitglied des UN-Sicherheitsrates Rechnung tragen. Die Krim wird zweitens nach Abzug der russländischen Truppen für zwölf Monate unter Verwaltung der Vereinten Nationen gestellt mit einer zeitweiligen Stationierung von Truppen, Polizisten und Beamten der Vereinten Nationen aus neutralen Ländern wie Indien, Brasilien und Südafrika sowie Australien. Dieses Land kann auf Erfahrungen bei der Übergangsregelung in Osttimor 1999–2002 zurückgreifen. Eine *United Nations Transnational Administration on Crimea* könnte eine freie demokratische Volksabstimmung über die zukünftige Zugehörigkeit der Krim organisieren. Abstimmungsberechtigt wären alle aktuellen und ehemaligen Bürger der Ukraine und ihre erwachsenen Nachkommen, die vor dem 1. Januar 2014 auf der Krim wohnten. Würden 55 Prozent der Abstimmenden bei einer Abstimmungsbeteiligung von mindestens 50 Prozent sich für eine rechtskonforme Scheidung

22 96,77 % stimmen für Wiedervereinigung mit Russland. Ria Novosti, 17.3.2014, <https://web.archive.org/web/20140317122652/>, <http://de.ria.ru/politics/20140317/268050290.html>.

der Krim von der Ukraine und eine Angliederung an Russland entscheiden, so wie sich Montenegro 2006 nach einer Volksabstimmung von Serbien entsprechend dieser Regel trennte, so würde das die Ukraine akzeptieren. Für welchen Staat sich die Krimbewohner auch entscheiden, sie erhalten in jedem Falle eine weitreichende territoriale Autonomie der Krim.

Auch in den vier von Russland im September 2022 annektierten Gebieten könnten nach denselben Bedingungen wie auf der Krim Volksabstimmungen abgehalten werden. Sie würden aber aller Voraussicht nach mit einer Niederlage der Russland-Anhänger enden, ganz anders als in der Republik Krim, wo das Abstimmungsergebnis ungewiss ist. Volksabstimmungen in den vier annektierten Gebieten würden es Russland aber erlauben, die Eingliederungsgesetze gesichtswahrend zu revidieren und die Gebiete an die Ukraine zurückzugeben. Aber das dürfte erst nach einem Führungswechsel im Kreml denkbar sein.

Die Ukraine könnte sich zu einer immerwährenden Neutralität unter internationaler Garantie verpflichten, welche die Stationierung von ausländischen Streitkräften oder Atomwaffen ausschließt. Die Garantiemächte USA und Großbritannien und eventuell weitere Staaten erklären sich bereit, im Falle einer neuerlichen Aggression Russlands der Ukraine militärischen Beistand zu leisten. Russland und eventuell weitere Staaten erhalten das Recht, militärisch in der Ukraine zu intervenieren, falls ausländische Streitkräfte oder Atomwaffen in der Ukraine stationiert werden. Eine von den VN zu bildende ständige Kommission aus Persönlichkeiten, die Bürger neutraler Staaten sind, kann jederzeit überprüfen, ob der Neutralitätsstatus der Ukraine gravierend verletzt wird und gegebenenfalls entscheiden, dass diese oder jene Garantiemacht ein Recht besitzt, militärisch in der Ukraine zu intervenieren.

Die Republik Moldova übernimmt eine gleichlautende Verpflichtung zur Neutralität, wonach die russländischen Truppen aus Transnistrien abziehen. Transnistrien erhält eine weitreichende Autonomie nach dem Vorbild der Åland-Inseln in Finnland.

Sollte Russland die Neutralität der Ukraine in den Grenzen von 1991 oder in freiwillig veränderten Grenzen und die Neutralität der Republik Moldau ablehnen, würde die Moskauer Führung klar machen, dass es ihr nicht um eine Verhinderung einer neuen Osterweiterung der NATO geht, sondern um eine Westerweiterung Russlands um jeden Preis.

Dann böte sich ein zweites Szenario an. Der Preis der Ablehnung einer Neutralität der Ukraine in den Grenzen von 1991 bestünde darin, dass die unbesetzte, freie Ukraine sich nach einem Waffenstillstand als ein provisorischer neuer Staat erklären könnte (so wie die Bundesrepublik Deutschland 1949), der die Mitgliedschaft in der NATO und bald danach auch in der EU erhält, der aber auf der rechtlichen Fortexistenz der Ukraine in den Grenzen von 1991 besteht und eine friedliche Wiedervereinigung mit der von Russland besetzten Ukraine anstrebt. Die Neukonstituierung einer verkleinerten Ukraine wäre erforderlich, da die NATO keinen Staat als Mitglied aufnehmen kann, dessen Territorium zu einem Teil von Russland militärisch besetzt ist. Die Republik Moldova würde ebenfalls ihr Recht zum Beitritt zur NATO in Anspruch nehmen können. Wo die faktische militärische Westgrenze Russlands dann liegt, die identisch wäre mit der Ostgrenze der verkleinerten, freien Ukraine, hängt dank der militärischen Widerstandsfähigkeit der Ukraine von ihren zum Zeitpunkt des Waffenstillstands errungenen Geländegewinnen ab, was wesentlich von der Bereitschaft des Westens beeinflusst wird, die Ukraine nachhaltig mit Waffenlieferungen zu unterstützen.

Obwohl es angesichts der Propaganda Putins über die westliche Aggressivität erst einmal wenig Aussicht hat, Gehör zu finden, ist es wichtig, dass der Westen immer wieder rechtlich verbindlich erklärt, die Sicherheit und territoriale Integrität Russlands in den Grenzen von 1991 zu wahren, außerdem die Freiheit der Bevölkerung Russlands, ihr politisches System selbst zu wählen und keinerlei rechtswidrige Maßnahmen zur Durchführung eines Systemwechsels zu unternehmen. Dies könnte auch vertraglich fixiert werden. Solange die Bevölkerung Russlands die Präsidentschaft Putins will oder duldet, solange erkennt der Westen auch Putin als Partner bei allen künftig dringend anstehenden Bestrebungen zur internationalen Entspannung, zur Rüstungskontrolle und zur Friedenssicherung in anderen Regionen der Welt an. Ihr Recht, überall auf der Welt demokratische Bestrebungen mit Sympathie und diplomatischer Unterstützung zu begleiten und legale internationale zivilgesellschaftliche Aktivitäten zu dulden, brauchen die westlichen Regierungen nicht zu verschweigen.

Nach diesen beiden Vorschlägen müsste sich Russland entscheiden, ob es ein Vorrücken der NATO bis an alle seine, bis zu einem Waffenstillstand militärisch errungenen Westgrenzen in Kauf nehmen will oder aber bereit ist, gemäß dem ersten Szenario seine Truppen auf sein eigenes Territorium in den Grenzen von 1991 zurückzuziehen und damit eine atomwaffenfreie Zone neutraler Staaten zwischen Polen, der Slowakei, Ungarn und Rumänien und Russland zu sichern. Die westliche Friedensbewegung muss sich entscheiden, ob sie die militärische Westausdehnung Russlands und eine Kapitulation der Ukraine und dann Moldovas durch eine Beendigung der westlichen Waffenlieferungen unterstützen will (mit allen katastrophalen Folgen für die Weltfriedensordnung und den Frieden in zahlreichen anderen Konfliktgebieten) oder eine Wiederherstellung des Friedens auf der Basis der UN-Charta, was weitere westliche Waffenlieferungen an die Ukraine als Voraussetzung eines für beide Kriegsparteien akzeptablen Waffenstillstands erfordert.

Bachmut, März 2023. Foto: Ukrainisches Verteidigungsministerium

Eine wahrscheinliche Entwicklung des Krieges

Niemand ist in der Lage, die Entwicklung des Krieges in der Ukraine und in den beiden kriegführenden Ländern vorherzusagen.[23] Auch militärische Fachleute können darüber nur Vermutungen anstellen.[24] So meint der französische Militärhistoriker Pierre Servent: „Ich glaube, dieser Krieg kann noch sehr lange andauern – fünf, sieben, zehn Jahre? Er könnte zu einem ‚frozen conflict' werden."[25] Russland kann wahrscheinlich noch enorme materielle und personelle Ressourcen für den Krieg mobilisieren und wahrscheinlich auch einige der bisherigen groteskesten militärischen Fehler in der Führung des Krieges korrigieren. Seine Rüstungsindustrie läuft wohl auf vollen Touren.
Demgegenüber ist die Rüstungsindustrie der Ukraine teilweise zerstört, sind die personellen Ressourcen für ihre Truppen bedeutend geringer als die Russlands. Die Ukraine wird damit immer abhängiger von westlichen Waffenlieferungen und dem Erfolg von Sanktionen, die den Import von rüstungsrelevanten Gütern in Russland verhindern sollen. Der Westen intensiviert allerdings bisher nur sehr zögerlich seine Rüstungsindustrie zu Lasten seines Wohlstandes.[26] Es bleibt unklar, wo die unvermeidlich wachsende Kriegsmüdigkeit am ehesten politisch durchbricht.
Teilt man die hier vertretene Sicht, dass wahrscheinlich keiner der beiden Staaten in diesem Krieg „siegen", dem Feind seinen politischen Willen in einem Siegfrieden aufzwingen kann, so stellt sich die Frage, ob sich ein Verhandlungskompromiss in einem Verständigungsfrieden im dargelegten, in einem modifizierten oder ganz anderen Sinne anbahnt. Er wird jedenfalls in der Ukraine und in Russland nur nach heftigen innenpolitischen Konflikten zwischen Hardlinern und Kompromissbereiten realisierbar sein. Diese Konflikte könnten zu einem Obsiegen extrem rechtsnationalistischer politischer Kräfte führen, die den Krieg verlängern wollen. Auch im Westen könnte eine Spaltung zwischen den Ländern und den politischen Parteien eintreten, die einen möglichen Verhandlungsprozess befürworten oder ablehnen. Somit wird eine intensive öffentliche politische Debatte über friedenspolitische Kompromiss-Konzepte immer wichtiger.

Schlagwörter:
Russland, Ukraine, Ukraine-Krieg, Waffenstillstand, Verhandlungen

---

[23] Roland Götz: Operation „Z". Russlands verlorener Krieg, in: Osteuropa, 9–10/2022, S. 133–162. – Shashank Joshi: Three scenarios for how war in Ukraine could pay out. The Economist, 14.11.2022.

[24] Samuel Charap, Miranda Priebe: Avoiding a Long War. US Policy and the Trajectory of the Russia-Ukraine Conflict. The Rand Corporation. Perpective PE-A2510-1, Januar 2023, S. 2 <www.rand.org/pubs/perspectives/PEA2510-1.html>. So meinte der ehemalige US-General Ben Hodges, die Ukraine werde bis zum Sommer die Krim befreit haben. FAZ, 16.10.2022. –US-Generalstabschef Mark Milley meinte hingegen, dass es im Ukraine-Krieg keinen Gewinner geben könne: US-General ist sicher: Den Ukraine-Krieg gewinnt niemand. Merkur, 20.2.2023.

[25] „Wir erleben gerade den Beginn einer anderen Welt". Interview mit Pierre Servent, in: Der Spiegel, 50/2022, S. 81. – Christopher Blattman: The Hard Truth About Long Wars. Why the Conflict in Ukraine won't End Anytime Soon. Foreign Affairs 29.11.2022.

[26] EU berät über Stärkung ukrainischer Feuerkraft. Süddeutsche Zeitung 7.3.2023.

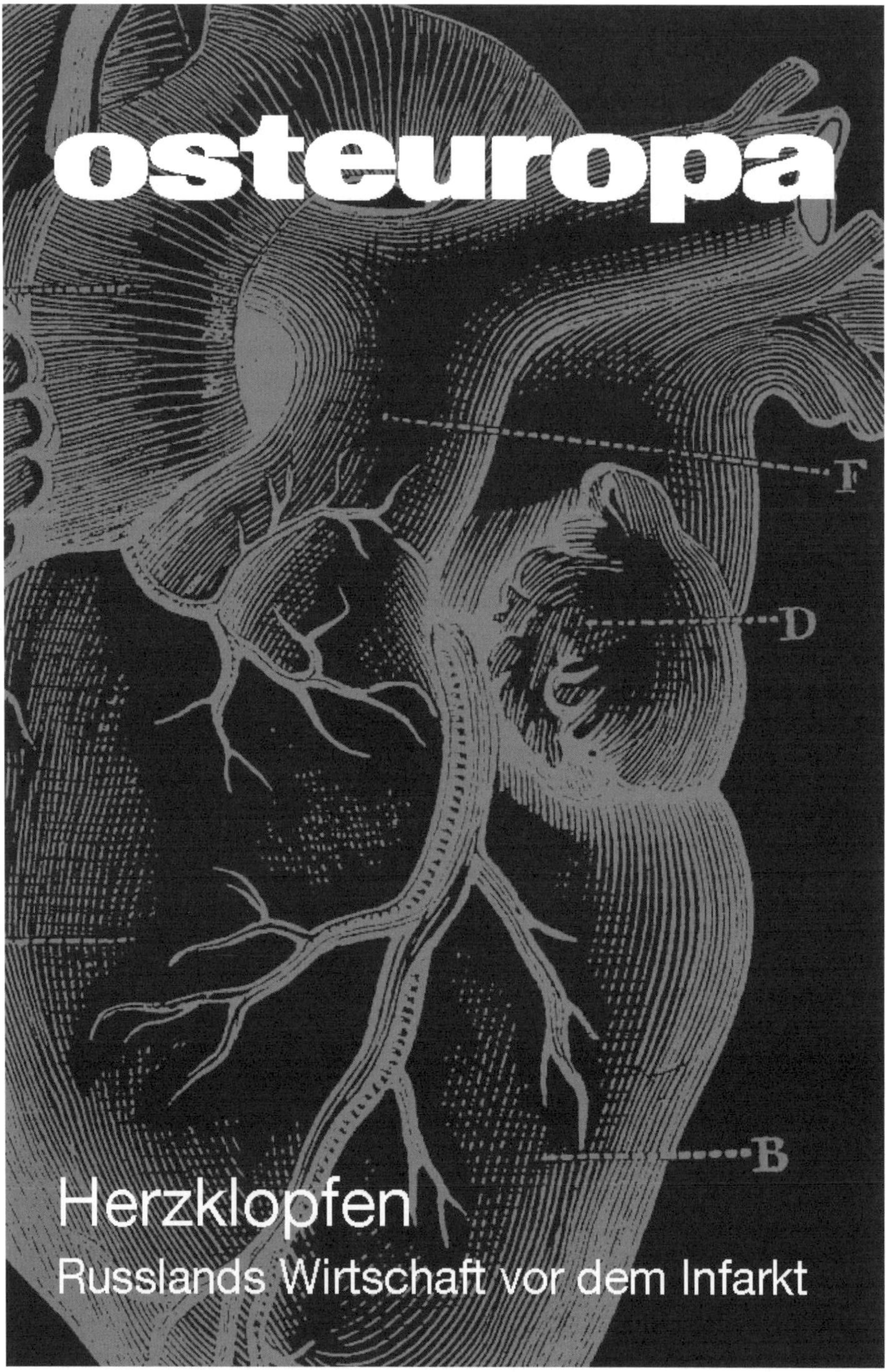

Grundlagenforschung: 144 Seiten, 12.– €, OSTEUROPA, 5/2016 <zeitschrift-osteuropa.de>

Roland Götz

Kriegswirtschaft

Russlands ökonomische Entwicklung im Jahr 2022

Nach Russlands Überfall auf die Ukraine sagten zahlreiche Institute für das Jahr 2022 einen erheblichen Wirtschaftseinbruch in Russland aufgrund der verschärften westlichen Sanktionen vorher. Dies ist nicht eingetreten. Da der Energiebereich bis Ende 2022 von Sanktionen fast vollständig ausgenommen blieb, verzeichnete Russlands Volkswirtschaft einen erheblichen Devisenzufluss. Dies hat einen Kollaps des Finanzsystems verhindert. Die statistischen Daten zeigen, dass 2022 die Kriegswirtschaft auf Kosten der zivilen Wirtschaft gestärkt wurde.

Russlands Volkswirtschaft wurde für 2022 als Folge des Kriegs gegen die Ukraine und der verschärften westlichen Sanktionen ein erheblicher Produktionsrückgang vorhergesagt. Die Bandbreite der Prognosen reichte von einem Rückgang des Bruttoinlandsprodukts (BIP) um acht Prozent – so die von der Zentralbank Russlands publizierte Konsens-Prognose von 18 russländischen Wirtschaftsexperten – über zehn Prozent (Bank of Finland Institute for Emerging Economies, BOFIT) und elf Prozent (Weltbank) bis zu 15–20 Prozent (Polish Economic Institute).[1] Man hatte eine „klassische" Rezession folgender Art erwartet: Ein starker Rückgang des Exports verursacht eine Abwertung der Währung, einen Ansturm der Bevölkerung auf die Banken („bank run") und eine daraus resultierende Krise des Bankensystems. Die Kreditvergabe an Unternehmen wird blockiert, diese kürzen die Produktion oder stellen den Betrieb ein mit der Folge steigender Arbeitslosigkeit, eines defizitären Staatshaushalts und zunehmender Inflation. Anzeichen einer aufziehenden schweren Wirtschaftskrise waren im Frühjahr und Sommer 2022 tatsächlich zu verzeichnen gewesen und schienen die Erwartungen zu bestätigen.[2] Doch im Herbst 2022 mussten die Prognosen korrigiert werden.[3]

Roland Götz (1943), Dipl. Volkswirt, Dr. oec. publ., Berlin
Der Text erscheint zugleich in Russland-Analysen 435. Wir danken für die gute Kooperation.
Von Roland Götz erschien zuletzt in OSTEUROPA: Operation „Z". Russlands verlorener Krieg, in: OE, 9–10/2022, S. 133–162. – Sanktionen und Reaktionen. Auswirkungen auf die Wirtschaft Russlands, in: OE, 1–3/2022, S. 197–218. – Nukleare Option oder leere Drohung? SWIFT-Ausschluss Russlands als Sanktion, in: OE, 10–11/2021, S. 115–123. – Sanktionshebel Nord Stream 2, in: OE, 10–11/2021, S. 193–200. – Wasserblockade. Die Ukraine, die Krim und Russland, in: OE, 7/2021, S. 117–131.

1 Roland Götz: Sanktionen und Reaktionen. Auswirkungen auf die Wirtschaft Russlands, in: OE, 1–3/2022, S. 197–218, hier S. 204–205.

2 Jeffrey Sonnenfeld et al.: Business Retreats and Sanctions Are Crippling the Russian Economy, 2.8.2022, <https://papers.ssrn.com/sol3/papers.cfm?abstract_id=4167193>.

3 Russland-Analysen Nr. 426, 5.12.2022, S. 6–7, <https://www.laender-analysen.de/russland-analysen/426/RusslandAnalysen426.pdf>.

 doi: 10.35998/oe-2022-209

Russlands robuste Volkswirtschaft 2022

Die Lage der russländischen Volkswirtschaft wird im Folgenden auf Grundlage der Publikationen des Statistischen Amts Russlands (Rosstat), der Zentralbank (Bank Rossii) und des Finanzministeriums (Minfin) sowie darauf aufbauender Veröffentlichungen wie der Weltbank und des Internationalen Währungsfonds dargestellt. Trotz mancher Einschränkungen[4] erlauben diese immer noch verlässlichere Aussagen als anekdotische Berichte. Gebietsstand Russlands ist in diesen Statistiken die Russländische Föderation einschließlich der 2014 annektierten Krim-Halbinsel.

Russlands Bruttoinlandsprodukt (BIP) ist 2022 gegenüber 2021 real (inflationsbereinigt) um 2,1 Prozent zurückgegangen und damit weit weniger, als vorhergesagt worden war. Obwohl das föderale Budget ein Defizit von 2,2 Prozent des BIP aufwies, kam es nicht zu einem Absturz des Rubelkurses: Russlands Währung hat – nachdem sie im März 2022 einen kurzzeitigen Höchststand verzeichnet hatte – gegenüber 2022 im Jahresdurchschnitt sogar etwas aufgewertet. Die Arbeitslosigkeit war 2022 geringer als 2021. Nur die Inflation trübte dieses Bild: Die Konsumgüterpreise stiegen im Jahresvergleich um 14 Prozent an – doppelt so hoch wie 2021 (Tabelle 1). Auch wenn die zum Stand Mitte März 2023 vorliegenden statistischen Angaben wie stets noch revidiert werden, kann kein Zweifel daran bestehen, dass Russlands Volkswirtschaft sich 2022 als ziemlich robust gegenüber den Sanktionen und dem Rückzug westlicher Unternehmen erwiesen hat.

Daraus kann jedoch nicht geschlossen werden, dass die Wirtschaftssanktionen keine Wirkung hatten. Sie haben durchaus Spuren hinterlassen. Denn für 2022 war für Russland ein Zuwachs des BIP um rund drei Prozent erwartet worden. Der tatsächliche Rückgang um rund zwei Prozent bedeutet somit einen BIP-Verlust im Umfang von rund fünf Prozent, der auf die Sanktionsfolgen zurückgeführt werden kann. Anders ist nicht erklärbar, warum Russlands Wirtschaft in einem Jahr kein Wachstum aufwies, in dem das weltwirtschaftliche BIP um 3,4 Prozent und der Preisindex für Rohstoffe – die hauptsächlichen Exportgüter Russlands – um 33 Prozent angestiegen war (Tabelle 1).

[4] Yulia Starostina: Secret Economy: What Hiding the Stats Does for Russia. 1.7.2022, <https://carnegieendowment.org/politika/87432>.

Tabelle 1: Wirtschaftsdaten 2018–2022

	2018	**2019**	**2020**	**2021**	**2022**
BIP Russlands (Mrd. RUB)	103 862	109 608	107 658	135 295	151 456
Reale Veränderung des BIP (%)	2,8	2,2	-2,7	5,6	-2,1
Arbeitslosenquote (%)	4,8	4,6	5,8	4,8	3,9
Veränderung der Konsumgüterpreise (%)	2,9	4,5	3,4	6,7	13,8
Saldo des föderalen Budgets (Mrd. RUB)	2741	1974	-4102	524	-3306
Anteil des föderalen Budgetsaldos am BIP (%)	2,6	1,8	-3,8	0,4	-2,2
Wechselkurs (RUB pro USD)	62,9	64,6	72,3	73,7	67,5
Wachstum der Weltwirtschaft (%)	3,3	2,6	-3,1	5,9	3,4
Öl- und Rohstoffpreise					
Sorte *Brent* (USD pro Barrel)	71,3	64,3	42,0	70,9	100,9
Sorte *Urals* (USD pro Barrel)	69,8	63,7	41,6	68,8	76,1
Rohstoffe (All primary commodities) (2016=100)	127,7	117,0	105,8	161,2	215,2
Russlands Erdöl					
Förderung (Mio. t)	567,9	573,4	524,4	536,4	534,0
Export (Mio. t)	260,6	269,2	239,2	231,6	242,0

Quellen: Rosstat, Kratkosročnye ėkonomičeskie pokazateli Rossijskoj Federacii, <https://rosstat.gov.ru/compendium/document/50802>; bp Statistical Review of World Energy, London 2022, <www.bp.com/en/global/corporate/energy-economics/ statistical - review-of-world-energy/downloads.html>; Bank of Finland Institute for Emerging Economies (BOFIT), <www.bofit.fi/en/monitoring/statistics/russia-statistics/>; Bank of Russia, <www.cbr.ru/eng/statistics/macro_itm/svs/>; Ėkonomičeskaja ėkspertnaja gruppa (EEG), Obzor ėkonomičeskich Pokazatelej, <www.eeg.ru/downloads/ obzor/rus/pdf/2023_02.pdf>; Minfin, <https://minfin.gov.ru/ru/statistics/fedbud/execute>; World Bank, <https://data.worldbank.org/indicator/NY.GDP.MKTP.KD.ZG>; IMF, <www.imf.org/en/Publications/WEO/Issues/2023/01/31/world-economic-outlook-update-january-2023>; IMF, <https://www.imf.org/en/Research/commodity-prices>.

Für die Widerstandsfähigkeit der russländischen Volkswirtschaft im Jahr 2022 gibt es mehrere Erklärungen: Fehlende Importe konnten vorübergehend aus Lagerbeständen ersetzt werden, bei Konsumgütern orientierte sich die Bevölkerung notgedrungen auf Erzeugnisse aus heimischer Produktion um, worauf die Unternehmen der Konsumgüterindustrie ihre Produktionskapazitäten erweiterten, was wiederum die Produktion der Investitionsgüterindustrien anregte. Die Produktion der Rüstungsindustrie wurde durch Staatsaufträge angekurbelt.

Bei der Stabilisierung der Finanzlage half die Zentralbank: Nach Kriegsbeginn stoppte sie für einige Wochen (mit Ausnahmen für Geschäftsreisen) den Umtausch von Rubel in ausländische Währungen und verhinderte damit einen Bankenansturm der Bevölkerung. Für Kredite an Banken hob sie den Leitzinssatz (key rate) vom 26. Februar 2022 bis zum 12. April auf 20 Prozent an, was die Nachfrage nach Devisen einschränkte. Durch diese Maßnahmen wurde eine Abwertung des Rubels zumindest im Jahr 2022 verhindert.
Auch konnte Russland sich dem Druck der von der EU, den USA und weiteren Ländern im Jahr 2022 erheblich verschärften Sanktionen teilweise entziehen, indem viele Unternehmen die Wirtschaftsbeziehungen nicht nur mit südkaukasischen und zentralasiatischen Nachbarstaaten Russlands,[5] sondern auch mit China, Indien, der Türkei, Singapur und den Vereinigten Arabischen Republiken ausweiteten und damit sowohl neue Absatzmöglichkeiten für Exportgüter als auch Ersatz für ausfallende Importe fanden.[6] Auch haben längst nicht alle Unternehmen aus Ländern, die Sanktionen verhängt haben, ihre Tochtergesellschaften aus Russland abgezogen.[7]

Nur schwache Sanktionierung der Energieexporte

Russland erlitt im Jahr 2022 vor allem deswegen keinen massiven Wirtschaftseinbruch, weil es in gleicher Menge wie im Jahr 2021 Erdöl, Erdölerzeugnisse und Kohle exportieren konnte und gleichzeitig vom weltweiten Preisanstieg dieser und anderer Rohstoffe profitierte. Während einige Länder rasch ein Embargo auf Energieeinfuhren aus Russland verhängten,[8] vollzogen die EU-Staaten diesen Schritt nur teilweise und verzögert, weil man Versorgungsengpässe und Preisanstiege befürchtete. Die USA verboten im März 2022 den Import von Kohle, Erdöl, Erdölprodukten und Flüssiggas aus Russland. Australien, Kanada und das Vereinigte Königreich beendeten Mitte 2022 ihre Importe von Erdöl und Erdölprodukten aus Russland. Seit 10.8.2022 gilt ein Kohleembargo der EU.
Ein Ölembargo, das den Import aus Russland untersagt, beschlossen die EU-Staaten im Juni 2022 im Rahmen des 6. Sanktionspakets.[9] Es gilt seit 5.12.2022 für per Schiff transportiertes Rohöl und seit 5.2.2023 für Ölerzeugnisse. Bulgarien hat für die Versorgung seiner Raffinerie in Burgas eine bis 2024 befristete Ausnahmegenehmigung durchgesetzt. Deutschland und Polen stoppten zwar Ende 2022 den Rohölimport über den nördlichen Arm der aus Russland kommenden *Družba*-Pipeline. Tschechien, die Slowakei und Ungarn beziehen jedoch weiter über deren südlichen Arm eine Mischung von Öl aus

---

[5] Maxim Chupilkin: The Eurasian Roundabout: Trade Flows Into Russia Through the Caucasus and Central Asia, EBRD Working paper 276, 28.2.2023, <https://papers.ssrn.com/sol3/papers.cfm?abstract_id=4368618>.

[6] RE:RUSSIA, Who is Helping Russia Fight? As the war approaches its one-year mark, sanctions remain largely symbolic according to Russian customs data, 17.2.2023, <https://re-russia.net/en/review/188/>.

[7] Yale School of Management, Over 1,000 Companies Have Curtailed Operations in Russia. But Some Remain, 7.3.2023, <https://som.yale.edu/story/2022/over-1000-companies-have-curtailed-operations-russia-some-remain>.

[8] Tania Babina et al.: Assessing the Impact of International Sanctions on Russian Oil Exports, 1.3.2023, <https://papers.ssrn.com/sol3/papers.cfm?abstract_id=4366337>.

[9] European Commission, Sanctions adopted following Russia's military aggression against Ukraine, <https://finance.ec.europa.eu/eu-and-world/sanctions-restrictive-measures/sanctions-adopted-following-russias-military-aggression-against-ukraine_en>.

Russland und Kasachstan.[10] Außerdem wird in Indien, das Europa als Hauptabsatzmarkt von Erdöl aus Russland abgelöst hat, Rohöl weiterverarbeitet und in Form von Erdölerzeugnissen wieder in die EU verschifft.

Alle EU- und G7-Staaten und Australien haben eine Ölpreis-Obergrenze verfügt, die seit 5.12.2022 für Erdöl und seit 5.2.2023 für Erdölerzeugnisse aus Russland gilt. Reedereien, Versicherungsunternehmen und andere Dienstleister für den Öltransport müssen die Einhaltung dieses „Preisdeckels" in ihren Verträgen nachweisen, was jedoch keiner Prüfung unterliegt. Als Preisgrenzen wurden zunächst 60 US-Dollar je Barrel für Rohöl, 45 US-Dollar je Barrel für weniger hochwertige Erdölprodukte und 100 US-Dollar je Barrel für hochwertige Erdölprodukte festgelegt. Allerdings wollen sich Länder wie China und Indien weder an das Ölembargo noch an die Preisgrenzen für Rohöl und Ölprodukte halten und nutzen dafür auch eine „Schattenflotte" von Tankern unbekannter Reedereien und mit ungeklärtem Versicherungsschutz.[11]

Faktisch war im Dezember 2022 eine regionale Fragmentierung des Preises für Rohöl aus Russland zu beobachten: Während Schiffslieferungen von Ostsee- und Schwarzmeerhäfen nach Indien zu 58 USD/Barrel erfolgten und damit den Ölpreisdeckel einhielten,[12] orientierte sich der Preis für per Pipeline aus Ostsibirien nach China und von Russlands Pazifikhäfen per Tanker nach China und Indien transportierten Öls mit 81–84 USD/Barrel am Weltmarktpreis der Referenzsorte *Brent* (benannt nach einem Unterwasser-Ölfeld zwischen Schottland und Norwegen).[13]

Die EU hat weder ein Gasembargo noch eine Preisobergrenze für aus Russland geliefertes Gas verordnet. Aus Russland werden weiter über die Ukraine via Pipeline Österreich, Ungarn und Italien sowie mit LNG-Tankern Belgien, die Niederlande, Frankreich und Spanien beliefert. Estland, Lettland, Litauen, Polen, Tschechien und Deutschland wurden von Russland unter Vorwänden nicht mehr beliefert und/oder haben von sich aus auf Gasimporte aus Russland verzichtet. Während Anfang 2022 rund ein Drittel des EU-Gasimports aus Russland kam, waren es Ende 2022 nur noch rund zehn Prozent.[14]

Erzeugung des Bruttoinlandsprodukts

Über die Entwicklung der Produktion gibt die Statistik der Bruttowertschöpfung (BWS) Auskunft. Sie war 2022 gegenüber 2021 um 1,3 Prozent zurückgegangen. Unter den 12 größten Wirtschaftsbereichen, die 90 Prozent der Bruttowertschöpfung repräsentieren, wiesen sieben positive Wachstumsraten auf. Darunter war der Bereich „Öffentliche Verwaltung, Verteidigung, Sozialversicherung" mit 4,1 Prozent Zuwachs, der von erhöhten Ausgaben für Militär und Sicherheitsdienste profitierte sowie der Bergbau mit 0,4 Prozent, weil dessen Unternehmen durch die hohen Rohstoffpreise zur vollen Nutzung ihrer Förderkapazitäten angeregt wurden. Unter den Bereichen mit sinkender Bruttowertschöpfung stach der Handel mit einem Rückgang um 12,7 Prozent hervor, was vor allem

[10] DW, Germany: How does its Kazakh oil deal benefit Russia?, 1.3.2023, <www.dw.com/en/germany-how-does-its-kazakh-oil-deal-benefit-russia/a-64849621>.

[11] A mysterious fleet is helping Russia ship oil around the world. And it's growing. CNN, 1.3.2023, <https://edition.cnn.com/2023/03/01/business/russia-oil-shadow-fleet/index.html>.

[12] Anders hingegen Sergej Vakulenko in diesem Band, S. 69–78.

[13] Babina et al., Assessing the Impact [Fn. 8].

[14] European Council, Infographic – Where does the EU's gas come from?, <www.consilium.europa.eu/en/infographics/eu-gas-supply/>.

daran lag, dass der Kfz-Handel um 45 Prozent zurückgegangen ist. Im größten Wirtschaftsbereich, dem verarbeitenden Gewerbe, ging die Produktion 2022 gegenüber 2021 um 2,4 Prozent zurück (Tabelle 2).[15]

Innerhalb der Wirtschaftsbereiche wiesen die einzelnen Wirtschaftszweige unterschiedliche Veränderungsraten auf: Zu den Wirtschaftszweigen des verarbeitenden Gewerbes mit zunehmender Produktion gehörte die Herstellung von „Metallerzeugnissen außer Maschinen und Ausrüstungen“ (um 7,0 Prozent), von „Computern, elektrischen und elektronischen Erzeugnissen“ (um 1,7 Prozent) sowie von „sonstigen Maschinen und Ausrüstungen“ (um 1,3 Prozent), wozu auch die Produktion von Munition und Waffensystemen zählt. Militärisch wichtige Güter werden aber auch in einer Vielzahl von weiteren Wirtschaftszweigen hergestellt.[16]

Tabelle 2: Bruttowertschöpfung (BWS) 2022

		reale Veränderung	**Anteile an der BWS**
	Mrd. RUB	**%**	**%**
Bruttowertschöpfung (BWS) gesamt	**140 134**	**-1,3**	**100**
Land- und Forstwirtschaft, Fischerei	5973	6,6	4,3
Baugewerbe	7219	5,0	5,2
öffentliche Verwaltung, Verteidigung, Sozialversicherung	9925	4,1	7,1
Finanz- und Versicherungsdienstleistungen	6651	2,8	4,7
Grundstücks- und Wohnungswesen	15 005	0,4	10,7
Bergbau	19 473	0,4	13,9
Erziehung und Unterricht	4062	0,1	2,9
Verkehr und Lagerei	8578	-1,8	6,1
Verarbeitende Industrie	20 943	-2,4	14,9
Gesundheits- und Sozialwesen	4851	-3,2	3,5
Freiberufliche wissenschaftliche und technische Dienstleistungen	6056	-5,1	4,3
Handel, Reparatur von Kraftfahrzeugen	17 175	-12,7	12,3

Anmerkung: Die BWS ist die Differenz zwischen den Produktionswerten zu Herstellungspreisen und den Material- und Personalkosten, ohne Abschreibungen (daher „brutto“). Der Übergang von der Gesamtsumme der BWS zum BIP erfolgt durch Hinzufügung der Gütersteuern und Abzug der Gütersubventionen. Quelle: Rosstat, <https://rosstat.gov.ru/statistics/accounts#>.

[15] Der Produktionsrückgang betrug nach anderer Quelle in der verarbeitenden Industrie 1,3 Prozent, in der gesamten Industrie 0,6 Prozent, siehe Rosstat, O promyšlennom proizvodstve v 2022 godu, <https://rosstat.gov.ru/storage/mediabank/11_01-02-2023.html>.

[16] Ėkonomika pokryvaetsja bronej. Ėkspert, 16.10.2022.

Verwendung des Bruttoinlandsprodukts

Die BIP-Verwendungsrechnung lässt erkennen, dass sich Kriegsfolgen und Sanktionen zumindest in gewissem Umfang auf die Wirtschaft Russlands ausgewirkt haben (Tabelle 3): Nur der Staatssektor (mit 2,8 Prozent) und die Anlageinvestitionen (mit 5,2 Prozent) wiesen 2022 gegenüber 2021 ein reales (inflationsbereinigtes) Wachstum auf. In beiden Fällen dürften Rüstungsaufträge eine Rolle gespielt haben: Im Staatskonsum sind neben dem Unterhalt des Staatsapparats auch Personalaufwendungen und laufende Sachausgaben für militärische Zwecke enthalten. In den Anlageinvestitionen sind außer Investitionskosten der Unternehmen für die Produktion von zivilen Gütern – nach internationaler Konvention – auch die Anschaffungskosten für Waffensysteme (mit einer geplanten Nutzungsdauer von mehr als einem Jahr, also Panzer, Militärfahrzeuge, Geschütze, Flugzeuge, Schiffe usw.) verbucht.

Tabelle 3: Verwendung des Bruttoinlandsprodukts (BIP) 2021 und 2022

	2021	**2022**	**2021/20**	**2022/21**	**2021**	**2022**
	Mrd. RUB		**Reale Veränderung (%)**		**Anteile (%)**	
BIP	**135 295**	**15 1456**	5,6	-2,1	**100,0**	**100,0**
Konsum	**90 044**	**100 922**	8,0	-0,6	**67,3**	**65,0**
private Haushalte	65 812	72 966	10,0	-1,8	49,2	46,9
Staat	23 446	27 104	2,9	2,8	17,5	17,6
private Organisationen ohne Erwerbszweck	786	852	6,8	-4,2	0,6	0,5
Bruttoinvestitionen	**31 396**	**34 428**	14,2	-3,2	**23,4**	**22,2**
Bruttoanlageinvestitionen	26 623	31 969	9,1	5,2	19,9	20,6
Vorratsveränderung	4772	2459			3,5	1,6
Handels- und Dienstleistungsbilanz (Außenbeitrag)	**12 489**	**19 762**			**9,3**	**12,8**
Exporte	40 445		3,3		30,2	28,0
Importe	27 956		19,1		20,9	15,2
Statistische Differenz	**1366**	**-3657**			**1,0**	**-2,4**

Anmerkungen: Die Veränderungsraten sind preisbereinigt („real“). Die statistische Differenz ist bei der Berechnung der Anteile nicht berücksichtigt.
Quelle: Rosstat, <https://rosstat.gov.ru/statistics/accounts#>.

In der bis März von Rosstat 2023 publizierten Verwendungsrechnung des BIP fehlen für 2022 die Angaben für Importe und Exporte sowie deren Veränderungsraten. Ergänzende Informationen zur Außenwirtschaft lassen sich aus der Zentralbankstatistik entnehmen, von der bis März 2022 allerdings nur eine Kurzfassung veröffentlicht wurde (Tabelle 4): Während die Exporterlöse Russlands 2022 diejenigen von 2021 um 14 Prozent (78 Mrd. USD) überstiegen, lag der Wert der Importe um 9 Prozent (34 Mrd. USD) niedriger. Daraus resultierte ein im Vergleich zum Vorjahr um 66 Prozent (112 Mrd. USD) höherer Saldo der Handels- und Dienstleistungsbilanz (des Außenbeitrags zum BIP). Die Kombination von geringeren Importen bei gleichzeitig angestiegenen Exporten und der damit verbundene Zufluss von Devisen verhinderten in erster Linie, dass Russlands Volkswirtschaft 2022 eine ausgeprägte Wirtschaftskrise durchmachte.

Tabelle 4: Zahlungsbilanzen 2021 und 2022

		2021	**2022**	**2022/2021**
		Mrd. USD	**Mrd. USD**	**Veränderung in %**
A	**Leistungsbilanz** (current account)	**122**	**227**	86
B	Handels- und Dienstleistungsbilanz (Außenbeitrag)	170	282	66
C	Export	550	628	14
D	Import	380	346	-9
E	Bilanz der Erwerbs- und Vermögenseinkommen	-48	-55	15
F	Vermögensänderungsbilanz (capital account)	0	**2**	
G	**Kapitalbilanz**	**122**	**229**	88
H	Statistischer Restposten	**0**	-6	
I	**Finanzbilanz** (financial account)	**122**	223	83

Anmerkungen: Es gilt: A=B+E, G=A+F, I=G+H. Die zahlenmäßig unbedeutende Vermögensänderungsbilanz enthält überwiegend nur unentgeltliche Leistungen. Die Kapitalbilanz und die praktisch identische Finanzbilanz sind die wesentlichen Gegenposten zur Leistungsbilanz. Die Veränderungen beziehen sich auf die nominalen Werte, sind also nicht um Preis- und Wechselkursänderungen bereinigt.
Quelle: Bank of Russia, <https://www.cbr.ru/eng/statistics/macro_itm/svs/>.

Staatshaushalt und Rüstungsausgaben

Das föderale Budget wird vom Finanzministerium veröffentlicht (Tabelle 5). Da 2022 die Ausgaben um rund 12 Prozent höher als die Einnahmen waren, machte das Budgetdefizit 2,2 des BIP aus, während 2021 noch ein Überschuss in Höhe von 0,4 Prozent erzielt worden war. Während 2021 sowohl die Verschuldung der Föderation im Inland wie im Ausland zurückgeführt werden konnte, stand 2022 einer Verringerung der Auslandsverschuldung eine deutlich gestiegene innere Verschuldung gegenüber.
Die Ausgaben des föderalen Budgets überstiegen 2022 den in der Verwendungsrechnung des BIP ausgewiesenen Staatskonsum um 15 Prozent, während diese Relation 2021 noch sechs Prozent betragen hatte. Das dürfte daran liegen, dass die Staatsausgaben im Unterschied zum Staatskonsum Investitionen einschließen, wozu die im Vergleich zum Vorjahr angestiegene Indienststellung von Waffensystemen und militärischen Bauten gehört.
Seit Anfang 2022 enthält die vom Finanzministerium publizierte Statistik der Budgeterfüllung keine Aufschlüsselung nach einzelnen Ausgabenposten mehr. Eine solche enthält jedoch die vom Finanzministerium im Oktober 2022 publizierte Budgetplanung.[17] Für das Jahr 2022 waren im konsolidierten (gesamtstaatlichen) Budget für Verteidigung 4680 Mrd. Rubel (ein Anteil von 3,2 Prozent des BIP) und für Sicherheit und Justiz 2971 Mrd. Rubel (2,0 Prozent des BIP) veranschlagt. Für 2023 waren für Verteidigung eine Steigerung auf 4983 Mrd. Rubel (3,3 Prozent des BIP) und für Sicherheit und Justiz auf sogar 4609 Mrd. Rubel (3,1 Prozent des BIP) geplant. Da militärisch relevante Ausgaben auch in weiteren Positionen des Budgets enthalten sein können, lässt sich daraus alleine nicht auf den vollen Umfang der Rüstungsausgaben schließen. Auch können diese Daten nur dann den Rüstungsausgaben anderer Länder gegenüber gestellt werden, wenn statt Wechselkursen spezifische Kaufkraftparitäten benutzt werden.[18]

Tabelle 5: Föderales Budget 2021 und 2022

	2021	**2022**	**2021**	**2022**
	Mrd. RUB		**Anteile (%)**	
Einnahmen, davon:	**25286**	**27825**	100,0	100,0
aus Erdöl- und Erdgaswirtschaft	9057	11586	35,8	41,6
andere	16230	16239	64,2	58,4
Ausgaben	**24762**	**31131**	97,9	111,9
Saldo (Einnahmen – Ausgaben)	**524**	**-3306**	2,1	-11,9
Veränderung der Inlandsverschuldung	-485	3833		
Veränderung der Auslandsverschuldung	-39	-527		

Anmerkung: Die Veränderungen beziehen sich auf die nominalen Rubelwerte.
Quelle: Minfin, <https://minfin.gov.ru/ru/statistics/fedbud/execute>.

[17] Ministerstvo financov Rossijskoj Federacii: Osnovnye napravlenija bjudžetnoj, nalogovoj i tamoženno-tarifnoj politiki na 2023 god i na planovyj period 2024 i 2025 godov, Moskva 2022, S. 71, <https://storage.consultant.ru/ondb/attachments/202209/28/ONNP_73J.pdf>.

[18] João Tossini: A look at the Russian defence budget, 10.5.2022, <https://ukdefencejournal.org.uk/a-look-at-the-russian-defence-budget>. – Richard Connoly: Russian Military Expenditure in Comparative Perspective: A Purchasing Power Parity Estimate. Arlington, VA 2019, <https://www.cna.org/archive/CNA_Files/pdf/iop-2019-u-021955-final.pdf>.

Soziale Lage

Russlands Statistikbehörde ermittelt „real verfügbare Einkommen“ als die Gesamtsumme der Löhne und Gehälter, Unternehmergewinne und monetären sozialen Leistungen nach Abzug von Steuern und Abgaben unter Berücksichtigung der Inflation.[19] Diese Summe war 2022 trotz des BIP-Rückgangs um zwei Prozent nur ein Prozent geringer als 2021 gewesen, wofür kriegsbedingte Sonderzahlungen an Beschäftigte im Staatsapparat und Militär verantwortlich gewesen sein dürften. Ebenfalls für 2022 verzeichnet die amtliche Statistik einen Rückgang der Konsumausgaben der Bevölkerung um rund zwei Prozent (Tabelle 3), was an mangelndem Konsumgüterangebot wegen fehlender Importwaren und dem Rückzug von westlichen Einzelhandelsketten aus Russland gelegen haben dürfte. Ein Indiz dafür ist auch, dass die Bruttowertschöpfung des Einzelhandels um 6,8 Prozent zurückging.
Die Arbeitslosigkeit ist 2022 gegenüber 2021 trotz des Produktionsrückgangs im Jahresdurchschnitt von 4,4 Prozent auf 3,7 Prozent gesunken, was vermutlich mit der Teilmobilisierung sowie der Flucht von Hunderttausenden Arbeitskräften ins Ausland zusammenhing.

Sanktionen gegen Russlands Rüstungsindustrie

Jene Sanktionen, die Ausfuhren nach Russland verbieten, zielen vor allem auf militärisch relevante Güter einschließlich solcher mit sowohl ziviler als auch militärischer Nutzung (dual-use-Güter). Diese Maßnahmen waren durchaus wirksam: Importe aus Ländern wie Iran und China, die sich an Sanktionen gegen Russland nicht beteiligten, konnten zumindest bislang die ausfallenden Lieferungen nicht voll ersetzen.[20]
Die Produktion bestimmter Militärfahrzeuge wie des Lastkraftwagens für das Flugabwehrsystem *Pancir* sowie von schweren Militäranhängern, Versorgungsfahrzeugen und Spezialfahrzeugen im *Kamaz*-Werk (Kamskij avtomobil’nyj zavod) wurde eingestellt, weil die in Deutschland hergestellten *Bosch*-Einspritzdüsen nicht mehr verfügbar waren. Für T-72-Kampfpanzer fehlten in Frankreich hergestellte Wärmebildkameras und aus Japan stammende optische Erzeugnisse; für die Produktion mehrerer moderner Luftabwehrwaffen die in Deutschland hergestellte Elektronik. Die Produktion von Marschflugkörpern wurde dadurch behindert, dass taiwanesische, niederländische, US-amerikanische und Schweizer Komponenten nicht mehr verfügbar waren. Für Russlands modernste satellitengesteuerte Tornado-Raketen fehlten Kreiselinstrumente (Gyroskope) aus US-amerikanischer Produktion. Freilich muss damit gerechnet werden, dass diese Komponenten durch Eigenproduktion, wenn auch mit möglicherweise geringerer Qualität, ersetzt und/oder durch Umgehung der Sanktionen über Drittstaaten importiert

[19] Uroven’ žizni, Real’nye raspolagaemye denežnye dochody naselenija po Rossijskoj Federacii. Rosstat, 9.2.2023, <https://rosstat.gov.ru/folder/13397#>.
[20] András Rácz, Ole Spillner, Guntram Wolff: Russia’s War Economy. How Sanctions Reduce Military Capacity. DGAP Policy Brief 3/2023, 14.2.2023, <https://dgap.org/en/research/ publications/russias-war-economy>.

werden können.[21] Sogar die Lieferung von eigentlich verbotenen militärischen oder dual-use-Gütern findet nach wie vor statt.[22]
Obwohl das Ausmaß der im Jahr 2022 gegen Russland verhängten Wirtschaftssanktionen historisch ohne Beispiel war, blieb der politische Erfolg bisher aus. Dass sie Russland zur Beendigung seines Angriffskriegs auf die Ukraine bewegen könnten, war allerdings nicht auf jeden Fall zu erwarten gewesen, wie eine statistische Auswertung von seit 1950 verhängten Sanktionen und ihren Sanktionswirkungen zeigt.[23]

Ausblick

Die Europäische Bank für Wiederaufbau und Entwicklung (EBRD) prognostiziert in ihrem Ausblick vom Februar für 2023 einen weiteren Rückgang des BIP Russlands um drei Prozent und erwartet erst für 2024 ein schwaches Wirtschaftswachstum von einem Prozent.[24] Die Expertenschätzungen, die die Zentralbank Russlands im Februar 2023 publiziert hat, bewegen sich für 2023 im Bereich von –6,5 bis +0,4 Prozent mit einem Medianwert von –2,5 Prozent, während der Medianwert der Schätzungen für 2023 +1,2 beträgt.[25] Der Internationale Währungsfonds (IWF) rechnete Ende Januar 2023 für 2023 mit einem Wirtschaftswachstum von 0,3 Prozent und für 2024 mit 2,1 Prozent.[26]
Die Redakteure der Wirtschaftszeitschrift *Expert* Tat'jana Gurova und Petr Skorobogatyj halten es für möglich, dass Russlands Wirtschaftsleistung in den kommenden Jahren jährlich um 7–10 Prozent zunehmen wird.[27] Größter Wachstumstreiber wird ihrer Meinung nach mit 3,5 Prozent der Ersatz von Importen durch heimische Produktion, dann folgen mit 1,5–2 Prozent die Steigerung der Produktion der Militärindustrie, mit 1–1,5 Prozent eine Verbesserung der Lebensverhältnisse u.a. durch ein Wohnungsbauprogramm, und mit jeweils 0,5–1 Prozent Infrastrukturinvestitionen für einen „Weg nach Osten" Richtung China sowie die Produktionszunahme in den vier von Russland zusätzlich zur Krim teilweise okkupierten und beanspruchten ukrainischen Gebieten Luhans'k, Donec'k, Zaporižžja und Cherson. Die Autoren setzen voraus, dass der Staat diese Umorientierung der Wirtschaft großzügig subventionieren wird. Sie ignorieren die Möglichkeit, dass die Rohstoffpreise stark zurückgehen könnten, was entsprechende Auswirkungen auf die Einnahmen der rohstoffexportierenden Unternehmen und die Staatseinnahmen hätte. In diesem Fall ist kaum vorstellbar, dass Russland 2023 Wirtschaftswachstum verzeichnen wird.

Schlagwörter: Russland, Volkswirtschaft, Sanktionen, Energie, Außenhandel, Rüstung

[21] The supply chain that keeps tech flowing to Russia. Reuters, 13.12.2022.
[22] Free Russia Foundation: Effectiveness of U.S. Sanctions targeting Russian Companies and Individuals, <www.4freerussia.org/wp-content/uploads/sites/3/2023/01/frf-sanctions-web.pdf>.
[23] T. Clifton Morgan, Constantinos Syropoulos, Yoto V. Yotov: Economic Sanctions: Evolution, Consequences, and Challenges, in: Journal of Economic Perspectives, 1/2023, S. 3–30.
[24] European Bank for Reconstruction and Development, High gas prices and inflation dampen growth in EBRD regions, 16.2.2023, <www.ebrd.com/news/2023/high-gas-prices-and-inflation-dampen-growth-in-ebrd-regions-.html>.
[25] Bank of Russia, Macroeconomic survey of the Bank of Russia, Survey results: March 2023, <www.cbr.ru/eng/statistics/ddkp/mo_br/>.
[26] IMF, World Economic Outlook update, 31.1.2023, <www.imf.org/en/Publications/WEO/ Issues/2023/01/31/world-economic-outlook-update-january-2023>.
[27] Tat'jana Gurova, Petr Skorobogatyj: A dal'še – bor'ba i ėkonomičeskij rost. Ekspert, 9/2023, 26.2.2023.

Osteuropa, 10–11/2020, 440 S., 6 Karten, 66 Abb., 28,– € <zeitschrift-osteuropa.de>

Natal'ja Zubarevič

Sanktionsresistent

Russlands Regionen im Jahr 2022

Der wirtschaftliche Einbruch in Russland war im Jahr 2022 weniger stark als prognostiziert. Dafür haben hohe Weltmarktpreise für Energierohstoffe, eine rasche Anpassung der Unternehmen an die westlichen Sanktionen sowie gezielte Eingriffe des Staates gesorgt. Die Entwicklung in den Regionen verlief jedoch sehr unterschiedlich. Die Ölregionen profitierten von den hohen Preisen. Schwierig war die Lage aufgrund des Weggangs der internationalen Konzerne in den Zentren der Automobilindustrie. Dies gilt ebenso für die Regionen im Westen des Landes, in denen die holzverarbeitende Industrie und die Eisenmetallindustrie eine große Rolle spielen. Im Westen und im Osten des Landes, wo für den Binnenmarkt oder den Export nach Asien produziert wird, war dies weniger der Fall. Die Regionalhaushalte sind aufgrund der Zahlungen aus dem Zentrum stabil, die Arbeitslosigkeit gering. Überalterung und Abwanderung führen jedoch zu Fachkräftemangel. Für 2023 ist keine Erholung zu erwarten. Nur an den Standorten der Rüstungsbetriebe ist mit Wachstum zu rechnen.

Russland wurde im Frühjahr 2022 eine äußerst schlechte wirtschaftliche Entwicklung prognostiziert. Alle Experten sahen angesichts von Sanktionen, unterbrochenen Lieferketten, die im April zu einem starken Rückgang des Exports und einem noch stärkeren Einbruch des Imports führten, einen starken Einbruch voraus. Darüber hinaus zogen sich zahlreiche internationale Unternehmen ganz oder teilweise aus Russland zurück. Zudem ging man davon aus, dass die Lagerbestände von Komponenten, die aus dem Westen eingeführt und in Unternehmen in Russland verbaut werden, nach spätestens drei Monaten aufgebraucht sind.

Die meisten dieser Annahmen mussten im Laufe des Jahres revidiert werden. So hatten die Unternehmen ihre Lager nach der Covid-19-Pandemie, die im Jahr 2020 zu Unterbrechungen der Lieferketten geführt hatte, weitaus mehr gefüllt als üblich. Vor allem aber sind drei Faktoren nicht in die Prognosen eingeflossen: Erstens sind die Weltmarktpreise für viele Rohstoffe, die Russland exportiert, im ersten Halbjahr 2022 so hoch gestiegen, dass trotz des Exporteinbruchs der Außenhandelsüberschuss gesteigert werden konnte – mit entsprechend höheren Einnahmen für den Staatshaushalt. Da gleichzeitig die Importe um 40 Prozent einbrachen, führte der Rohstoffexport zu einem enormen Devisenüberschuss, was die wirtschaftliche Erschütterung erheblich dämpfte.[1]

Natal'ja Zubarevič (1954), Professorin für Wirtschaftsgeographie an der Staatlichen Lomonossov-Universität, Moskau

[1] Kirill Rogov (Hg.): Chuže, čem krizis. Kak ustroena i kuda vedet rossijskaja ėkonomičeskaja anomalija – 2022, <https://re-russia.net/expertise/052/?sphrase_id=6179>. Dort vor allem Oleg

 doi: 10.35998/oe-2022-210

Zweitens haben Russlands Unternehmen durch all die vorhergehenden Krisen eine Überlebens- und Anpassungsfähigkeit entwickelt, die ihnen auch in diesem Falle geholfen hat, neue Absatzmärkte zu erschließen und neue Wege für die Einfuhr von Konsumgütern, Komponenten und Maschinen zu finden.[2]
Drittens haben die staatlichen Behörden die wirtschaftlichen und sozialen Folgen der Schocks gemildert. Mit der Legalisierung von Parallelimporten haben sie dafür gesorgt, dass weiter westliche Konsumgüter auf den Markt gelangten.[3] Mit der massiven Erhöhung der Sozialausgaben – die Renten, der Mindestlohn und die Armutsgrenze wurden um zehn Prozent angehoben und monatliche Leistungen für bedürftige Familien mit Kindern im Alter von 6–17 Jahren eingeführt – half der Staat ärmeren Bevölkerungsgruppen. Kleinen und mittleren Unternehmen griff der Staat unter die Arme, indem er die Zahlung der Sozialabgaben für das Jahr 2022 um ein Jahr nach hinten verschob und den Fehlbetrag in den Sozialkassen aus dem Haushalt ausglich. Um die Bauwirtschaft anzukurbeln wurden vermehrt Hypothekenkredite zu günstigen Darlehensbedingungen vergeben. Diese Maßnahmen waren extrem teuer, mehr als zwei Billionen Rubel wurden dafür verwendet. Doch sie minderten die Kaufkraftverluste und den Rückgang der Nachfrage.

Bergbau und verarbeitende Industrie in den Regionen

Die günstigen makroökonomischen Rahmenbedingungen, die Reaktion der Unternehmen und die Maßnahmen des Staates haben dazu geführt, dass es kaum Einbrüche bei der Industrieproduktion gab. Sie ist im Jahr 2022 gegenüber 2021 nur um 0,8 Prozent zurückgegangen. Der Bergbau wuchs sogar um 0,8 Prozent, darunter insbesondere die Ölförderung um zwei Prozent. Dies hat damit zu tun, dass nach einem Einbruch im April bereits im August der Export auf Märkte in Asien stark zunahm. Dies gilt jedoch nicht für alle Branchen des Bergbaus. Im Ölsektor war die Suche nach neuen Abnehmern recht erfolgreich. Hinzu kam, dass nach dem im Juni getroffenen Beschluss der EU-Staaten, die Einfuhr von Rohöl ab Anfang Dezember 2022 und die von Erdölprodukten ab Februar 2023 zu verbieten, bis zum Inkrafttreten die Importe in die EU stiegen. Entsprechend verzeichneten Russlands Ölregionen die größten Zuwächse im Bergbau: Im Autonomen Gebiete der Nenzen und in der Republik Baschkortostan stieg die Produktion des Sektors um 12 bzw. 16 Prozent; in den Republiken Tatarstan, Komi und Udmurtien sowie im Bezirk Perm' und in Russlands wichtigster Ölregion, dem Autonomen Kreis der Chanten und Mansen, um Werte zwischen drei und fünf Prozent. In der Republik Jakutien stieg der Ausstoß der Bergbauindustrie aufgrund größerer Fördermengen von Öl, Gas und Kohle, die nach Asien exportiert wurden, um elf Prozent. Nur auf Sachalin war ein starker Einbruch von 26 Prozent zu verzeichnen, da die Förderung auf

Icchoki: Krizisnoe izobilie: počemu ne slučilos' kollapsa rossijskoj ėkonomiki i stoit li ždat' ego v buduščem?

2 A. Jakovlev: Rossijskaja ėkonomičeskaja anomalija: adaptivnost', rynok i administrativnyj torg, in: Rogov, Chuže, čem krizis [Fn. 1].

3 Parallelimporte finden ohne Zustimmung des Herstellers statt. Zahlreiche westliche Unternehmen haben alle Geschäftsbeziehungen mit Russland beendet, ihre Produkte sind jedoch weiter in Russland erhältlich, weil sie aus Ländern wie der Türkei, mit denen die Unternehmen die Beziehungen nicht abgebrochen haben, nach Russland eingeführt werden. – Red.

den in den Schelfgebieten liegenden Feldern des Projekts Sachalin-1 nach dem Rückzug von *Exxon Mobile* aus dem Förderkonsortium zeitweilig eingestellt wurde. Selbst nach der Einführung des partiellen Ölembargos der EU und des Preisdeckels von EU und G7 im Dezember kam es in den meisten Ölförderregionen nicht zu einem Einbruch. Im Autonomen Kreis der Chanten und Mansen ging jedoch die Produktion des Bergbausektors im Dezember um zwei Prozent zurück.

Etwas anders ist die Lage in den Regionen, in denen der Anteil der Erdgasförderung besonders hoch ist, denn diese ging auf ganz Russland betrachtet im Jahr 2022 um 13 Prozent zurück. In der wichtigsten Erdgasregion, dem Autonomen Kreis der Jamal-Nenzen, betrug der Rückgang im Bergbausektor über das gesamte Jahr 2022 betrachtet zwei Prozent, im Dezember 2022 aber acht Prozent. Das im Sommer in Kraft getretene Importverbot für Kohle aus Russland machte sich in den Kohleregionen bemerkbar. Im Gebiet Kemerovo und der Republik Chakassien hatte der Bergbau ein Minus von 5–6 Prozent zu verzeichnen. Die Beschränkungen der EU bei der Einfuhr von Eisen- und Stahlerzeugnissen führte im Gebiet Kursk zu einem Rückgang im Bergbausektor von zehn Prozent, im Gebiet Belgorod und der Republik Karelien von sechs Prozent.

In der verarbeitenden Industrie war der Rückgang im Jahr 2022 gegenüber 2021 auf ganz Russland betrachtet mit 1,3 Prozent nur gering, betrug aber im Dezember 2022 5,7 Prozent. Stark betroffen waren jedoch die Regionen, in denen sich westliche Autokonzerne angesiedelt hatten, die ihre Werke schlossen. In den Gebieten Kaluga und Kaliningrad schrumpfte die Industrieproduktion um 20 Prozent. Geringer fiel der Rückgang in jenen Autobauregionen aus, in denen zur Fertigung von PKW-Modellen aus den 1990er Jahren übergegangen wurde: in den Gebieten Samara und Ul'janovsk um sieben respektive acht Prozent. Unter den Regionen, in denen die Eisenmetallindustrie eine große Rolle spielt, waren es vor allem jene im europäischen Teil Russlands, in denen Einbrüche zu verzeichnen waren: in den Gebieten Vologda und Lipeck mit einem Minus bei der Industrieproduktion von rund sechs Prozent. Eisen und Stahl aus diesen Gebieten war vor allem in die EU und die USA exportiert worden. Die Metallindustrie im Ural hingegen litt kaum unter den Sanktionen, da ihre Erzeugnisse zumeist auf den Binnenmarkt oder nach Asien gehen.

Auch in der holzverarbeitenden Industrie trafen die Sanktionen naturgemäß die im Nordwesten Russlands gelegenen Regionen, aus denen vor allem nach Europa exportiert wurde, also Karelien mit einem Rückgang bei der Industrieproduktion von elf Prozent, das Gebiet Archangel'sk (-7 %) und die Republik Komi (-5 %). Diese Zahlen sind über das gesamte Jahr 2022 im Vergleich zum Vorjahr gesehen. Im Dezember 2022 betrug der Rückgang im Vergleich zum gleichen Monat des Vorjahrs jedoch bereits 22 Prozent in Karelien und 36 Prozent im Gebiet Archangel'sk.

Die Einfuhr von Mineraldünger aus Russland wurde keinen restriktiven Maßnahmen unterworfen, gleichwohl ging die Produktion wegen logistischer Probleme bei der Ausfuhr zurück. Dies spiegelt sich in einem Rückgang bei der verarbeitenden Industrie im Gebiet Novgorod und im Bezirk Perm' von acht Prozent.

Da das von der EU verhängte Importverbot für Erdölprodukte aus Russland erst seit Februar 2023 gilt, wird sich dies in den Regionen mit großen Raffineriestandorten erst im Frühjahr 2023 bemerkbar machen. Die Einbrüche könnten sehr groß ausfallen, die Hälfte des produzierten Dieselkraftstoffs sowie des Schweröls ging in den Export und dieser vor allem nach Europa. Anders als im Falle von Rohöl ist die Umlenkung auf Märkte in Asien hier schwierig.

Neben den Regionen mit einem Rückgang der Industrieproduktion gibt es auch solche, in denen diese deutlich angestiegen ist: Das Gebiet Brjansk mit einer Zunahme von 20 Prozent, die Gebiete Rjazan', Tula, Rostov und die Republik Tatarstan mit Zuwächsen von 8–10 Prozent, und die Gebiete Vladimir, Kurgan, Omsk, die Republik Udmurtien sowie die Stadt Sankt Petersburg mit Zuwächsen von 3–6 Prozent. Überall dort sind größere Standorte der Rüstungsindustrie.

Investitionen & Baugewerbe: Wende nach Osten ausgefallen

Ungeachtet der Krise stiegen die Investitionen in den ersten drei Quartalen des Jahres 2022 auf ganz Russland gesehen um sechs Prozent. Der wichtigste Grund ist, dass große Konzerne Bauteile und Maschinen kauften, um Güter produzieren zu können, die nicht mehr durch Importe nach Russland gelangen. Der zweite Grund ist, dass die Investitionen aus den öffentlichen Haushalten der Regionen stiegen, da u.a. die Regionalförderung aus dem Zentrumsetat für die sogenannten „Nationalen Projekte" um 50 Prozent aufgestockt wurde. Doch diese Investitionen fließen weiter primär in einige wenige Regionen: 20,5 Prozent gingen im Jahr 2022 in die Stadt Moskau, 13,7 Prozent in das Gebiet Tjumen', das mit den diesem Gebiet angeschlossenen Autonomen Kreisen der Chanten und Mansen sowie der Jamal-Nenzen die wichtigste Öl- und Gasregion Russlands ist. In die elf Regionen des Föderalbezirks Ferner Osten flossen hingegen zusammengenommen nur neun Prozent der Investitionen. Für eine „Wende nach Osten" und den Ausbau der Infrastruktur zur Entwicklung des Handels mit asiatischen Staaten reicht das gewiss nicht.

Die Regierung in Moskau betrachtet den Wohnungsbau als Motor für Wirtschaftswachstum. Doch die Zuwachsraten haben sich im Laufe des Jahres 2022 deutlich verringert. Aufgrund staatlich subventionierter Hypothekenkredite hatte die Branche im ersten Halbjahr ein Plus von 44 Prozent zu verzeichnen. Über das gesamte Jahr gesehen waren es nach Rückgängen im Oktober und November jedoch nur elf Prozent.

Die höchste Wachstumsrate verzeichnete das Gebiet Moskau mit 53 Prozent, drei Viertel davon entfiel auf den Bau von Einfamilienhäusern und Datschen. Dieses Phänomen hat zwei Ursachen. Zum einen haben die Lockdowns während der Pandemie den Wunsch nach einem Häuschen jenseits der Stadt genährt. Zum anderen haben viele Menschen ihre bereits früher gebauten Häuser und Datschen registriert, nachdem die Regierung Hausbesitzern einen kostenlosen Anschluss an das Gasversorgungsnetz versprochen hatte. Jenseits des Moskauer Umlands wuchs die Zahl des registrierten Wohnraums vor allem im Bezirk Krasnodar (+21 %). Der Anteil dieser Region am Gesamtzuwachs betrug 7,4 Prozent, lag also höher als der Anteil der Stadt Moskau (6,6 %). Ungeachtet dessen, dass nicht weit von dort seit einem Jahr Kampfhandlungen stattfinden, zog der warme Süden also weiter Menschen an. Auch die regionale Verteilung des fertiggestellten und registrierten Wohnraums lässt keine „Wende nach Osten" erkennen. Fast 28 Prozent entfielen auf Moskau und Petersburg mit den beiden umliegenden Gebieten. Nimmt man den Bezirk Krasnodar hinzu, sind es über ein Drittel. Auf den gesamten Fernen Osten entfielen hingegen nur 3,5 Prozent.

Krise im Einzelhandel, Zuwächse in der Gastronomie

Eindeutige Krisenphänomene zeigten sich im Einzelhandel. Dort schrumpfte der Umsatz im April um zehn Prozent und auf das ganze Jahr gesehen um sieben Prozent. Während der Lebensmittelhandel kaum betroffen war, gab es nach dem Weggang großer internationaler Ketten sowie infolge des Einbruchs auf dem Neuwagenmarkt einen Rückgang von elf Prozent im übrigen Einzelhandel. Besonders ausgeprägt war dieser Einbruch in den beiden Zentren, in Moskau samt Umland sowie in Sankt Petersburg. Dort gab es Rückgänge von 17–23 Prozent gegenüber dem Jahr 2021. Landesweit wurden 60 Prozent weniger Autos verkauft. Da auch sonst das Angebot zurückging und die Kaufkraft sank, wuchs der Anteil des Lebensmittelhandels am Einzelhandel stark.
Im Vergleich zum Einzelhandel erwies sich die Gastronomie (Restaurant, Cafés, Bars) als robust. Nach einem Rückgang im Frühjahr wuchs der Umsatz hier ab August wieder, so dass die Branche aufs ganze Jahr gesehen ein Plus von fast fünf Prozent verzeichnete. In Sankt Petersburg betrug dieses aufgrund von Zuwächsen beim Binnentourismus sogar 8,5 Prozent. Man muss wohl den Schluss ziehen, dass die Bevölkerung versucht, ihr Leben einfach weiterzuleben.
Auch im Dienstleistungsgewerbe gab es einen Zuwachs – rund drei Prozent für ganz Russland auf das gesamte Jahr gesehen. Der größte Anteil in diesem Bereich entfällt allerdings auf kommunale Dienste und den öffentlichen Nah- und Fernverkehr. Hier gelten staatlich fixierte Preise, deren Festlegung für den Zuwachs verantwortlich ist. Wie es um Friseursalons, Fitness-Zentren, Reinigungen, Schönheitssalons und Kinos steht, kann man den Statistiken nicht entnehmen. Besonders gut kann es ihnen nicht gehen, ist doch ein Teil ihrer Kundschaft ins Exil gegangen, zudem hat sich die Kaufkraft der Bevölkerung verringert.

Der Arbeitsmarkt

Auf dem Arbeitsmarkt gibt es keine Anzeichen von Krise. Die nach dem Erwerbsstatuskonzept der Internationalen Arbeitsorganisation berechnete Erwerbslosenquote betrug im vierten Quartal 2022 3,7 Prozent, ein leichter Rückgang gegenüber dem Vorjahr. In Moskau, Sankt-Petersburg und den meisten Regionen Zentralrusslands beträgt sie zwischen zwei und drei Prozent. Anders sieht es im Nordkaukasus aus. In Inguschetien liegt die Erwerbslosenquote bei 29 Prozent, in den anderen Republiken zwischen zehn und zwölf Prozent. In Südsibirien, also den Republiken Altaj und Tyva, liegt sie mit 8–10 Prozent ebenfalls deutlich über dem Landesdurchschnitt. Gleiches gilt für einige Regionen des Fernen Ostens: Jakutien, Burjatien und Transbaikalien mit Quoten von 6–8 Prozent.
Auch die Quote der registrierten Arbeitslosen ging im Jahr 2022 zurück: von 0,9 Prozent im März auf 0,8 Prozent im Dezember. Die regionalen Unterschiede sind weiter enorm. Die Spanne reicht von 0,4 Prozent in Moskau über fünf Prozent in Tyva zu acht Prozent in Tschetschenien und zehn Prozent in Inguschetien. Dass es im Jahr 2022 nicht zu einem Anstieg der Arbeitslosigkeit kam, ist auf mehrere Faktoren zurückzuführen. Mehr als 500 000 Menschen vor allem aus Großstädten haben Russland verlassen. 300 000 Menschen wurden zur Armee eingezogen, hier waren die Anteile peripherer Regionen sowie von Altindustriestädten sehr hoch. Auch der bislang nur geringe Rückgang in der

Industrie und im Dienstleistungsgewerbe hat die Arbeitslosenquote niedrig gehalten. Anders als in früheren Krisen stieg im Jahr 2022 die Zahl der Teilzeitbeschäftigten nicht massiv. Gegenüber dem letzten Quartal des Jahres 2021 arbeiteten im ersten Quartal 2022 270 000 Menschen mehr in Teilzeit (+22 %), im dritten Quartal begann die Zahl bereits wieder zu sinken. Dieser Zuwachs entfiel fast ausschließlich auf die Regionen mit Standorten der Autoindustrie. Zum Vergleich: Im vierten Quartal 2020 lag die Zahl der Teilzeitbeschäftigten im Zusammenhang mit den Pandemiebeschränkungen um das Vierfache höher als im gleichen Quartal des Vorjahres.

Die Realeinkommen

Einkommensstatistiken sind in Russland stets mit Zweifel behaftet. Nach Angaben der Statistikbehörde *Rosstat* lagen die Realeinkommen im Jahr 2022 nur um ein Prozent niedriger als im Vorjahr. Angesichts einer Inflation von 12 Prozent wäre dies ein extrem niedriger Rückgang. Die Behörde erklärt dies mit einem massiven Ausbau der Sozialleistungen. Regionaldaten liegen nur für die ersten drei Quartale 2022 vor. Sie weisen einen überdurchschnittlichen Rückgang in den Föderalbezirken Zentrum, Nord-West und Wolga aus, der am stärksten in den Autoregionen ausgefallen ist – den Gebieten Kaluga, Kaliningrad und Ul'janovsk –, wo die Teilzeitarbeit zugenommen hat und die Löhne gesenkt wurden. Gleiches gilt für andere Regionen, in denen die Industrie unter den Sanktionen leidet, also der gesamte Nord-Westen sowie alle Eisenmetall- und Kohleregionen.

Nach Angaben von *Rosstat* ist der Anteil der Menschen unter der Armutsgrenze wegen der angehobenen Sozialleistungen (Renten, Mindestlohn) sogar um zehn Prozent zurückgegangen. Tatsächlich unterstützt der Staat Rentner und Geringverdiener mehr als zuvor. Hinter dieser Sozialpolitik steht ein politisches Motiv: Es handelt sich um die wichtigsten Wählergruppen des Regimes.

Die Regionalhaushalte

Die Budgets der Föderationssubjekte entwickelten sich im Jahr 2022 günstiger als der Etat des Zentrums, gegen Jahresende zeichnete sich jedoch eine Verschlechterung der Lage ab. Über das gesamte Jahr gesehen wuchsen die Einnahmen im Durchschnitt aller Regionen um zwölf Prozent, was der Inflationsrate entspricht. Im ersten Halbjahr ging der Zuwachs auf höhere Körperschaftssteuern zurück. Deren Gesamtsumme erhöhte sich wegen der hohen Energiepreise auf dem Weltmarkt um 50 Prozent. Dies änderte sich jedoch im zweiten Halbjahr. Auf das gesamte Jahr gesehen wuchs der Zufluss in die Regionalhaushalte aus dieser Quelle lediglich um drei Prozent. Der starke Zuwachs und der Einbruch zeigten sich insbesondere in den Regionen, in denen die Öl- und Gasindustrie, die Kohleförderung und die Metallindustrie eine große Rolle spielen. Der Negativtrend wird sich im Jahr 2023 mit großer Wahrscheinlichkeit fortsetzen, insbesondere in den exportorientierten Regionen.

Tabelle 1: Einnahmen und Ausgaben der konsolidierten Haushalte der Regionen im Jahr 2022, in Prozent im Verhältnis zum Vorjahr

Einnahmen	**Ausgaben**
Gesamt: +13 %	gesamt: +16 %
Körperschaftssteuer: +3 %	Subventionen: +27 %
Einkommenssteuer: +16 %	Kommunale Dienstleistungen: +21 %
Verbrauchssteuern: +18 %	Bildung: +16 %
Grundsteuer: +13 %	Gesundheitswesen: -4 %
Transfer aus dem Zentrum: +9 %	Soziales: +10 %

Quelle: Zentrales Schatzamt (Federal'noe kaznačajstvo)

Die Überweisungen aus dem Zentrum trugen mit einem Plus von neun Prozent zur Stabilisierung der Regionalhaushalte bei. Dies war auch in früheren Krisen so. Im ersten Jahr der Covid-19-Pandemie stockte das Zentrum die Überweisungen an die Regionen um 50 Prozent auf. Der Grund ist einfach: Sozialleistungen werden vor allem aus den Regionalhaushalten gezahlt, der Anteil an den Ausgaben beträgt mehr als 60 Prozent. Käme es hier zu Kürzungen, könnte dies gefährlich für das Regime werden.

Die Ausgaben aus den Regionalhaushalten wuchsen im Jahr 2022 um 16 Prozent stärker als die Einnahmen. Besonders stark war der Zuwachs bei den Subventionen. Dies hing damit zusammen, dass die Zuschüsse aus dem Zentrum für Nationale Projekte um 40 Prozent stiegen. Der Zuwachs im Bereich Kommunale Dienste geht auf eine Entscheidung des Finanzministeriums zurück, das beschlossen hat, einen Teil der den Regionen gewährten Kredite nicht zurückzufordern, sondern diese Gelder in den Ausbau der kommunalen Infrastruktur zu stecken.

Bei den Sozialausgaben lag die Priorität bei den Bildungsausgaben – hier gab es ein Plus von 16 Prozent. Dies steht ebenfalls in Verbindung mit höheren Zahlungen aus dem Zentrum für Nationale Projekte. Unter der Inflationsrate lag der Zuwachs beim Posten Sozialpolitik, der sich zu 60 Prozent aus verschiedenen Unterstützungszahlungen an die Bevölkerung zusammensetzt. Der Rückgang bei den Ausgaben für das Gesundheitswesen geht auf eine Anpassung nach der extremen Steigerung der Gesundheitsausgaben im Pandemie-Jahr 2020 um 60 Prozent zurück. Zwei von drei Regionen kürzten im Jahr 2022 in diesem Bereich, manche um bis zu 30 Prozent. Dass sich genau daran der Ärger der Bevölkerung entzünden wird, ist vor dem Hintergrund der Mobilmachung im September 2022 unwahrscheinlich.

In der Gesamtbilanz schlossen 49 Regionen das Jahr 2022 mit einem Haushaltsdefizit ab, das jedoch in den meisten Fällen gering ausfiel. Nur in den Gebieten Belgorod, Tjumen' und Murmansk sowie im Autonomen Gebiet Čukotka lag das Defizit bei knapp 20 Prozent, weil dort die Einnahmen aus der Körperschaftssteuer einbrachen. Zum Vergleich: Das Krisenjahr 2015 schlossen 70 Regionen mit einem Defizit ab. Für eine positive Haushaltsbilanz im Jahr 2023 gibt es keine Anzeichen, doch eine große Kluft zwischen Einnahmen und Ausgaben ist nicht zu erwarten, ebenso wenig eine massive Kürzung der Sozialausgaben.

Von großer Bedeutung war die Entscheidung der Zentralregierung, das Risiko einer Überschuldung der Regionalhaushalte zu senken. Das Finanzministerium stellte im Sommer 2022 eine Summe von 570 Milliarden Rubel bereit, um mit Mitteln des

Zentrums den Regionen zu ermöglichen, Kredite bei Banken zu tilgen, auf die sie zum damaligen Zeitpunkt mehr als 20 Prozent Zinsen zahlten. Der jährliche Zinssatz für die Schuldaufnahme im Zentrum wurde auf lediglich 0,1 Prozent festgesetzt, die Laufzeit kann überdies bei Bedarf verlängert werden. Damit wurde zwar das Risiko von Haushaltskrisen gesenkt, der Preis ist jedoch ein Fehlanreiz: Jene Regionen, die Haushaltsdisziplin geübt und die Ausgaben an die Einnahmen angepasst hatten, gingen leer aus. Jenen, die Schulden bei Geschäftsbanken aufgenommen hatten, wurde unter die Arme gegriffen. Wie stets tragen solche Löscheinsätze, die finanzielle Risiken für die Regionen und für das Regime mindern sollen, nicht dazu bei, rationales Verhalten zu stimulieren.

Prognose für das Jahr 2023

Russlands Regionen haben im Jahr 2022 keine schwere Wirtschaftskrise durchlebt, die soziale Lage hat sich nicht wesentlich verschlechtert, die Haushaltslage ist nicht dramatisch. Prognosen für das Jahr 2023 sind mit sehr großer Unsicherheit behaftet: Seit Ende 2022 sind die Einnahmen aus dem Ölexport deutlich zurückgegangen, die in den Haushalt des Zentrums fließen. Dies wird jedoch kaum zu einer Kürzung der Zahlungen an die Regionen führen. Denn diese kommen für den Großteil der Ausgaben für das Bildungs- und Gesundheitssystem sowie für die Hälfte der Sozialleistungen auf. Es ist jedoch auch ein weiterer Rückgang der Einnahmen aus der Körperschaftssteuer zu erwarten, die für die exportorientierten Regionen sowie für Sankt Petersburg und Moskau eine wichtige Einnahmequelle ist.

Grundsätzlich muss bei allen Prognosen für das Jahr 2023 die spezifische Wirtschaftsstruktur der einzelnen Regionen berücksichtigt werden.

In Rohstoffregionen wird es nicht zu einem massiven Einbruch kommen, da die Umorientierung auf neue Märkte im Gang ist. Nur dort, wo vor allem Erdgas gefördert wird, ist mit einem beschleunigten Rückgang der Wirtschaftsleistung zu rechnen, insbesondere im Autonomen Gebiet der Jamal-Nenzen.

Jene Regionen im europäischen Teil Russlands, in denen die Eisenmetallindustrie und die Holzindustrie eine große Rolle spielen, werden aufgrund logistischer Probleme weiter mit den Folgen der westlichen Sanktionen zu kämpfen haben.

Wachsen wird die Unsicherheit auch in den im Wolgagebiet gelegenen Regionen mit einem hohen Anteil der Petrochemie. Gleiches gilt für das Gebiet Leningrad.

In den Automobilregionen wird die Krise des Jahres 2022 nur langsam überwunden werden.

Jene Regionen in Zentralrussland sowie im Ural, in denen sich große Rüstungsbetriebe befinden, werden weitere Zuwächse erleben, solange die Kampfhandlungen in der Ukraine anhalten.

Die Agrarregionen im Süden Russlands sowie im zentralen Schwarzerdegebiet werden wegen der Binnennachfrage nach Agrarprodukten keine erheblichen Schwierigkeiten bekommen. Anders sähe es aus, wenn der Staat Beschränkungen beim Export von Weizen oder anderen landwirtschaftlichen Erzeugnissen einführt.

Die geringe Dynamik im Wohnungsbausektor aufgrund gesunkener und sinkender Realeinkommen wird in Moskau und im Umland der Hauptstadt sowie in anderen Millionenstädten deutlich zu spüren sein.
Der Einzelhandel wird sich – mit Ausnahme des Lebensmittelbereichs – aufgrund der gesunkenen Realeinkommen der Bevölkerung, der Preissteigerung durch die schwierigere Logistik des Parallelimports nach dem Rückzug der großen internationalen Handelsketten nur sehr langsam erholen. Das macht sich insbesondere in großen Bevölkerungszentren bemerkbar.
Die Situation auf dem Arbeitsmarkt wird noch stärker als bislang von Fachkräftemangel geprägt sein. Dies betrifft insbesondere die Industrieregionen in Zentralrussland, im Nordwesten, im Wolgagebiet und im Ural. Einer der Faktoren ist die weitere Alterung der Bevölkerung. Ein anderer, dass gerade aus den Großstädten viele qualifizierte Arbeitskräfte im Jahr 2022 das Land verlassen haben, um einer Einberufung in die Armee zu entgehen. Sie werden im Jahr 2023 kaum zurückkehren. Ein Anstieg der Arbeitslosigkeit und der Teilzeitbeschäftigung ist nicht zu erwarten.
Im Fernen Osten stehen die Zeichen entgegen der verkündeten „Wende nach Osten" keineswegs eindeutig auf Wachstum. Es mangelt an Investitionen, größere Projekte gibt es keine, der Bevölkerungsschwund durch Überalterung und Abwanderung hält an.
Moskau wird aller Wahrscheinlichkeit nach besser als die meisten anderen Regionen durch diese Krise kommen. Das Zentrum der politischen Macht zieht Investitionen an, und die schiere Größe ist ein großer wirtschaftlicher Vorteil. Hinzu kommt, dass hier der Anteil der Einkommensteuer an den Einnahmen des Regionalhaushalts so hoch ist wie in keiner anderen Region Russlands.

Aus dem Russischen von Volker Weichsel, Berlin

Schlagwörter:
Russland, Volkswirtschaft, Regionalentwicklung, Sanktionen, Parallelimporte

Zielort Indien. Ölterminal und Raffinerie in Vadinar, Bundesstaat Gujarat

Sergej Vakulenko

Preiskappung oder Tarnkappe?

Russlands Ölexporte und ihr Preis

Die westlichen Staaten wollen Russlands Einnahmen aus dem Ölexport reduzieren. Dazu haben die EU und die G7-Staaten Anfang Dezember 2022 eine Preisobergrenze für Rohöl beschlossen, das Russland per Schiff auf den Weltmarkt bringt. Reeder, technische Dienstleister, Finanzdienstleister und Versicherer aus diesen Staaten dürfen sich an diesen Ölexporten aus Russland nur noch beteiligen, wenn der erzielte Preis bei maximal 60 Dollar pro Barrel liegt. Offizielle Zahlen erwecken den Eindruck, dass der Mechanismus funktioniert. Angeblich verkauft Russland Rohöl im Januar 2023 für durchschnittlich 47 Dollar pro Barrel. Tatsächlich ist jedoch davon auszugehen, dass die russländischen Konzerne auf dem wichtigen Absatzmarkt Indien Preise zwischen 70 und 75 Dollar pro Barrel erzielen. Der Markt für Schiffsdienstleistungen ist so undurchsichtig, dass die Regelung umgangen und die Einnahmen auf Schattenkonten gelenkt werden können.

Die EU und die G7-Staaten haben Anfang Dezember 2022 eine Preisobergrenze für Rohöl eingeführt, das Russland per Tanker auf den Weltmarkt bringt.[1] In die EU selbst darf seit dem 5. Dezember 2022 gar kein Rohöl mehr per Schiff eingeführt werden, seit dem 5.2.2023 auch keine Ölerzeugnisse. Deutschland und Polen haben – anders als die Slowakei, Tschechien und Ungarn – zum Jahresende 2022 auch den Rohölimport via Pipeline eingestellt.

Die Preisobergrenze für Rohöl scheint zu greifen. Auf den ersten Blick kann Russland Rohöl auf wichtigen Märkten nur noch zu einem Preis von 60 Dollar pro Barrel (159 Liter) verkaufen. Dieser Preis war festgelegt worden, damit keine Knappheit auf dem Weltmarkt entsteht, was den Ölpreis in die Höhe hätte schnellen lassen. Auch dies ist gelungen: Russland hat die Förderung nicht gedrosselt, um einen Preisanstieg zu erzwingen, sondern diese sogar gesteigert.

Statistiken der russländischen Zentralbank und des Finanzministeriums zufolge ist Russland gezwungen, sein Öl der Sorte *Urals* zu einem Preis von 47 Dollar pro Barrel zu verkaufen – also weit unter den durchschnittlichen Preisen für andere Ölsorten von

---

Sergej Vakulenko, Ölmarktexperte, Nonresident Scholar der Carnegie Endowment for International Peace, bis Anfang 2022 Leiter der Abteilung Strategie und Innovation bei *Gazprom Neft'*

Der Text erschien zuerst auf der Plattform Re:Russia, <https://re-russia.net/expertise/049/>. Die dort veröffentlichten Fassungen (EN, RU) weichen leicht voneinander ab, der hier veröffentlichte Text orientiert sich überwiegend an der russischen Fassung.

[1] <www.consilium.europa.eu/de/press/press-releases/2022/12/03/russian-oil-eu-agrees-on-level-of-price-cap/>.

 doi: 10.35998/oe-2022-211

80 Dollar pro Barrel.[2] Daraus könnte man schließen, dass Russland bald Schwierigkeiten mit der Finanzierung seines Staatshaushalts bekommt, denn der Ölpreis bildet die Grundlage für die Zölle und die von den Ölgesellschaften erhobenen Steuern auf die Ölförderung. Einnahmen aus diesen beiden Steuern machten im ersten Halbjahr 2022 mehr als 45 Prozent der russländischen Staatseinnahmen aus. Ein genauerer Blick offenbart jedoch, dass Russland keineswegs in dem Maße Einnahmeeinbußen erleidet, wie dies die offiziellen Zahlen nahelegen.

Der in den offiziellen russländischen Statistiken genannte Preis der Erdölsorte *Urals*[3], der in der Presse immer wieder zitiert wird, ist ein fiktiver Wert. Zum Preis von 47 Dollar pro Barrel verkauft Russland gar kein oder nur sehr wenig Öl. Es handelt sich um einen Durchschnitt der Free-on-Board-Preise (FOB) für den Ostseehaften Primorsk und den Schwarzmeerhafen Novorossijsk.[4] Er wird jedoch nach einer Methode berechnet, die unter den gegenwärtigen Bedingungen nicht anwendbar ist. Der tatsächliche Verkaufspreis des *Urals*-Rohöls auf seinem wichtigsten Markt liegt bei etwa 70 bis 75 Dollar pro Barrel. Der undurchsichtige Markt für Schiffstransporte erlaubt es, die Preisobergrenze zu umgehen und einen großen Teil der russländischen Öleinnahmen auf Schattenkonten zu lenken. Eine erhebliche Menge des Rohöls, das aus Russland auf dem Seeweg exportiert wird (bis zu 800 000 Barrel pro Tag, d.h. 20 Prozent der insgesamt per Tanker transportierten Exporte), wird zu einem Preis von 70 Dollar pro Barrel oder mehr (FOB) verkauft.

In den Tiefen des Ölhandels

Wie kommt es, dass ein Preis von rund 45 Dollar pro Barrel ausgewiesen wird, wenn der real erzielte Preis über 80 Dollar liegt? Dazu muss man den Ölmarkt genauer betrachten. Auf diesem gibt es eine Fülle von Preisen für scheinbar ein und dieselbe Ware. Zunächst gibt es verschiedene Erdölsorten wie *Brent*, *Urals*, *WTI*, *Dubai* oder *Oman*. Dazu kommt, dass es Spotmarktpreise und Futures-Preise sowie unterschiedliche Lieferorte und Lieferkonditionen gibt, wie z.B. CIF Rotterdam und FOB Primorsk.[5]

Rotterdam ist einer der größten europäischen Raffineriestandorte und daher wurde dort vor dem Krieg nicht nur mit Rohöl aus Russland gehandelt, sondern es gab eine große tatsächliche Nachfrage nach diesem Produkt. Manchmal waren die Käufer bereit, für *Urals* aus Russland etwas mehr zu zahlen als für *Brent*, manchmal boten sie etwas weniger. Dies hing von den Schwankungen bei der Nachfrage und den Preisen für Benzin und Dieselkraftstoff ab, denn aus Öl der Sorte *Urals* lässt sich mehr Diesel und weniger Benzin herstellen als *Brent*.

---

2 Minfin Rossii, O srednej cene na neft’ i ėksportnoj pošline, 16.1.2023, <https://minfin.gov.ru/ru/press-center/?id_4=38339-o_srednei_tsene_na_neft_i_eksportnoi_poshline>.

3 Die Erdölsorte „Urals“ ist eine Mischung von sehr schwefelhaltigem Öl aus der Ural- und der Wolgaregion mit schwefelarmem Öl aus Westsibirien. Sie gilt als Referenzsorte für Erdöl aus Russland.

4 Free-on-Board meint, dass der Exporteur auf eigene Kosten und eigene Versicherung bis zum Tanker liefert. Alle weiteren Kosten und Pflichten übernimmt der Importeur.

5 CIF = Cost, Insurance, Freight, d.h. einschließlich Versicherung und Transportkosten ab dem Versendehafen.

Für den Transport vom russländischen Hafen Primorsk am Finnischen Meerbusen nach Rotterdam fallen verschiedene Kosten an. Ein Käufer kann die erworbene Menge in Primorsk abholen (FOB) und die Transportkosten übernehmen oder in Rotterdam übernehmen (CIF), dann trägt der Verkäufer die Transportkosten.

Bis Februar 2022 hatte dieser Handelsweg eine solche Bedeutung, dass *Baltic Exchange*, der in London ansässige Handelsplatz für Schiffsmakler, Reeder und Charterer, zwei standardisierte Indikatoren, die als Referenzwerte (Benchmarks) für die Verschiffungskosten zwischen Novorossijsk und dem sizilianischen Raffineriestandort Augusta (TD6) sowie zwischen Primorsk und Rotterdam (TD17) dienten. Diese Indikatoren wurden auf der Grundlage von Informationen berechnet, die von den Schiffsmaklern der *Baltic Exchange* bereitgestellt wurden, die den größten Teil des Tankerchartergeschäfts abwickeln.

Die Preisdifferenz zwischen Rohöl der Sorte *Urals* und der Sorte *Brent* betrug nie mehr als drei Dollar pro Barrel und entstand alleine aufgrund der Marktlage. Politische Erwägungen, Boykotte oder Embargos spielten keine Rolle. Wichtig ist, dass die von den Preisinformationsdiensten *Argus* und *Platts* angegebenen Preise für *Urals* FOB Primorsk und FOB Novorossijsk nie „echte" Marktpreise waren, die sich aus den tatsächlich abgeschlossenen Geschäften ergaben. Es handelte sich immer um Schätzungen der beiden Agenturen, die aus drei Elementen berechnet wurden: dem datierten *Brent*-Preis, der geschätzten *Brent-Urals*-Spanne und der auf Basis der Referenzwerte von *Baltic Exchange* geschätzten Transportkosten. Die beiden Agenturen legten den Marktteilnehmern die Zahlen vor, diese gaben an, ob sie diese für realistisch hielten. Gelegentlich hatten die Agenturen auch Zugang zu Informationen über den Preis tatsächlicher FOB-Verkäufe. Mehr Abgleich zwischen den Schätzpreisen und den realen Preisen gab es nicht. Wichtig ist, dass der *Brent*-Preis eine realistische Referenzgröße auch für *Urals* war, da diese beiden Rohölsorten auf demselben Markt an dieselben Raffineriebetreiber verkauft wurden.

Seit Ende 2022 gilt fast nichts mehr von alldem. Weder in Rotterdam noch in Augusta wird noch Rohöl aus Russland verarbeitet. In London ansässige Schiffsmakler wickeln einen wesentlich geringeren Anteil der Aktivitäten in russländischen Häfen ab. Die *Baltic Exchange* hat die Notierung von TD17 eingestellt und die Berechnung des TD6-Indikators geändert, so dass er für Tanker, die Rohöl aus Russland transportieren, kaum noch anwendbar ist.

Der Preisinformationsdienst *Argus*, der seine Methode zur Schätzung der veröffentlichten Preise zuletzt im Januar 2023 aktualisiert hat, berücksichtigt jedoch all diese Änderungen noch nicht.[6] Zweifellos arbeitet die Agentur professionell, kennt höchstwahrscheinlich die Unzulänglichkeiten des alten Ansatzes und bemüht sich nach Kräften, eine vernünftige Schätzung abzugeben. Doch das ist mit dem ihr zur Verfügung stehenden Instrumentarium eine äußerst schwierige Aufgabe.

Der wahre Preis

Zu welchem Preis wird Öl der aus Russland kommenden Sorte *Urals* also tatsächlich verkauft? Seit dem Anfang Dezember 2022 in Kraft getretenen EU-Embargo geht das meiste russländische Rohöl, das in Ostsee- oder Schwarzmeer-Häfen verladen wird, nach Indien, vor allem zu den Raffinerien an der Westküste in den Bundesstaaten

[6] Argus crude, Januar 2023, <www.argusmedia.com/-/media/Files/methodology/argus-crude.ashx>.

Gujarat und Kerala.[7] Die Zahl der Öltanker mit nicht deklarierten Zielhäfen ist ebenfalls stark gestiegen, viele von ihnen haben mit großer Sicherheit ebenfalls ein Ziel in Indien. Eine der größten dortigen Raffinerien, *Nayara Energy* im nordwestindischen Vadinar, mit einer Kapazität von 400 000 Barrel pro Tag, wird von *Rosneft* kontrolliert. Anekdotische Hinweise von Händlern deuten darauf hin, dass *Urals* im Dezember 2022 mit einem Abschlag von sechs bis zehn Dollar gegenüber *Brent* an indische Raffinerien verkauft wurde, eine Schwankung, die von den Preisen für Rohöl der Sorten *Dubai* und *Oman* abhing, auf die bislang der größte Anteil des in indischen Raffinerien verarbeiteten Rohöls entfiel.
Europäische Raffinerien und die Handelsabteilungen ihrer Muttergesellschaften geben oft täglich Daten an Preisinformationsdienste weiter, so dass deren Angaben für den Umschlagort Rotterdam sehr genau sind. Indische Raffinerien tun dies jedoch höchstwahrscheinlich nicht, daher sind die Angaben der Preisinformationsdienste zu den dortigen Preisen wohl nur sehr grobe Näherungswerte.
Herangezogen werden können jedoch Daten des indischen Zolls.[8] Zwar liegen noch keine offiziellen Daten zu den Lieferungen im Dezember 2022 vor – und auch diese hätten sich auf Öl bezogen, das Russland vor Einführung des Embargos und der Preisobergrenze verlassen hat. Aber die Daten für den Zeitraum März 2022 bis November 2022 zeigen relativ geringe Abschläge zwischen *Urals* und *Brent*, die im November auf Null sinken (Schaubild 1). Diese Daten stützen die anekdotischen Hinweise von Händlern und lassen vermuten, dass die tatsächlichen Abschläge sogar noch geringer sein könnten. Außerdem widersprechen diese Statistiken der weit verbreiteten Ansicht, dass der Anstieg der russländischen Öllieferungen nach Indien im Sommer und Herbst 2022 durch die Gewährung großer Preisnachlässe erreicht wurde (Schaubild 2).[9]
Was kostet es, ein Barrel Erdöl von einem Ostseehafen nach Indien zu verschiffen? *Hellenic Shipping News* gibt Kosten zwischen elf und 19 Dollar pro Barrel an.[10] Diese Preise sind höher als jene für vergleichbare Entfernungen, etwa vom Persischen Golf nach Rotterdam. Dabei handelt es sich jedoch um Orientierungspreise für den legalen Markt. Sollten sich die Gerüchte bewahrheiten, dass russländische Akteure mehr als 100 Tanker für eine Schattenflotte zur Umgehung von Sanktionen erworben haben,[11] dann würde der Großteil des auf dem Seeweg aus Russland exportierten Erdöls mit diesen Tankern abgewickelt werden. Abgesehen vom Treibstoffverbrauch der Tanker und den Versicherungskosten würden keine relevanten Frachtkosten entstehen: Die Schiffe sind bereits erworben und die Überweisung der Frachtkosten ist nur noch eine Verschiebung von einem russländischen Konto auf ein anderes. Es ist zudem davon auszugehen, dass weitere Tanker auf Zeitcharterbasis gebucht werden, was die Kosten einer einzelnen Fahrt ebenfalls intransparent macht. Es versteht sich von selbst, dass diese Tanker nicht über die Schiffsmakler der *Baltic Exchange* gebucht werden, so dass deren Angaben wenig Aussagekraft haben.

---

7 Statista, Volume of crude oil shipments from Russia from December 30, 2021 to January 12, 2023, by declared destination, <www.statista.com/statistics/1350506/russia-crude-oil-shipments-by-destination/>.

8 Tradestat, Government of India, Ministry of Commerce and Industry, <https://tradestat.commerce.gov.in/meidb/>.

9 India to ignore the West, continue importing Russian crude to fight inflation. Fortune India, 20.10.2022.

10 Russian oil sold to India below price cap in buyers' market. Freight News, 16.12.2022.

11 Russia assembles „shadow fleet“ of tankers to help blunt oil sanctions. Financial Times, 2.12.2022.

Schaubild 1: Preise für Erdölimporte Indiens 2022 (Dollar pro Barrel)

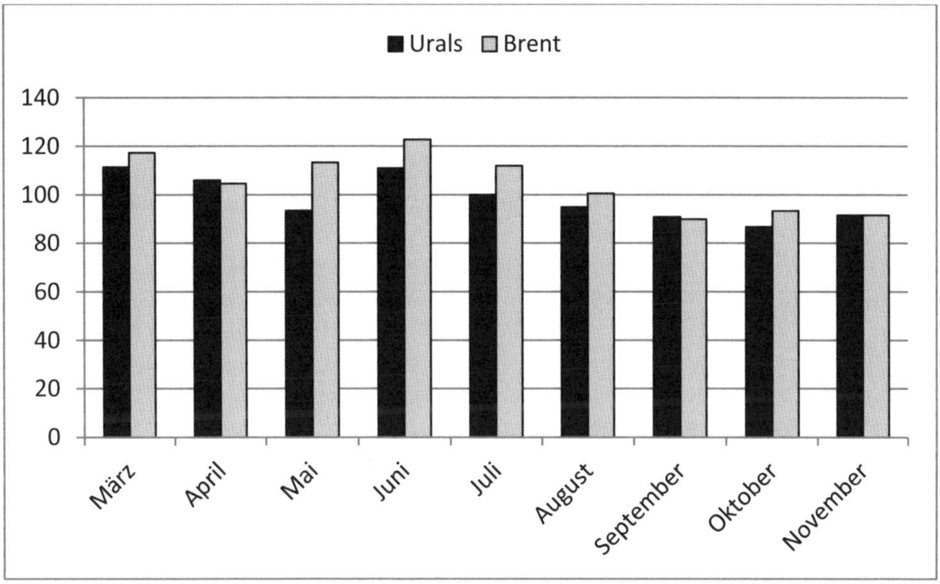

Quelle: Tradestat, Government of India, Ministry of Commerce and Industry, <https://tradestat.commerce.gov.in/meidb/>.

Schaubild 2: Russlands Erdölexport nach Indien 2022 (Millionen Barrel)

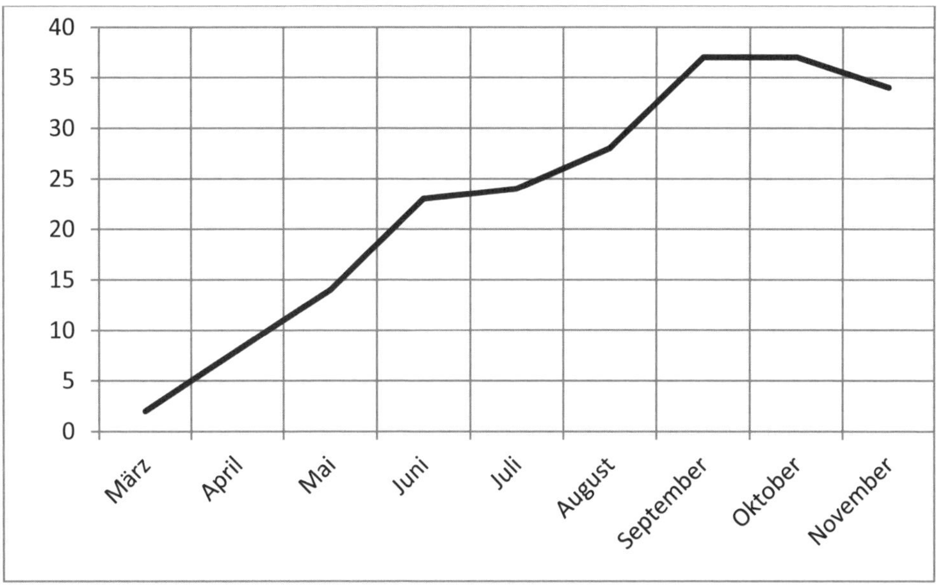

Quelle: Wie Schaubild 1.

Addiert man hingegen auf der Basis der bisherigen Überlegungen den Preis, der für Öl aus Russland an indischen Häfen bezahlt wird, und die Frachtkosten, so kommt man zu einer realistischeren Bewertung der FOB-Preise für *Urals*. Der Abschlag gegenüber *Brent* beträgt demnach zwischen 17 und 29 Dollar pro Barrel. Ausgehend von 80 Dollar pro Barrel *Brent* und einem Abschlag von 29 Dollar kommt man in die Nähe des oft genannten Preises von etwa 50 Dollar pro Barrel für Erdöl aus Russland. Zur Erinnerung: Es handelt sich hierbei nicht um den Verkaufspreis, sondern um den sogenannten Netback-Preis an russländischen Häfen, der unter Abzug der Transportkosten ermittelt wurde. Es ist allerdings davon auszugehen, dass die tatsächlichen Abschläge niedriger als 29 Dollar pro Barrel sind.

Aus dem Dargelegten ergibt sich, dass es eine einfache Methode gibt, den Preisdeckel zu umgehen. Wenn die Ölgesellschaften in der Wertschöpfungskette die Stufe der Verschiffung direkt oder indirekt kontrollieren, können sie Preise *Free on Board* unter der Preisobergrenze angeben und so Zugang zu Versicherungsleistungen auf den westlichen Märkten erhalten. Unter Berufung auf die hohen Referenzwerte veranschlagen sie jedoch hohe Frachtkosten und erzielen so zusätzliche Erlöse, wodurch sie die aufgrund des niedrigen offiziellen Verkaufspreises entgangenen Einnahmen kompensieren.

Man darf auch nicht vergessen, dass pro Tag 1,6 bis 1,8 Millionen Barrel Rohöl Russland über die fernöstliche Route verlassen, teilweise über Pipelines nach China und teilweise über den nahe Vladivostok gelegenen Hafen Kozmino. Die Kapazität dieses Hafens wurde vor nicht allzu langer Zeit von 0,6 auf 0,8 Millionen Barrel pro Tag erweitert. Dort liegt sogar der offizielle FOB-Preis stabil über der Preisobergrenze von 60 Dollar pro Barrel.[12] Dies zeigt, dass Russland in der Lage ist, auf diesem Wege Öl zu exportieren, ohne auf die Reeder, technische Dienstleister, Finanzdienstleister und Versicherer aus jenen Ländern zurückgreifen zu müssen, die sich der Preisobergrenze angeschlossen haben.

Viele Profiteure

In der neue Situation mit „doppelten" Preisen und hoher Intransparenz gibt es einen Verlierer und mehrere Gewinner. Die niedrigen offiziellen Verkaufspreise für Erdöl gehen zu Lasten des russländischen Staatshaushalts, denn diese bilden die Grundlage für die Zölle und die von den Ölgesellschaften erhobenen Steuern auf die Ölförderung. Im Finanzministerium weiß man jedoch gewiss, was vor sich geht und will daher statt wie bisher den Referenzwert für *Urals* nun – unter Abzug eines von staatlichen Stellen ermittelten Abschlags – jenen für Rohöl der Sorte *Dubai* als Grundlage für die Steuerberechnung der Ölindustrie heranziehen.[13]

Die Ölgesellschaften sind hingegen an niedrigen offiziellen Ölpreisen interessiert. Früher hatten sie ein gewisses Interesse daran, mit Erlösen über dem Marktpreis zu prahlen. Auf diese Weise beeindruckt man Aktionäre und beruhigt Gläubiger. Heute hat etwas anderes Vorrang: den Eindruck zu erwecken, dass sie ihr Öl billig verkaufen, und so die Steuerlast zu verringern.

[12] Oilprice.com, <https://oilprice.com/oil-price-charts/>.

[13] Vedomosti: Stoimost' Urals mogut privjazat' k cene Brent ili Dubai Crude. Kommersant", 20.1.2023.

Darüber hinaus bietet die neue Intransparenz in der Branche den Managern und Mittelsmännern im Ölhandel viel Raum, um kreativ mit den Zahlen umzugehen. Es ist ein fruchtbarer Boden für Nebengeschäfte und Schmiergelder entstanden, wie es ihn seit den 1990er Jahren nicht mehr gegeben hat. Fehlen unabhängige und präzise Referenzwerte, kann man in der Chefetage Zahlen vorlegen, die etwas besser sind, als jene aus der Zeitung, in Wahrheit aber viel höhere Gewinne einstreichen und diese mit jenen teilen, die bei der Abwicklung des Geschäfts beteiligt waren.
Schifffahrts- und Handelsunternehmen, die in diesen Handel involviert sind, dienen auch als Kanal, um Gelder vor den Wirtschaftskontrollorganen der USA und der EU zu entziehen, die mit der Durchsetzung von Sanktionen beauftragt sind. Ein Teil der verdeckten Einnahmen kann auf den Konten dieser Unternehmen landen und für den Kauf bestimmter Güter verwendet werden. Die Ölgesellschaften etwa können Ölfeldausrüstung erwerben, die ihnen legal wegen der westlichen Sanktionen nicht mehr verkauft werden darf. Kontrolliert der Staat einen Teil der Gelder, was recht wahrscheinlich ist, kann er verdeckt elektronische Chips und andere Dual-Use-Güter kaufen, die wegen des Einsatzes in der Rüstungsproduktion nicht legal nach Russland exportiert werden dürfen. Das Schema ist nicht neu: Bereits 2016 erklärte Putin, dass die Hälfte der Dividenden, die der Staat aus seinen Beteiligungen an *Gazprom* und *Rosneft'* bezieht, von *Rosneftegaz* für „spezielle Projekte, die besondere Aufmerksamkeit erfordern“, verwendet wird.[14]
Fest steht, dass sich das institutionelle Umfeld des russländischen Ölhandels infolge der Sanktionen dramatisch verändert hat, so dass es wenig Sinn hat, sich auf die Referenzwerte zu konzentrieren, die in der Vergangenheit zur Bewertung des Marktes verwendet wurden. Sie sorgen nicht für Transparenz, sondern imitieren sie nur. Herrscht Intransparenz, gibt es immer jemanden, der bereit und willens ist, dies zu nutzen.

Aus dem Russischen von Volker Weichsel, Berlin

Schlagwörter:
Russland, China, Indien, Weltölmarkt, Preisobergrenze, Embargo, Sanktionen, Gazprom, Rosneft', Volkswirtschaft

---

[14] Putin says Russian government has control of Rosneftegaz's money. Reuters, 23.12.2016.

Rohölexporte aus Russland im Jahr 2022

Eine am 1. März 2023 veröffentlichte Studie zum Einfluss der Sanktionen auf Russlands Ölexporte kommt zu einem ähnlichen Ergebnis wie Sergej Vakulenko.[1] Russland gibt offiziell an, zwischen dem 5.12.2022 und dem 31.12.2022 Rohöl zu einem Durchschnittspreis von 50,47 Dollar exportiert zu haben. Der reale Preis für Rohöl der Sorte *Urals,* das nach Einführung des Ölembargos der EU vor allem in China, Indien und der Türkei verkauft wird, lag bei rund 74 Dollar pro Barrel. Grundlage der Studie sind Daten des russländischen Zolls, die nach Russlands Überfall auf die Ukraine nicht mehr veröffentlicht werden, den Autoren aber zur Verfügung standen.

Der seit Anfang Dezember 2022 geltende Preisdeckel der Europäischen Union und der G7-Staaten von 60 Euro pro Barrel kann nur für per Schiff abgewickelte Rohölexporte durchgesetzt werden, an denen Reeder, technische Dienstleister, Finanzdienstleister und Versicherer aus diesen Staaten beteiligt sind. In den von den Autoren ermittelten durchschnittlichen Preis von 73,7 Dollar pro Barrel, den Russland für alle Rohölexporte erzielt, sind auch Exporte eingeflossen – jene über Pipeline sowie die über Russlands Pazifikhäfen abgewickelten Exporte –, die von dem Preisdeckel gar nicht erfasst werden oder nur teilweise erfasst werden können.

Die Autoren schließen aus ihren Ergebnissen nicht, dass die Sanktionen und der Preisdeckel wirkungslos seien. Bereits die Vorbereitungen auf das Embargo hätten zu erheblichen Preisabschlägen geführt, ohne die Russlands riesige Einnahmen aus dem Ölexport im Jahr 2022 noch höher ausgefallen wären. Reale Verkaufspreise oberhalb des Preisdeckels sollen durch schärfere Kontrollen reduziert werden. Sie fordern zudem eine Reduzierung des Preisdeckels auf 35 Dollar pro Barrel. Zu berücksichtigen ist allerdings, dass auch damit keine Exporte via Pipeline erfasst werden und ebenso wenig Ölexporte, die mit Tankern der russländischen Staatsgesellschaft *Sovkomflot* oder über eine Schattenflotte abgewickelt werden. *red.*

Tabelle 1: Rohölexporte aus Russland zwischen 6.12.2022 und 21.12.2022
Mengen, in Millionen Barrel pro Tag, nach Exporthäfen und -pipelines

	gesamt	EU	China	Indien	Türkei
gesamt	6,1	1,3	2,8	1,6	0,3
Ostsee	1	0,1	0,1	0,8	-
Schwarzes Meer	0,5	0,3	-	0,1	0,1
Pazifik	0,8	-	0,7	0,1	-
Nordpolarmeer	0,4	0,3	-	-	-
Družba-Pipeline	0,6	0,6	-	-	-
ESPO-Pipeline	1,5	-	1,5	-	-
Angaben nur zu Bestimmungsort	0,9	-	0,2	0,5	0,1
andere	0,6	0,1	0,3	0,1	0,1

[1] Tania Babina, Benjamin Hilgenstock, Olag Itskhoki, Maxim Mironov, Elina Ribakova: Assessing the Impact of International Sanctions on Russian Oil Exports, 1.3.2023, <https://papers.ssrn.com/sol3/ papers.cfm?abstract_id=4366337>.

Tabelle 2: Rohölexporte aus Russland zwischen 6.12.2022 und 21.12.2022
Durchschnittlicher Preis in Dollar pro Barrel, nach Exporthäfen und -pipelines

	gesamt	**EU**	**China**	**Indien**	**Türkei**
Gesamt	73,7	69,79	81,86	64	68,87
Ostsee	59,86	75,41	63,96	58,03	55,71
Schwarzes Meer	63,34	68,06		58,23	58,44
Pazifik	82,24	-	84,28	69,62	-
Nordpolarmeer	79,31	79,79	-	-	-
Družba-Pipeline	62,98	62,98	-	-	-
ESPO	80,91	-	80,91	-	-
Angaben nur zu Bestimmungsort	74,49	-	88,12	69,94	67,90
Andere	77,93	77,03	84,57	87,72	92,83

Quelle: Tania Babina, Benjamin Hilgenstock, Olag Itskhoki, Maxim Mironov, Elina Ribakova: Assessing the Impact of International Sanctions on Russian Oil Exports, <https://papers.ssrn.com/sol3/ papers.cfm?abstract_id=4366337>.

In der Bredouille: Boykott-Beschluss für Bonduelle-Dosen

Katja Michajlovskaja

Ausländische Unternehmen in Russland

Ein Sittenbild aus dem Kriegsjahr 2022

Viele ausländische Unternehmen haben nach Russlands Überfall auf die Ukraine im Februar 2022 das Land verlassen. Doch das Bild trügt: Viele Konzerne sind weiter in Russland tätig, insbesondere im Agrar-, Lebensmittel-, und Pharmasektor. Sie hatten mit logistischen Problemen zu kämpfen und erlebten einen Nachfrageboom. Sie passten die Ausrichtung der Unternehmen an und entwickelten Rechtfertigungsstrategien. Auch die Atmosphäre in den Belegschaften hat sich verändert, die Angestellten verorten sich mit neuen Selbst- und Weltbildern in einem Land, das jeden Tag Kriegsverbrechen begeht. Das Spektrum reicht von Empörung, die im Kreis der Gleichgesinnten offen geäußert wird, über Verdrängung bis zu Hurrapatriotismus. Nur eigene Opfer für das Vaterland will niemand bringen.

Im Januar 2023 beschlossen die ukrainischen Supermarktketten *ATB-Market* und *Varus*, die Zusammenarbeit mit dem französischen Unternehmen *Bonduelle* zu beenden. Auch die *Novus*-Kette, die im Besitz des litauischen Unternehmens *Consul Trade* ist, sowie der ukrainische Ableger der französischen *Auchan*-Kette schlossen sich diesem Schritt an. Zuvor waren in einer Gruppe des in Russland populären sozialen Netzwerks *Vkontakte* Bilder veröffentlicht worden, die belegen sollten, dass *Bonduelle* zu Neujahr russländischen Soldaten 10 000 Lebensmittelpakete mit persönlichen Grüßen der Geschäftsführerin der Russlandfiliale an die Front geschickt habe. Der Eintrag wurde rasch gelöscht, *Bonduelle* bestritt den Vorgang. Ohnehin hatte das Unternehmen bereits vier Wochen nach dem Überfall Russlands auf die Ukraine alle geplanten Investitionen in Russland gestrichen und sich öffentlich verpflichtet, alle dort erzielten Gewinne für den Wiederaufbau der ukrainischen Volkswirtschaft zu spenden. Doch all dies konnte den Boykott-Beschluss nicht verhindern

Der Vorfall verdeutlicht: Es gibt weltweit agierende Unternehmen, die auch nach Russlands Überfall auf die Ukraine ihre Tätigkeit in Russland nicht eingestellt haben. Sie sind mit großen Schwierigkeiten konfrontiert, aber sie bleiben. Es sind dies vor allem Unternehmen aus drei Sektoren, die nicht direkt in den Krieg involviert sind: aus der Agrarindustrie, aus der Lebensmittelindustrie und aus dem Bereich der Einfuhr sowie der Herstellung von Arzneimitteln und medizinischen Geräten.

Obwohl die meisten internationalen Unternehmen dieser Branchen den Standort Russland nicht aufgegeben haben, ist auch dort seit dem 24.2.2022 alles anders. Welche

---

Katja Michajlovskaja ist ein Pseudonym, der Name der Autorin ist der Redaktion bekannt. Sie arbeitete viele Jahre mit Angestellten russländischen Tochtergesellschaften internationaler Konzerne in mittlerer und höherer Position – russländische Staatsbürger sowie Entsandte (Expats).

 doi: 10.35998/oe-2022-212

strategischen Erwägungen prägen die Entscheidungen der Unternehmen, welche Rechtfertigungsstrategien entwickeln sie, welche Selbst- und Weltbilder haben die Angestellten? Antworten lassen sich aus teilnehmender Beobachtung gewinnen.[1]

Kriegsbeginn 2014

Anders als für die meisten Bürger Russlands und die meisten Europäer begann Russlands Krieg gegen die Ukraine für globale Unternehmen nicht im Jahr 2022, sondern im Jahr 2014, als Russland die Krim und Teile der Gebiete Donec'k und Luhans'k besetzte. Diese Ereignisse führten zu einem Umbruch: Der Planungshorizont der Unternehmen verkürzte sich drastisch, Investitionen in Russland galten nun wieder als riskant. Technologie-Unternehmen, die mit Komponenten arbeiten, die potentiell unter das Verbot der Ausfuhr von Dual-Use-Gütern nach Russland fallen, bauten ihre Geschäftstätigkeit in Russland seit Verhängung der westlichen Sanktionen im Jahr 2014 nicht mehr aus. „Dual-Use-Güter" ist ein recht vager Begriff. Wer nicht versehentlich gegen das Verbot verstoßen will, muss für sehr viele Güter, die potentiell in diese Kategorie fallen, eine Genehmigung der zuständigen Behörden in den USA einholen. Das ist kompliziert, aufwendig und nervenaufreibend. Entsprechend erhielt Russland seit 2014 nach und nach nicht mehr die leistungsfähigsten Anlagen. Als die global operierenden Konzerne in den 1990er und 2000er Jahren nach Russland expandierten, hatten sie den neuen Standort mit den zu diesem Zeitpunkt modernsten Maschinen ausgestattet. Seit 2014 erhielten die Tochterunternehmen nur noch bewährte Anlagen. Es mag Ausnahmen gegeben haben, die meisten Unternehmen setzten jedoch nur noch auf Bestandswahrung.

Dies galt nicht für jene globalen Unternehmen, die lebensnotwendige Güter herstellen oder verkaufen und daher praktisch nie auf Sanktionslisten gesetzt werden: die Agrarindustrie, die Lebensmittelindustrie, Hersteller von Medikamenten und medizinischen Produkten sowie von Kleidung und Schuhen im Massensegment. In diesen Bereich fallen auch alle Unternehmen, die mit der Logistik der Produktions- und Vermarktungsketten zu tun haben, bis hin zur Belieferung des Einzelhandels.

Unternehmen dieser Branche waren in der Sowjetunion tätig, im China der 1970er Jahre, in Südafrika unter dem Apartheid-Regime, in Libyen unter Gaddafi. Sie rechtfertigen ihre Präsenz damit, dass sie Menschen mit lebensnotwendigen Dingen wie Aspirin oder mit banalen Dingen wie Schokoriegeln versorgen. Sie sind die Ersten, die kommen, wenn ein Land sich öffnet, und die Letzten, die gehen. Und dies tun sie in der Regel erst dann, wenn sie vertrieben werden. Sie bringen neue Produktionsverfahren in rückständige Volkswirtschaften, transportieren Elemente ihrer Unternehmenskultur – die nicht unbedingt besonders fortschrittlich sein müssen – und bringen Menschen neue Fähigkeiten bei, auch wenn sie manchmal Lohn für völlig sinnlose Tätigkeiten zahlen. Oft werden sie inständig gehasst: weil sie kleine Betriebe verdrängen und weil sie Dinge verkaufen, die als unnötig und schädlich gelten, etwa Billigschokolade statt handgefertigter Pralinen; und weil sie nicht gegen Diktaturen in den Kampf ziehen.

---

[1] Wenn in diesem Sittenbild überwiegend Menschen vorkommen, die Russlands Krieg gegen die Ukraine mehr oder weniger deutlich ablehnen, so ist dies keine Aussage über die Stimmung in Russland insgesamt, sondern liegt einzig daran, dass die Autorin Menschen aus der anderen „Blase" nicht aus der Nähe beobachten konnte.

Unternehmen aus diesem Bereich bauten ihr Geschäft in Russland auch nach dem Jahr 2014 weiter aus, während internationale Konzerne aus anderen Sektoren in den allermeisten Fällen von diesem Zeitpunkt an zurückhaltend agierten. Ausnahmen wie Nokia und Siemens bestätigen diese Regel. *Nokia* half in den Jahren 2016–2017 dem größten Mobilfunkanbieter Russlands MTS beim Aufbau eines Abhörsystems.[2] *Siemens* ließ sich von Putins Treiben nach 2014 ebenso wenig stören, wie Jahrzehnte zuvor von dem der kommunistischen Führer im Kreml.[3] Solche Fälle waren jedoch nicht die Regel. Nicht umsonst wurde über sie geschrieben und geredet. Von diesen und einigen wenigen ähnlichen Fällen abgesehen änderten mit Ausnahme der Großkonzerne der Agrar- und Lebensmittelindustrie, des Pharma- und Medizinsektors sowie der Bekleidungsindustrie alle internationalen Unternehmen nach der Krim-Annexion ihre Russland-Strategie.

Die Krim gehört uns (nicht)!

Im Jahr 2014 konnten sich die Menschen in Russland noch mehr oder weniger frei dazu äußern, wie sie zur Annexion der Krim und dem von Russland begonnenen Krieg im Donbass stehen – zumindest in privaten Gesprächen. Zwar wurden offenbar keine Umfragen durchgeführt, die das Meinungsbild unter Mitarbeitern ausländischer Unternehmen untersucht hätten, aber aus persönlicher Erfahrung lässt sich sagen, dass es zunächst keine spezifische Haltung dieser Belegschaften gab, ganz gleich auf welcher Ebene. Es gab ebenso Kriegsgegner wie Kriegsbefürworter, die sich statt der Waffenstillstandsabkommen von Minsk einen entschiedeneren Vormarsch der Besatzungstruppen wünschten. Manche hießen die Annexion der Krim gut, verurteilten aber den verdeckten Einmarsch im Donbass, andere befürworteten jegliche territoriale Expansion.

Dies änderte sich allerdings mit den Jahren. Multinationalen Konzerne aus verwandten Sektoren greifen meist auf einen gemeinsamen Personalpool zurück, freie Stellen werden in der Regel mit Mitarbeitern von Unternehmen aus benachbarten Branchen besetzt, da diese mit den üblicherweise sehr ähnlichen internen Gepflogenheiten solcher hierarchisch strukturierten Konzerne vertraut sind. Vor 2014 spielten politische Fragen in diesem Personalkarussell keine Rolle. Nach der Annexion der Krim führte dieser Prozess dazu, dass sich „patriotische“ („Die Krim gehört uns!“) und „nichtpatriotische“ („Die Krim gehört uns nicht.“) Belegschaften herausbildeten. Die politische Haltung war kein Einstellungskriterium der Personalabteilungen. Auch politischer Druck von Seiten der Unternehmensleitung scheint keine Rolle gespielt zu haben. Die üblichen Geschichten gingen so: Patriot X hat sich über das unpatriotische Verhalten der „Ausländer“ – sprich: ebensolcher russländischer Staatsbürger wie er – ereifert und einen Beschwerdebrief verfasst. Geschehen ist nichts. Die Gruppierung beruhte somit auf Entscheidungen der Arbeitnehmer. Niemand sprach darüber, keiner erklärte explizit, er würde „ausschließlich“ oder „niemals“ in einem patriotischen Unternehmen arbeiten. Aber alle wussten Bescheid und niemand wollte in einer „fremden“ Umgebung seinen Berufsalltag verbringen. So gab es um das Jahr 2020 nur noch wenige internationale Unternehmen in Russland, deren Belegschaft nicht eindeutig einer der beiden Gruppen angehörten.

---

2 Sotrudnik Nokia slil informaciju o tom, kak rabotaet prosluška abonentov MTS, <www.iphones.ru/iNotes/sotrudnik-nokia-slil-informaciyu-o-tom-kak-rabotaet-proslushka-abonentov-mts-09-18-2019>. – Zum Abhörsystem SORM siehe Andrej Soldatov: Überwachen und Strafen. Die Verschärfung der Internetkontrolle in Russland, in: OSTEUROPA, 11–12/2016, S. 3–14.

3 Siemens rešil prodolžit' investirovat' v rossijskuju ėkonomiku. Vzgljad, 28.3.2014.

Diese Sortierung der Belegschaften hatte keine Auswirkungen auf die Tätigkeit der Unternehmen. Weder unterstützten „patriotische" Unternehmen die „Volksrepubliken" von Lugansk und Donezk, noch entwickelten die Konzerne mit „Die-Krim-gehört-nicht-uns"-Belegschaften besondere Aktivitäten in der Ukraine. Die Sanktionen der USA und der EU verboten Geschäfte mit den besetzten Gebieten in der Ukraine und daran hielten sich die internationalen Konzerne. Und wenn Geschäftsbeziehungen zu ukrainischen Unternehmen Gewinne versprachen, dann wurden diese ungeachtet des Kriegs im Donbass gepflegt und ausgebaut. Was die Angestellten eines Unternehmens in ihrer Freizeit taten, war ihre Sache.
Seit dem Februar 2022 ist alles anders. Manche aus der einstigen „Die-Krim-gehört-uns-nicht"-Fraktion erklären heute: „Wenn's hart auf hart kommt: für das Vaterland." Andere waren früher Krim-Patrioten, sind aber nun entsetzt über Russlands Kriegsverbrechen und vergleichen Russlands Präsident mit Hitler. Eine neue Sortierung der Belegschaften findet jedoch nicht statt, weil das Personalkarussell praktisch zum Erliegen gekommen ist.

Die Expats

Nach der Annexion der Krim und der Entfesselung des Kriegs im Donbass im Jahr 2014 haben viele Expats Russland verlassen. Geblieben sind diejenigen, die geheiratet, ein Haus gebaut, die Kinder bei einer russischen Schulen angemeldet, kurzum: Wurzeln geschlagen hatten. Auch verließen zunehmend Manager in höherer Positionen das Land. Dies hatte es auch zuvor gegeben, jedoch in aller Regel nur in Zusammenhang mit einem Wechsel auf eine höhere Position. Jetzt ging man auch ohne Aufstieg auf der Karrieresprung ins Ausland.
Die Abwanderung der Expats führte dazu, dass russländische Staatsbürger in Positionen rückten, die zuvor Entsandten aus dem Mutterkonzern vorbehalten gewesen waren. Doch nur die wenigsten waren sich bewusst, dass Russlands Krieg gegen die Ukraine ihnen ein Karrieresprungbrett verschafft hatte. Die „Russifizierung" selbst war jedoch offensichtlich. Über die Folgen für die Unternehmen wurde diskutiert: Die einen hoben hervor, dass es in internationalen Teams viele Kommunikationspannen gibt. Andere erklärten, dass es in einem homogenen Umfeld an Widerspruch mangele. Dies lähme die Weiterentwicklung und sei insbesondere dann schädlich, wenn es gelte, eine Fehlentscheidung zu korrigieren. Konsens herrschte, dass man nach 2014 provinzieller geworden war.
Dies war einer der Gründe, warum manche Mitarbeiter internationaler Konzerne zu Unternehmen mit russländischen Eigentümern wechselten. Sicher spielten weiter auch Gehaltsanreize eine Rolle, ebenso die – nicht immer zutreffende – Überzeugung, dass es in russländischen Unternehmen weniger bürokratisch zugehe und es mehr Raum für Kreativität gebe. Nach 2014 wurde jedoch bald klar, dass, wer Karriere in Russland machen will, nun in einem russländischen Unternehmen arbeiten muss. Viele waren davon überzeugt, dass dies keineswegs auf Kollaboration mit den Behörden hinauslaufen würde. In diesem naiven Glauben wägte man sich etwa beim russischen *Google*-Konkurrenten *Yandex*, wo die Unternehmensführung in der Überzeugung, „den Menschen zu dienen" im Jahr 2009 der staatlichen *Sberbank* einc „goldene Aktie" überreichte und ihr damit ein Vetorecht über alle zentralen Entscheidungen des Konzerns einräumte. In den folgenden Jahren erlaubte das Internetunternehmen nach und nach der Präsidialadministration, seinen News-Feed zu gestalten. Ende 2019 wurden die zentralen

Konzernentscheidungen, insbesondere ein Vetorecht bei der Benennung und Abberufung des Vorstandsvorsitzenden, in die Hand einer eigens gegründeten Stiftung für Gesellschaftliche Interessen (Fond obščestvennych interesov) gelegt, an deren Spitze die enge Putin-Vertraute Elena Šmeleva gesetzt wurde.[4] Übte der Kreml zuvor indirekten Einfluss auf den Internetkonzern aus, so tat er es nun ganz offen. Auf diese Weise wurde *Yandex* nach Russlands Überfall auf die Ukraine zu einem Instrument, mit dem der Staat die Menschen in Russland im Unwissen über den Krieg hält: Zehn Millionen Menschen besuchten zu diesem Zeitpunkt täglich die Startseite der Suchmaschine, auf denen das Unternehmen die „wichtigsten" Nachrichten des Tages platziert. Während in der Ukraine die Bomben fielen, bekamen sie Normalität suggeriert. Entsprechend setzten die USA und die EU die Spitzenmanager des einst als Russlands Zukunftsunternehmen gefeierten Konzerns auf die Sanktionsliste und dieser geriet an den Rand der Zahlungsunfähigkeit.[5]

Schwarzer Februar

Jede Zuspitzung des Krieges im Donbass und des Konflikts mit dem Westen führte in den Jahren 2014–2021 bei den in Russland tätigen ausländischen Unternehmen zu Debatten. Externe Sachverständige wurden mit der Prüfung der Lage beauftragt und Sofortmaßnahmen erörtert. Die Experten prognostizierten, es werde zu keiner Eskalation kommen, Russland werde aber immer „toxischer". Mit der Zeit wurden die Krisensitzungen zur Routine. Allerdings führte dieser Modus – sowie die Covid-19-Pandemie – dazu, dass die Unternehmen über große Lagerbestände sowohl bei Vorprodukten als auch bei Komponenten verfügten, als Putin im Februar 2022 die Großoffensive begann. Im Kopf war hingegen niemand auf einen großen Krieg vorbereitet gewesen.
Nach dem ersten Schock dauerte es nur wenige Stunden, bis bei den ausländischen Unternehmen die Erkenntnis einsetzte, dass für sie eine neue Zeit angebrochen war. Im Unterschied zur Masse der Bevölkerung und offenbar auch zu den meisten Managern der Staatsbetriebe war dem leitenden Personal dieser Konzerne sofort klar, dass sehr rasch massive Sanktionen gegen Russland verhängt werden würden. Die USA und die EU hatten Vorbereitungen getroffen, um rasch reagieren zu können, sollte Russland die Ukraine angreifen und in den Chefetagen der internationalen Unternehmen wusste man, dass dies kein Bluff war.[6] Es war klar, dass Lieferketten unterbrochen werden würden, dass sich der Zahlungsverkehr radikal ändern würde und dass Russland mit eigenen Maßnahmen antworten würde. Am meisten trieb die Unternehmen – und dies bereits seit 2014 – die Sorge vor einer Zwangsverstaatlichung um. Zugleich trug man sich in den ersten Wochen nach dem Überfall auf die Ukraine noch in der Hoffnung, der Krieg könne durch Verhandlungen beendet werden – so absurd und im Widerspruch zu den nationalen Interessen Russlands schien dieser Krieg.

---

[4] Čem požertvoval „Jandeks", čtoby izbavit'sja ot političeskogo davlenija. Vedomosti, 18.11.2019.

[5] Zur Rolle von Yandex nach dem 24.2.2022 und zum stets wachsenden Einfluss der Präsidialadministration auf das Unternehmen seit 2009 siehe: Svetlana Rejter: My zamučilis' borot'sja. Meduza, 5.5.2022.

[6] Zum Stand der Diskussion über Sanktionen am Vorabend des Kriegs siehe: Sanktionen. Ziele, Kosten, Wirkung. OSTEUROPA, 10–12/2021.

Gehen oder abwarten?

Standortentscheidungen internationaler Unternehmen werden in der Konzernzentrale getroffen, nicht vor Ort. So war es auch in diesem Fall. Einige Unternehmen hatten einfach keine andere Wahl: Wer Komponenten fertigt oder einführt, die das US Office of Foreign Assets Control als Dual-Use-Güter einstuft, kann nicht mehr in Russland arbeiten, ohne gegen US-Gesetze zu verstoßen.[7] Als die EU im April die Ausfuhr von Papier, Farben und Blumensamen nach Russland verbot, blieb einer weiteren Gruppe von Unternehmen keine andere Möglichkeit, als das Land zu verlassen. Unternehmen aus der Agrar- und Lebensmittelindustrie sowie dem Pharma- und Medizinsektor blieb die Entscheidung überlassen.

Eine Forschergruppe an der Yale University hat versucht zu erfassen, welche Unternehmen sich wie verhalten haben, ebenso tut dies die Kyiv School of Economics.[8] Beide haben differenzierte Abstufungen entwickelt: Rückzug, Einfrieren, Verkleinern, Abwarten, Aussitzen. Gleichwohl muss jeder Fall einzeln betrachtet werden.[9] Hat ein Konzern „das Unternehmen an das Top-Management verkauft" kann zum Beispiel einen echten Eigentümerwechsel bedeuten oder aber, dass das Unternehmen vorübergehend in die Hände einer Vertrauensperson gelegt wurde.

Aus der Gruppe der Konzerne, deren Produkte weder 2014 noch 2022 mit Sanktionen belegt wurden, verließ lediglich die Sparte Bekleidung und Schuhe nach dem Überfall auf die Ukraine Russland. Probleme mit der Logistik waren nur ein Grund. Entscheidend waren die Reputationskosten. Der von Russland gegen die Krimtataren seit 2014 verübte Terror hatte im Westen kaum jemanden interessiert; die Berichte aus den befreiten Bezirken der Kiewer Oblast dagegen erschütterten die Welt. Jetzt wurde der befürchtete Schaden diesen stark auf ein gutes Image angewiesenen Unternehmen zu groß.

Nahezu alle Unternehmen der Agrar- und Lebensmittelindustrie sowie des Pharma- und Medizinsektors sind jedoch weiter in Russland tätig. Dort herrscht Anfang 2023 in den Vorstandsetagen die Meinung vor, dass alle anderen Konzerne ebenso entschieden hätten und jeder, der ohne Verstoß gegen Sanktionen weitermachen kann, dies auch tut. Sicher gibt es einzelne Ausnahmen, aber im Großen und Ganzen stimmt dieses Bild. Fälle wie der eines Unternehmens, das Ende Februar beschloss zu bleiben, aber offenbar nach Bekanntwerden der Verbrechen russländischer Soldaten in Buča und anderen Orten im Umland von Kiew innerhalb weniger Tage die Fertigung einstellte, die Beziehung zu allen Lieferanten abbrach und alle Anlagen und Gebäude verkaufte, sind seltene Ausnahmen. Da der Fall auch nicht in die Medien gebracht wurde, handelte es sich offenbar um spontane Empörung, nicht um Imagepflege. In der Branche selbst hat das Unternehmen seinem Ruf sogar eher geschadet: es habe „seine Angestellten im Stich gelassen". Entsprechend handelten die meisten Unternehmen anders: Sie kündigten an, Russland zu verlassen – und blieben.

---

7 Zum Mechanismus der US-Sanktionen siehe Sascha Lohmann: Vom Schongang zum Schleudergang. Unilaterale US-Sanktionen gegen Russland, in: Osteuropa, 10-11/2021, S: 83-104.

8 <https://leave-russia.org/>. – Yale CELI List of Companies Leaving and Staying in Russia, <www.yalerussianbusinessretreat.com/>.

9 Für einen Überblick der Entscheidungen Stand 1.5.2022 siehe die Karten in: Russlands Krieg gegen die Ukraine. Propaganda, Verbrechen, Widerstand. OSTEUROPA, 1–3/2022.

Der Grund ist offensichtlich: Bis einschließlich Oktober wurden ihnen ihre Waren buchstäblich aus den Händen gerissen, und sie konnten angeblich „jeden Preis" verlangen. Letzteres ist natürlich eine Übertreibung, aber sie ist charakteristisch. Unklar ist jedoch, wie man das in Russland verdiente Geld ausführen oder wofür man es in Russland ausgeben kann. Angeblich gibt es Unternehmen, die ihre Gewinne als Gehalt getarnt an Spitzenmanager überweisen, damit diese sie anschließend auf ihr privates Auslandskonto transferieren, was in einer Höhe von einer Million Dollar im Monat möglich ist. Doch dies klingt nicht sehr wahrscheinlich, da sich wohl kaum eine russländische Bank für ein ausländisches Unternehmen auf eine solche Transaktion einlassen würde.
Solche Geschichten zeigen jedoch, dass Verluste von bis zu 50 Prozent beim Transfer von Kapital ins Ausland offenbar von manchen für akzeptabel gehalten werden. Denn wenn man Unternehmensgewinne auf das Privatkonto des Vorstands überweist, dann fallen neben der Ertragssteuer auch noch Versicherungsbeiträge und die Einkommenssteuer an. Von einer „Gebühr" von 50 Prozent ist übrigens auch in der Recherche von *The Bell* die Rede: So viel verlange die Kommission zur Kontrolle ausländischer Investitionen in Russland für die Erlaubnis, die einst getätigte Investition abzuziehen und das Land zu verlassen.
Im letzten Quartal des Jahres 2022 begann die Nachfrage dann zu sinken. Der Markt reagiert nun auf die Lage, die Russlands Überfall auf die Ukraine geschaffen hat. Ein massiver Rückgang der Nachfrage nach elementaren Lebensmitteln und Medikamenten ist gleichwohl nicht zu erwarten. So wird auch das Ende des Nachfragebooms nicht zu einer großen Abwanderungswelle führen. In den Konzernzentralen geht man davon aus, dass der Krieg nicht ewig dauern kann und dass es schwierig und teuer sein wird, nach einem Abzug nach Russland zurückzukehren. Daher versucht man, so lange es irgend geht, weiterzumachen. Das Geschäftsklima in Russland ist für alle Unternehmen, einheimische wie ausländische, ohnehin schon lange schlecht – außer für solche, die Putin-Freunden wie dem Sekretär des Sicherheitsrats Nikolaj Patrušev oder dem Bankier Jurij Koval'čuk gehören. Wer geblieben ist, pflegt die Vorstellung, dass die Produktion von und der Handel mit unverzichtbaren Waren einen Wert an sich darstellen und sogar dem Krieg entgegenwirken. „Wer handelt, führt keinen Krieg, und wer Hühnerfutter mischt, greift nicht zur Waffe." Dieses Weltbild hat an Überzeugungskraft verloren, aber es ist nicht verschwunden.

Exodus des Personals?

Die Belegschaften internationaler Konzerne erlebten wie alle anderen Unternehmen in Russland im Jahr 2022 zwei Abwanderungswellen: eine erste unmittelbar nach dem Überfall auf die Ukraine und eine zweite nach Beginn der Mobilmachung im September. Die zweite Welle war viel größer und ist auch Anfang 2023 noch nicht abgeebbt.
Im Frühjahr verließen als erste diejenigen das Land, die vorzeitig in den Ruhestand gehen konnten und ohnehin geplant hatten, ihren Lebensabend am Meer zu verbringen, wozu sie bereits eine Wohnung in Bulgarien oder ein Häuschen in Montenegro erworben hatten. Auch wer schon lange nach Israel hatte auswandern wollen und alle Dokumente bereits beisammen, sich jedoch nicht zum Gang zur Botschaft hatte aufraffen können, der kaufte nun Flugtickets nach Tel Aviv und war rasch weg. Manche versuchten auch eine Versetzung ins Ausland zu erreichen, doch dies hatte bei weitem nicht

immer Erfolg und ging in der Regel mit einer Gehaltskürzung einher. Man sollte nicht glauben, dass alle, die Russland im März verlassen haben, dies alleine aus moralischen Gründen taten. Viele gingen zumindest auch, weil sie davon überzeugt waren, dass Russland in kürzester Zeit einen totalen wirtschaftlichen Zusammenbruch erleben würde.

Typisch sind Geschichten wie diese: Eine Frau in hoher Position bittet unmittelbar nach dem Einmarsch in die Ukraine um Versetzung ins Ausland. Ihr Ehemann ist im Ruhestand – Männer in fortgeschrittenem Alter haben es in Russland auf dem Arbeitsmarkt wesentlich schwerer als gleichaltrige Frauen –, zudem versorgt sie mit ihrem Gehalt ihre Eltern und ihre Schwiegereltern. Ihre Tochter wird eines Tages gutes Geld verdienen, aber soweit ist es noch nicht. Sie bekommt das Mindestgehalt einer hochqualifizierten Fachkraft in der EU angeboten, rechnet, kommt nach Abzug der Steuern und der Ausgaben für Miete, Pflegepersonal und Essen auf ein monatliches Minus – und bleibt. Glück hatte dagegen ein junger Mann aus der Rechtsabteilung eines internationalen Unternehmens. Er verheimlichte seiner Chefin in der Zentrale sechs Monate lang, dass er sein Homeoffice nach Argentinien verlegt hat. Eines Tages nutzt eine befreundete Kollegin einen guten Moment, um es der Chefin zu erzählen. Diese lacht und lässt die Sache fürs Erste auf sich beruhen.

Den Vorteilen der Telearbeit, die viele ausländische Unternehmen in Russland weiter ermöglichen, während heimische Unternehmen und Universitäten längst wieder auf Präsenzpflicht umgestellt haben, steht der Nachteil entgegen, dass es eine große Unsicherheit über die Zukunft des Arbeitsplatzes gibt. „Angeblich sind wir noch da“ lautet eine gängige Antwort auf die Frage nach der Zukunft des Unternehmens. Angesichts des Nachfragebooms im Sommer 2022 schienen solche Ängste unbegründet, und doch halten sich hartnäckig Gerüchte über bevorstehende Entlassungen. Leute, die häufig von einem Unternehmen zum nächsten wechselten, sind heute nervös. Konkreten Anlass für diese Sorgen gibt es keinen, befürchtete Entlassungswellen sind ausgeblieben, seit Sommer werden sogar wieder Stellen ausgeschrieben. Doch die Katastrophenstimmung ist nicht gewichen.

Mobilmachung

Die Mobilmachung im September 2022 versetzte die Mitarbeiter ausländischer Unternehmen in große Unruhe, obwohl sie eigentlich hätten vorgewarnt sein müssen. Schon seit März hatte es „Besuche“ gegeben, die „Gäste“ schauten sich die Belegschaften an, guckten sich geeignete Männer aus, versuchten, den ein oder anderen für die Armee zu gewinnen, manchmal mit Erfolg. Doch das lief in der Rubrik „Vermischte Meldungen“. Ende September aber heulten die Schreibtischarbeiter wie das ganze Land auf und stoben nach allen Seiten davon.

Die Chefs der ausländischen Unternehmen reagierten ganz unterschiedlich – und ganz unabhängig davon, ob es sich um entsandte Kräfte aus dem Ausland oder um einheimische Manager handelte. Manche kämpften für jeden ihrer Leute, anderen war deren Schicksal vollkommen egal. Einige schickten alle Männer im Einberufungsalter ins Homeoffice, andere entließen jeden, der nicht zur Arbeit erschien. „Gesetz ist Gesetz“, hieß es in der Chefetage eines Unternehmens, das sich auf die Herstellung von

Himmelsbrot spezialisiert hat. Und in einer ganz ähnlichen Fabrik war das Motto: „Sollen sie doch die Betrunkenen von der Straße einsammeln und an die Front schicken." Weder die spezifische Qualifikation der Belegschaft noch deren Ersetzbarkeit, ebenso wenig der konkrete Standort in Russland oder die Größe des Unternehmens spielten eine Rolle für den Umgang der Unternehmensleiter mit der Mobilmachung. Ebenso wenig gab es Unterschiede zwischen Betrieben in ausländischem Besitz und solchen mit russländischen Eigentümern. Alles hing von der konkreten Person ab.

Und deren Umgang mit der Mobilmachung hing zudem nicht unbedingt mit ihrer Haltung zum Krieg gegen die Ukraine zusammen. Manche glühende Patrioten waren gegen die Mobilmachung. Zum Beispiel weil sie diese für ein Werk von Staatsfeinden hielten, die das Land schwächen und Panik säen wollen. Manche kämpften also aus „patriotischen" Gründen gegen die Mobilmachung – und wurden dabei nicht selten von Gouverneuren und Bürgermeistern unterstützt. Allerdings hatten diese im September praktisch keine Möglichkeit, Einfluss auf die Wehrersatzämter zu nehmen.

Kaum anders als bei den Kopfarbeitern ist die Lage bei denen, die ihren Lohn an Fließbändern und Maschinen verdienen. Kaum jemand zieht freiwillig in den Krieg. Dies hat auch etwas mit dem Selbstbild der Arbeiter im Dienst der in Russland tätigen internationalen Unternehmen zu tun. Die Ansicht ist weit verbreitet, dass dort nur die Besten genommen würden. Ganz unabhängig von der tatsächlichen Qualifikation: Wer sich als gesuchte Fachkraft sieht, dem fällt es leichter, sich als unentbehrlich an der Heimatfront zu betrachten. Eine typische Geschichte: „Wir sind sowieso nur wenige, alles automatisiert. Und erst recht wenig Männer. Trotzdem gaben sie keine Ruhe, wollten wenigstens einen, und den haben sie bekommen. Wir hatten überlegt und überlegt, wollten schon jemanden von der Straße anheuern – da hat sich dieser Idiot gemeldet, Edik, aus der Verpackung . . . Es ging ihm um die Kohle. Wir waren natürlich froh. Was für ein Idiot!"

Die meisten Geschichten sind jedoch in einem anderen Ton: Die Frau weint, die Kinder heulen, die Chefin kämpft mit den Tränen und schwört, den Arbeitsplatz frei zu halten. Diejenigen, die solche Geschichten erzählen, wissen, dass es in Wirklichkeit viel nüchterner zugeht. Trotzdem tun sie so, als seien wir im 19. Jahrhundert. Die Einberufung – eine Fügung des Schicksals. Solches Denken ist unabhängig vom Bildungsgrad weit verbreitet.

Davon unabhängig haben ausländische Unternehmen tatsächlich weniger Möglichkeiten, Mitarbeiter vor einer Einberufung zu schützen als russländische Unternehmen. Sie können zum Beispiel nicht behaupten, dass alle ihre Gabelstaplerfahrer gerade promovieren. Auch Tauschgeschäfte vom Typ „Wir liefern Euch (der Armee oder einer paramilitärischen kriminellen Gruppierung) nützliche Dinge, dafür lasst ihr unsere Mitarbeiter in Ruhe" stehen ihnen nicht zur Verfügung. Angeblich schmieren russländische Unternehmen auch Rekrutierungsstellen. Es ist eher unwahrscheinlich, dass dies tatsächlich möglich ist, aber man erzählt sich in ausländischen Unternehmen nicht ohne Neid solche Geschichten.

Flurgespräche

Eigentlich müssten die Mitarbeiter von Unternehmen aus Staaten, die Russland wegen der Sanktionen als „unfreundlich" bezeichnet, besondere Angst vor Denunziation haben. Bislang ist dies jedoch nicht der Fall. Gelegentlich scherzt jemand, dass die gesamte

Belegschaft aus „ausländischen Agenten“ bestehe, aber echte Sorgen macht sich keiner. Es gibt ein Grundlevel der Beunruhigung, doch es ist wie mit dem Klima: Man bemerkt es erst, wenn man an einen anderen Ort kommt.

Im engsten Kollegenkreis wird offen gesprochen, über Meldungen aus gesperrten Medien diskutiert und über die offiziellen Verlautbarungen gehöhnt. Bei offenen Zoom-Sitzungen ist das natürlich anders, denn jeder weiß, dass diese aufgezeichnet werden. Aber im persönlichen Gespräch wird relativ frei geredet. Zu beachten ist allerdings, dass diese Gespräche stets innerhalb der eigenen Blase stattfinden, in der alle die gleiche Meinung zu dem Krieg haben: dafür, dagegen, „es ist komplex, lass mich bitte damit in Ruhe“.

Bei blasenüberschreitenden Gesprächen gilt das Gebot der Diplomatie. Heikle Themen werden nicht angesprochen. Solche Gespräche kann man nicht vermeiden: Selbst wenn die Belegschaften vieler Unternehmen schon lange politisch homogen sind, so trifft man doch bei Konferenzen, Messen oder Branchenzusammenkünften auf Leute mit anderer Gesinnung. Von Eklats ist nichts zu hören. Dies hat zum Teil damit zu tun, dass es solche Eklats bereits gegeben hat. Man hat sich erst laut gestritten, dann die Tür hinter sich zugeschlagen und dann den „allzu liebdienerischen“ oder „wirklich zu radikalen“ Verband verlassen. Heute regiert die Höflichkeit. Man spricht über das Wetter, Autos oder Haustiere. Natürlich sind auch solche Gespräche nicht frei von Politik. Erklärt einer, dass unsere russischen Tannen viel besser sind als skandinavische Kiefern, dann ist klar, mit wem man es zu tun hat. Aber Streit fängt deswegen niemand an.

In der „Es-ist-alles-komplex“-Blase wird der Krieg ignoriert, aber manchmal passiert es doch. „Opfer gibt es auf beiden Seiten“ und – seltener – „im Krieg gibt es keine Unschuldigen“ heißt es in solchen Fällen. Das Ignorieren ist eine bewusste Taktik, die Kraft kostet. Typische Formeln sind: „Ich lese das lieber nicht“, „Ich schlafe sowieso schon schlecht“, „Jagen Sie mir keine Angst ein“. Man hat den Eindruck, dass diese Menschen ganz besonders unter der Lage leiden.

In der Blase der Kriegsgegner freut man sich über militärische Erfolge der Ukraine, wartet auf den Tod Putins und erzählt sich, was die bekanntesten Militärexperten so schreiben. Dennoch ist die Stimmung gedämpft. Man rechnet damit, dass Moskau bombardiert wird, bezeichnet das oft als „verdient“ und trägt sich in der seltsamen Hoffnung, damit würde alles besser.

Wenn man selbst in der Blase der Kriegsgegner steckt, ist es schwer zu beurteilen, was bei den Kriegsbefürwortern vor sich geht. Es scheint so, als sei man dort ebenfalls unzufrieden. Vermutlich freut man sich über die neuen Gebiete, die Russland gewonnen hat, und hofft, dass der „Westen“ das alles rasch wieder vergisst und zur Tagesordnung übergeht. Fest steht, dass die Angehörigen dieser Blase nicht auf die Idee kommen, ihren Job bei einem Unternehmen aus dem feindlichen Ausland zu kündigen und erst recht nicht, sich für die Front zu melden oder jemanden aus der eigenen Familie dorthin zu schicken.

In der Kriegsgegnerblase und auch in der „Alles-sehr-komplex“-Gruppe gibt es Menschen, die für die Ukraine spenden. Wie oft das vorkommt, ist schwer zu sagen, man erfährt es nur, wenn jemand seine Kollegen bittet, sich an einer Initiative zu beteiligen. Dies geschieht selten, da alle deutlich weniger Geld haben als vor dem Februar 2022 und die Aussichten schlecht sind. Zudem gilt Geldsammeln selbst unter Gleichgesinnten als unhöflich.

Kaum Interesse hat man unter den Mitarbeitern ausländischer Unternehmen am Schicksal der russischen Regimegegner. Was mit Aleksej Naval'nyj passiert ist, wissen die meisten noch. Wahrscheinlich kennen jedoch mehr Leute den Namen des Sprechers des ukrainischen Präsidenten als den des russländischen Politikers und Journalisten Vladimir Kara-Murza, der im April 2022 verhaftet wurde und nun wegen Landesverrats und Verbreitung von Falschnachrichten angeklagt ist, weil er über die Bombardierung von Krankenhäusern in der Ukraine gesprochen hatte.[10]

Die neue Realität

Die Menschen, um die es hier geht, gehören größtenteils zum Mittelstand, sie haben ein Auto und eine Wohnung, für die der Kredit oft bereits abbezahlt ist. Einige sind auch wohlhabender, haben oder hatten ein Boot in Kroatien, eine Wohnung in einer Ferienanlage in Bulgarien oder Spanien, die Kinder gehen auf europäische oder amerikanische Universitäten. Aber keiner besitzt so viel, dass er von Dividenden oder Mieteinnahmen leben könnte. Russlands Angriff auf die Ukraine hat auch ihr Leben verändert.

Zwar gab es schon während der Pandemie Reisebeschränkungen. Das war nicht angenehm, aber es war klar, dass das eines Tages wieder aufhört. Natürlich hat die Umstellung auf Telearbeit zu einem höheren Arbeitspensum geführt, aber schlussendlich fanden die meisten dies dann doch besser als feste Bürozeiten. Natürlich gab es bereits Sanktionen und bestimmte Waren sind auf den Regalen verschwunden. Aber in den Metropolen gab es durchaus Orte, an denen Käse und Wurstwaren aus Europa verkauft wurden, deren Einfuhr Russland 2014 verboten hatte. Zur Not konnte man immer noch selbst einen Vorrat von einer Reise mitbringen.

Jetzt ist alles anders. Russland wird für die Aggression bezahlen müssen. Mit den Urlaubsreisen nach Europa und in tropische Gefilde ist es vorbei. Zumindest kann sich die Mittelschicht solche Reisen nicht mehr mehrmals im Jahr leisten. Das Angebot an Waren und Dienstleistungen wird zusehends primitiver. Auch das kulturelle Angebot hat sich verändert: Theaterstücke werden abgesetzt, viele Musiker haben das Land verlassen. Bücher wurden bisher nur vereinzelt verboten, aber die Verleger und Buchhändler haben Angst. Aus der weichen Zensur droht eine harte zu werden, jeden Tag gibt es neue unerfreuliche Nachrichten. Es wird zunehmend unbehaglich.

Dazu trägt bei, dass die Inflation die Einkommen auffrisst. Alles wird teurer, und manche wichtigen Dinge, etwa bestimmte Medikamente, sind komplett verschwunden. Niemand glaubt, dass der frühere Wohlstand zurückkommt. Mit beruflichem Aufstieg rechnen nur die aus der Kriegsblase. Alle anderen erwarten das Schlimmste: Kürzungen, Einschnitte bei Prämien und Vergütungen, Kurzarbeit. Das sind Befürchtungen, die Realität sieht bislang in jenen Sektoren, die nicht von Sanktionen betroffen sind, anders aus. Aber man hat gesehen, dass die internationalen Automobilkonzerne ihre Niederlassungen in Russland geschlossen haben und rechnet damit, dass einem dasselbe blühen kann.

Wenn man für die eigene Zukunft nur noch damit rechnen kann, mit Ach und Krach und großer Mühe den Status quo zu bewahren und einige „zivilisatorische Errungenschaften" hat davonschwimmen sehen – wie sieht es dann aus mit der Zukunft der Kinder? Es gibt zwei Gruppen: Diejenigen, die es noch geschafft haben, ihre Kinder ins Ausland zu bugsieren, und diejenigen, die es nicht mehr geschafft haben oder es sich nicht leisten

[10] <https://gefangen-in-russland.de/personen-in-haft/vladimir-kara-murza#details>.

konnten. Wer es geschafft hat, ist stolz darauf, dass seine Kinder sich ein Leben außerhalb Russlands aufbauen werden – und das gilt auch für diejenigen, die den Krieg richtig finden. Es klingt absurd, dass Eltern sich anmaßen, über den Lebensweg ihrer volljährigen Kinder zu entscheiden. Aber solches Denken ist weit verbreitet: „Wir schuften für unsere Kinder, also haben sie unsere Erwartungen zu erfüllen." Wer seine Kinder in Russland hat, muss sich rechtfertigen: Sie streben einen bestimmten Beruf an, gehen auf eine besonders gute Schule, studieren an einer renommierten Fakultät – so lauten die Argumente.

Das wichtigste, was am 24. Februar 2022 verloren ging, ist der angestammte Platz in der Welt. Früher sah man sich so: Ich arbeite beim Konzern X, dort macht man anständige Arbeit, ich habe Karrierechancen und Lebenspläne, natürlich gibt es manchmal Probleme, aber die kriege ich in den Griff. Jetzt klingt es ungefähr so: Am Ende des Monats bekomme ich mein Gehalt, wir (das Unternehmen) versuchen, nicht zehn Jahre zurückgeworfen zu werden, keine Ahnung, was noch alles kommt, aber es wird zweifellos schlechter und ich kann nichts dagegen tun. „Vielleicht sollte ich alles hinschmeißen und auf die Datscha ziehen, bis alles vorbei ist?" So etwas sagt man natürlich nur zu engen Freunden.

Auffällig ist, dass sich niemand beschwert. Leute, die schlechter – aber nicht schlecht! – verdienten und sich daher viel weniger Reisen und technischen Schnickschnack leisten konnten als die bei ausländischen Unternehmen angestellten Manager, lamentieren heute: „Ich werde die berühmte Phädra nicht sehen."[11] Im Vergleich dazu dominiert in der Belegschaft der internationalen Konzerne eine überraschend stoische Haltung. Dies hat gewiss nicht damit zu tun, dass die Menschen dort sich ihrer Privilegien bewusst sind. Das Argument „Anderen geht es noch schlechter" spielt allenfalls unter den Kriegsgegnern eine Rolle, die die Menschen in der Ukraine im Blick haben. Vielmehr ist es zu einer Verhaltensnorm, genauer: einer Mode geworden, mit der man sich von den Nörglern abgrenzt. Und von echten Entbehrungen kann ja auch noch keine Rede sein.

Anpassung an die neue Lage

Von den Individuen zurück zu den Organisationen: Jedes ausländische Unternehmen in Russland erstellt Entwicklungspläne, verfasst Rechenschaftsberichte und arbeitet mit Leistungskennzahlen. Vermutlich gibt es auch Notfallpläne, aber das teilt die Unternehmensleitung den Mitarbeitern nicht mit. Als Russland begann, Kiew zu bombardieren, blieb zunächst alles bei den geregelten Abläufen. Dann begannen die Probleme.

Hier ein Beispiel, das durch die Presse ging: Bevor ein ausländisches Pharmaunternehmen die Zulassung eines Arzneimittels in Russland beantragt, muss dieses klinisch getestet werden. Damit diese Tests nicht nur in Russland gültig sind, müssen Laborproben – kleine Sendungen, die oft unter außergewöhnlichen Bedingungen aufbewahrt werden müssen – an Labore in Westeuropa und Nordamerika geschickt werden. Als kurz nach Russlands Überfall auf die Ukraine der Flugverkehr zwischen Russland und den westlichen Staaten eingestellt wurde, versuchte das Unternehmen die Proben über Dubai

[11] Titel eines Gedichts von Osip Mandel'štam aus dem Kriegsjahr 1915, in dem das lyrische Ich klagt, dass es ihm verwehrt bleiben wird, eine Aufführung von Jean Racines Tragödie „Phädra" zu erleben. Zahlreiche Verse des Gedichts lassen sich auf die heutige Situation beziehen, etwa „Nur nach Frieden sehne ich mich in diesem Leben" – Anm. d. Red.

oder Istanbul an die Labore zu schicken. Das Problem ist, dass sich die Proben innerhalb von wenigen Stunden in Abfall verwandeln. Auf das gleiche Problem stießen alle Unternehmen, die leichtverderbliche Waren aus Russland in den Westen oder von dort nach Russland bringen müssen.

Ein anderes Beispiel: Ein Ableger eines ausländischen Konzerns aus der Lebensmittelbranche. Die meisten Rohstoffe werden regional bezogen, einige aber doch aus dem Ausland. Sie kommen in Containern, die natürlich nicht einzeln mit einem kleinen Schiff transportiert werden, sondern auf einem der riesigen Containerschiffe, die alle möglichen Güter nach Russland bringen. Einige der Güter fallen unter die Sanktionen, so dass sich der gesamte Ablauf verzögert. Dies ist kein Einzelfall, sondern ein Dauerproblem.

Ein weiteres, besonders heikles Beispiel: Auch nach 2014 blieben die Ukraine und Russland in manchen multinationalen Unternehmen Teil der gleichen Abteilung „Europa, Naher Osten, Afrika“. Daher wurde zumindest ein Teil der Planung für beide Länder weiter gemeinsam durchgeführt, es wurden weiter die gleichen Lieferketten genutzt und in vielen Fällen wurde sogar das Lagerbestandsmanagement nicht getrennt. Die Krim und die beiden anderen von Russland besetzten Gebiete in der Ukraine fielen zwar aus diesem System heraus, aber grundsätzlich blieben Russland und die Ukraine Teil einer logistischen Einheit. Dann kam der 24. Februar 2022. Am schlimmsten traf es die Unternehmen, die ihren Produktionsstandort in der Ukraine, den zentralen Absatzmarkt für ihre dort produzierten Waren aber in Russland hatten – oder umgekehrt, aber das ist eher selten der Fall.

Um einen Eindruck von den Problemen zu bekommen, reicht ein Blick nach Belarus. Russland hatte zwar 2014 die Einfuhr bestimmter Lebensmittel aus der EU verboten. Geliefert wurden sie trotzdem: von Polen nach Belarus, dort wurden sie umdeklariert, und weiter nach Russland gebracht. Auf diesem Weg kamen auch viele Vorprodukte zu den Fabriken internationaler Konzerne in Russland. Bis die EU die Sanktionen gegen Belarus verschärfte, weil der Minsker Diktator Russland ermöglicht hatte, von seinem Land aus die Ukraine anzugreifen. Daraufhin unterband Minsk den Transit. Genauer gesagt: Die Einfuhr nach Belarus ist immer noch möglich, für Russland bestimmte Güter müssen jetzt jedoch umgeladen und für jeden Transport zusätzliche Frachtpapiere ausgestellt werden . . .

Weltweit agierende Konzerne erzielen durch ihre Größe Kostenvorteile. Dazu bedarf es einer weitreichenden Arbeitsteilung und vor allem einer ausgefeilten Logistik. Kurz gesagt: Großkonzerne können billig und gut produzieren, weil alle Pillen in einem einzigen Werk in Irland hergestellt, anschließend auf alle Kontinente verschifft und vor Ort verpackt werden. Eine wichtige Rolle spielen auch langfristige Verträge mit Zulieferern sowie günstige Versicherungsbedingungen. Die Ableger solcher Konzerne in Russland waren fest in deren globale Produktions- und Vermarktungsketten integriert. Und plötzlich verschwindet ihr Landstrich von der Karte. Etablierte Lieferwege, Routinen bei der Wartung und beim Austausch von Maschinen oder bei der Ausbildung und Umschulung von technischem Fachpersonal – all dies brach nach dem Überfall auf die Ukraine fast augenblicklich zusammen. Wer in Russland bleiben wollte, musste neue Lösungen finden. In dieser Hinsicht war die Situation ausländischer Unternehmen weniger angenehm als die von Unternehmen mit russländischen Eigentümern, denn deren Abläufe sind weniger globalisiert. Außerdem konnten diese davon ausgehen, dass der Staat ihnen keine Knüppel zwischen die Beine wirft.

Die meisten Probleme wurden in den folgenden Monaten gelöst: Große Unternehmen erscheinen meist unflexibel, sie sind es aber nicht. Viele Lösungen wurden vor Ort gesucht, gleichzeitig gaben die Konzernzentralen Anweisungen: Werbung einstellen (das taten fast alle), Produktangebot reduzieren (viele), Investitionen kürzen (einige), Endprodukt vereinfachen (manche). Mit der Zeit zeigte sich, dass die Nachfrage nicht zurückgeht, ja der Absatz im Durchschnitt sogar steigt, wenn auch eine Verschiebung hin zum billigeren Segment stattfindet. Entsprechend war nach rund sechs Monaten klar, dass man wieder mit dem Planen anfangen muss.

Es mag überraschen, aber einige Unternehmen haben vor, ihre Tätigkeit in Russland auszuweiten, wenn auch nur bei manchen Produkten. Bildlich gesprochen: „Zurückhaltung bei Kuchen, aber Brot fahren wir hoch." Ein Argument lautet: „Wenn wir stagnieren, überlassen wir anderen das Feld; davon profitiert niemand, auch nicht die Ukraine." Man beachte, dass die meisten Mutterkonzerne mit Ableger in Russland für die Ukraine spenden. Ein weiteres Argument: „Wir können unsere Gewinne nicht legal aus Russland herausbringen. Entweder wir bauen von dem Geld noch eine Sauerkrautfabrik mehr oder der Staat nimmt es sich und verwendet es möglicherweise für kriminelle Zwecke." Das dritte Argument: „Schaut euch doch an, was dort passiert ist, wo sie gegangen sind." Gemeint sind Unternehmen, die wirklich gegangen sind und nicht nur die Leitung „vorübergehend" an die örtliche Geschäftsführung oder einen Partner übergeben haben. Natürlich werden die Produktionsanlagen, die sie zurückgelassen haben, mit der Zeit immer weniger internationalen Standards entsprechen. Auf lange Sicht mag man zum technologischen Niedergang Russlands beigetragen haben. Fürs Erste ist aber genau das Gegenteil der Fall: Russländische Unternehmer, die hinter Putins Feldzug stehen, haben zum halben Preis hervorragende Anlagen erhalten, die sie natürlich auch für die Belieferung der Armee nutzen werden. Man kann einiges gegen diese Argumente einwenden, ganz von der Hand weisen kann man sie aber nicht. Zumal jedes ausländische Unternehmen neben den Ausbauplänen auch über einen Ausstiegsplan verfügt.

Kognitive Dissonanzen

Obwohl die Distanz zwischen den Niederlassungen internationaler Unternehmen in Russland und der jeweiligen Konzernzentrale nach Russlands Überfall auf die Ukraine deutlich gewachsen ist, dringen noch immer Gerüchte über die Stimmung in Washington oder Paris durch. Diese ergeben folgendes Bild: Die westlichen Verbündeten der Ukraine werden alles dafür tun, dass Russlands Krieg gegen die Ukraine sich nicht auf sie selbst ausweitet. Natürlich wäre ein Sieg der Ukraine das beste Ergebnis, aber unabhängig davon, was öffentlich gesagt wird, hätten sie nichts gegen ein Einfrieren des Konflikts einzuwenden. Die Überlegungen der russländischen Führung werden in den Chefetagen der Ableger internationaler Konzerne in Russland so eingeschätzt: Der Überfall auf die Ukraine und die barbarische Kriegsführung gehen auf Entscheidungen eines sehr kleinen Kreises von Männern um Putin zurück. Was in deren Köpfen vorgeht, weiß niemand. Aber gemessen daran, was Putin sagt und wie die Armee und andere russländische Verbände in der Ukraine vorgehen, sind sie äußerst interessiert daran, dass die NATO-Staaten nicht Kriegspartei werden. Eskalation in der Ukraine ja, selbst ein Übergreifen des Kriegs auf russländisches Territorium muss in Kauf genommen werden, aber auf keinen Fall darf es so weit kommen, dass der Westen in den Krieg eintritt.

Dieses Bild mag nicht der Realität entsprechen, wahrscheinlich tut es das auch nicht. Aber es beeinflusst die Entscheidungen, die die ausländischen Unternehmen gegenwärtig treffen. Und weil die meisten Konzerne dies so sehen, ist ihre Strategie: warten, bis alles vorbei ist. Die meisten nicht von Sanktionen betroffenen globalen Unternehmen halten den Preis, den sie für die Fortführung ihrer Geschäfte in Russland zu zahlen haben – einschließlich des Imageschadens – für niedriger als die Kosten eines vollständigen Rückzugs. Zugespitzt gesagt: Sie bleiben bei der Vorstellung, Putin führe Krieg gegen die Ukraine, nicht Russland. Diese Vorstellung wird mit folgender Überlegung gestützt: Würde das ganze Land sich aufführen wie Putin und seine Gefolgschaft, wäre ein Arbeiten in Russland überhaupt nicht mehr möglich. Da aber nach gewissen Anpassungen an die neue Lage die Geschäfte recht normal weitergeführt werden können, erscheint dieser wahnsinnige und verbrecherische Krieg als etwas Äußeres, mit dem man nichts zu tun hat. Kurzum, es gibt ein wahres Russland, das friedlich seiner Arbeit nachgeht und das falsche Russland Putins. Was immer man von dieser Konstruktion hält: Sie bestimmt das Denken und Handeln der in Russland gebliebenen ausländischen Unternehmen und ihrer Belegschaften.

Aus dem Russischen von Henriette Reissner, Berlin

Schlagwörter:
Russland, Sanktionen, ausländische Unternehmen, Betriebssoziologie

Volodymyr Zelens'kyj und seine Frau Olena, 31.12.2022

Vladimir Putin und seine Leibwächter, 31.12.2022

Ulrich Schmid

Im Spiegelkabinett des Krieges

Zelens'kyjs und Putins politische Rhetorik

Russlands Krieg in der Ukraine wird auch auf dem medialen Schlachtfeld ausgefochten. Beide Präsidenten setzen rhetorische Strategien ein, um das eigene und auch das internationale Publikum auf ihre Seite zu ziehen. Allerdings hat sich Putins Kriegspropaganda in absurden Argumentationen verrannt und kann kaum noch Adressaten außerhalb des eigenen ideologischen Zirkels erreichen. Zelen'skyj profitiert von seiner Fernseherfahrung und richtet seine eindringlichen Ansprachen konsequent am Erwartungshorizont seines Publikums aus. Wie immer der Krieg militärisch ausgehen wird, als Rhetoriker hat Zelens'kyj bereits gesiegt.

Vielleicht am deutlichsten lässt sich Zelens'kyjs Rhetorik an seiner Videobotschaft zum „Tag des Sieges und der Versöhnung" am 8. Mai 2022 studieren.[1] Wie in seinen allabendlichen Ansprachen tritt der ukrainische Präsident nicht in Anzug und Krawatte auf, sondern mit einem T-Shirt – diesmal allerdings nicht im Army Look, sondern mit der Aufschrift „I'm Ukrainian". Das gesamte Video ist in dezentem Schwarz-Weiß gehalten. Nur in der Schlussszene weht die ukrainische Fahne in sattem Gold-Blau vor einem zerstörten grauen Wohnblock in Borodjanka. Zelens'kyj komponiert seine Rede sorgfältig wie ein Musikstück. Das Leitmotiv „Nie wieder" taucht in verschiedenen Variationen auf und verwandelt sich am Ende in ein hoffnungsvolles „Wieder": Die Sonne wird „wieder" scheinen, Frieden wird „wieder" einkehren. Es gelingt Zelens'kyj in der ernsten Ansprache, seiner kriegsversehrten Nation Trost zu spenden und Zuversicht zu verbreiten. Er tut dies, indem er eine klare Verbindung zwischen dem Nazi-Überfall im Zweiten Weltkrieg und Russlands Angriff auf die Ukraine am 24. Februar 2022 zieht. „Nie wieder" war der Leitspruch der bisherigen ukrainischen Siegesfeiern. Nun ist das Böse zurückgekehrt. Zelens'kyj nennt weder Hitler noch Putin beim Namen – er errichtet einen Bannbezirk des ebenso Unsagbaren wie Unsäglichen um die beiden

---

Ulrich Schmid (1965), Dr. phil., Slavist, Professor für Kultur und Gesellschaft Russlands, Universität St. Gallen

Von U. Schmid erschien in OSTEUROPA zuletzt: Stierlitz und seine Enkel. Russlands Geheimdienste in Literatur und Film, in: OE, 11/2022, S. 171–182. – Kleine Geschichte einer großen Literatur. Grundrisse des literarischen Prozesses in der Ukraine, in: OE, 6–8/2022, S. 225–240. – Anatomie einer Diskreditierung. Russlands Staatsmedien und Memorial, in: OE, 8–9/2021, S. 225–240.

Der vorliegende Text basiert auf meinen Artikeln „Zweierlei Spiegelungen. Putins und Selenskyjs rhetorische Strategien", in: Ukraine-Analysen, 11.4.2022, „Selenski und Putin im Reich der Spiegelungen". NZZ, 31.5.2022, S. 18 sowie „Dichtung und Wahrheit", OSTEUROPA-Blog, 10.1.2023, <https://zeitschrift-osteuropa.de/blog/dichtung-und-wahrheit/>.

[1] Zvernennja Prezidenta Ukrajiny z nahody Dn'ja pam'jati ta prymyrennja. 8.5.2022, <www.president.gov.ua/news/zvernennya-prezidenta-ukrayini-z-nagodi-dnya-pamyati-ta-prim-74885>.

 doi: 10.35998/oe-2022-213

Aggressoren. Er nimmt aber nicht nur den Kremlherrn ins Visier, sondern auch die russländische Bevölkerung, die bestenfalls murmelt, es sei „nicht alles so eindeutig“, dann aber trotzig behauptet, man könne „den Sieg über Hitlerdeutschland wiederholen“. Zelens’kyj spielt mit dieser propagandistischen Sprechblase, indem er sie in eine lyrische Diktion überführt: „Potvory počaly povtory.“ („Die Monster haben mit der Wiederholung begonnen.“)

Geschickt bindet Zelens’kyj auch sein internationales Publikum ein. Er spiegelt vertraute narrative Elemente aus der historischen Erfahrung seiner jeweiligen Zielgruppe. Die Zerstörung von Mariupol’ vergleicht er mit der Vernichtung europäischer Städte durch nazideutsche Bomben: Warschau, Coventry, Rotterdam. Er stellt das Massaker von Buča in die Tradition der NS-Kriegsverbrechen im französischen Oradour und im tschechischen Lidice. Bereits in seinen früheren Ansprachen vor tatsächlichen und möglichen Verbündeten hatte Zelens’kyj diese Spiegelstrategie eingesetzt. So wandte er sich in der Nacht vom 23. auf den 24. Februar 2022 in einer Fernsehansprache an die Bevölkerung Russlands und versuchte sie mit einem Zitat des russischen Dichters Evgenij Evtušenko auf die Bewahrung des Friedens einzuschwören: „Meinst du, die Russen wollen Krieg?“[2]

Am 1. März 2022 sprach Zelens’kyj in einer Videoschaltung vor dem Europäischen Parlament. Er appellierte an die europäische Einigkeit, in die er auch die Ukraine einschloss. Anschließend drehte er die Abhängigkeit um: In seiner Perspektive erschien nicht die EU als verlässliche Wächterin der europäischen Werte, sondern die Ukraine. Zelens’kyj ging so weit, den Widerstand gegen Russland zum Maßstab europäischen Handelns zu erheben. Die Ukraine habe bewiesen, dass sie europäisch sei. Es liege nun an Europa, zu zeigen, dass es ebenso europäisch sei und die Ukraine nicht im Stich lasse: „Dann wird das Leben über den Tod siegen und das Licht über die Dunkelheit.“ Er schloss mit dem Ausruf, dass Europa mit der Ukraine viel stärker sein werde. Mit seiner Beschwörung der europäischen Einigkeit griff er die leitmotivische Formel der „immer engeren Union“ auf, die bereits 1957 in Rom beschlossen worden war, 1983 und 1986 bekräftigt wurde und schließlich Eingang in die Präambeln der Verträge von Maastricht, Amsterdam, Nizza und Lissabon fand.

Am 4. März 2022 wandte sich Zelens’kyj per Videoübertragung an Demonstrierende in Frankfurt, Bratislava, Vilnius, Prag, Paris und Tiflis. Die Ansprache dauerte nur zehn Minuten. Von diesen zehn Minuten widmete Zelens’kyj den gefallenen ukrainischen Soldaten eine Schweigeminute und eine weitere den zivilen Opfern. Anschließend wandte er sich an die „Völker Europas“ und rief ihnen zu: „Schweigt nicht, geht auf die Straßen!“ Möglicherweise spielte Zelens’kyj mit dieser Formulierung auf das Bild des deutschen Historienmalers Hermann Knackfuß an, das den Titel „Völker Europas, wahrt eure heiligsten Güter“ trägt. Kaiser Wilhelm II. hatte dieses Gemälde im Jahr 1895 dem Zaren Nikolaj II. geschenkt, um ihn vor der „gelben Gefahr“ aus dem Osten zu warnen. Zelens’kyj brandmarkte nun Russland selbst als „asiatisch“. Die Barbarei aus dem Osten wurde durch die emotional aufgeladenen Schweigeminuten noch verstärkt. Zelens’kyj wiederholte seine manichäische Formel und kündigte einen Sieg der Ukraine über die russländische Armee, des Lichts über das Dunkel, des Guten über das Böse und der Freiheit über die Unfreiheit an. Seine Rede beschloss er mit einer Umkehrung des

[2] Ansprache des ukrainischen Präsidenten Volodymyr Zelens’kyj an das russische Volk. 23.3.2022, <https://zeitschrift-osteuropa.de/blog/rede-von-volodymyr-zelenskyj/>.

Beitritts der Ukraine zur Europäischen Union und erhob die Ukraine zum wahren Verteidiger der europäischen Werte. Er sagte:

> Wenn wir fallen, fällt Europa. Ich hoffe, dass Europa ebenso standhaft bleibt wie die Ukraine. Jeder von euch ist heute ein Ukrainer.

Am 8. März 2022 sprach Zelens'kyj vor dem britischen Unterhaus. Er griff das vielleicht bekannteste Zitat aus der englischen Literatur auf und sagte:

> Die Frage ist für uns nun: Sein oder Nichtsein. Oh nein, diese Shakespeare-Frage. Diese Frage haben wir uns dreizehn Tage lang gestellt, aber nun kann ich Ihnen die Antwort geben. Es ist definitiv ja, Sein.

Zelens'kyj fuhr fort mit einem weiteren berühmten Zitat, diesmal ohne den Urheber explizit zu nennen. Der Kriegspremier Churchill hatte am 4. Juni 1940 vor dem Unterhaus zu entschiedenem Widerstand gegen die deutschen Angreifer aufgerufen. Zelens'kyj wiederholte fast wörtlich die Formulierungen des britischen Premierministers:

> Wir werden bis zum Ende kämpfen, zu See, in der Luft. Wir werden für unser Land kämpfen, was immer der Preis sein wird. Wir werden in den Wäldern, in den Feldern, an den Ufern, in den Straßen kämpfen.

Damit rief Zelens'kyj den britischen Churchill-Mythos auf und lenkte diese historische Energie auf seine eigene Person.
Am 16. März 2022 wandte sich Zelens'kyj an den amerikanischen Kongress. Er verglich die Schläge gegen die Ukraine mit den Überraschungsangriffen auf die USA in Pearl Harbor im Jahr 1941 und am 11. September 2001. Er sagte, die Ukrainer würden genau diese Erfahrung jeden Tag teilen. Er hob diese Parallele sogar explizit hervor:

> In Ihrer großen Geschichte haben Sie Seiten, die ihnen erlauben, die ukrainische Geschichte zu verstehen. Verstehen Sie uns heute.

Seine politische Forderung nach einer Flugverbotszone über der Ukraine kleidete er in ein berühmtes Zitat von Martin Luther King:

> „Ich habe einen Traum!" Diese Worte kennen Sie alle. Heute kann ich sagen: Ich habe ein Bedürfnis! Ich muss unseren Himmel schützen.

Mit der emotionalen Verbindung von Tragödie und Pathos entsprach Zelens'kyj dem amerikanischen Erwartungshorizont.
Am 17. März sprach Zelens'kyj vor dem Deutschen Bundestag. Er erinnerte in seiner Rede an die Berliner Luftbrücke der westlichen Alliierten. „Wir können keine Luftbrücke bauen, denn von unserem Himmel fallen nur russische Bomben." Zelens'kyj zog einen impliziten Vergleich zwischen dem Naziregime und Putin. Er behauptete, erneut wolle man in Europa ein ganzes Volk vernichten. Durch die russländische Invasion sei eine neue Mauer mitten in Europa entstanden, die Freiheit von Unfreiheit trenne. An

Bundeskanzler Scholz richtete er die Aufforderung: „Zerstören Sie diese Mauer. Geben Sie Deutschland die Führungsrolle, die es verdient." Damit spielte er auf den amerikanischen Präsidenten Ronald Reagan an, der am 12. Juni 1987 von Berlin aus an den sowjetischen Generalsekretär Michail Gorbačev die berühmten Worte gerichtet hatte: „Tear down this wall!" Zelens'kyj übersetzte damit den gewünschten EU-Beitritt der Ukraine in die Sprache der deutschen Wiedervereinigung. Anschließend ging er noch einen Schritt weiter und erinnerte Deutschland an seine „historische Verantwortung" aus dem Zweiten Weltkrieg. Er rief zur deutschen Hilfe an die Ukraine auf, damit „nicht etwas passiert, wofür man wieder eine lange Aufarbeitung braucht".

Am 20. März 2022 trat Zelens'kyj vor der Knesset auf und verglich die Not der Ukraine mit dem Schicksal der Juden in Nazideutschland. Er verwies darauf, dass der Tag des russländischen Angriffs auf die Ukraine, der 24. Februar, im Jahr 1920 der Gründungstag der Nationalsozialistischen Arbeiterpartei Deutschlands gewesen war. Er zog eine Verbindung zwischen den ukrainischen Flüchtlingen und den vertriebenen Juden im Zweiten Weltkrieg. Er prangerte die aggressive Sprache des Kreml an, der angeblich eine „Endlösung" für die „ukrainische Frage" fordere. Dieser provozierende Vergleich kam allerdings nicht bei allen Knesset-Abgeordneten gut an. Einzelne Parlamentarier warfen Zelens'kyj vor, den Holocaust zu relativieren und die Kollaboration von Ukrainern mit den Nazis zu verschweigen.

Zelens'kyj verkörpert in seiner Selbstinszenierung den Kampfgeist der ukrainischen Nation: Er ist übernächtigt wie ein Feldkommandant, der Bart wächst wie bei seinen Soldaten in den Schützengräben, er lässt seinen Gefühlen freien Lauf, formuliert kurz und bündig. Von diesem Gestus ist auch seine Neujahrsansprache getragen: Zelens'kyj verwendet nur Hauptsätze, die manchmal sogar nur aus einem einzigen Wort bestehen.[3] In seinem Rückblick auf das Annus horribilis lässt er einzelne Stationen des Krieges Revue passieren.

Er spricht eine eingeschworene Gemeinschaft an, die dasselbe Schicksal erlitten hat. Deshalb muss er den Gegenstand des gemeinschaftlichen Gedenkens auch nicht im Detail ausführen. Es reicht, wenn er einzelne Stichwörter nennt: „Kramators'k. Der Bahnhof. Das Stofftier." „Mariupol'. Das Theater. Der Schriftzug ‚Kinder'." „Odessa. Das Hochhaus. Das kleine Mädchen. Drei Monate alt." „Vil'njans'k. Die Geburtsstation. Der Säugling. Zwei Tage alt."

Auf diese Aufzählung folgt eine Liste mit den wichtigsten Kampfschauplätzen, wo die ukrainische Armee Siege verbuchen konnte: „Die Verteidigung von Kiew. Charkiv. Mykolajiv. Čornobajivka. Die Schlangeninsel. HIMARS. Die Antonivkabrücke. ‚Baumwolle'.[4] Die Krimbrücke. ‚Neptun'.[5] Der Kreuzer ‚Moskva'. Russisches Kriegsschiff.

---

[3] Neujahrsgruß von Volodymyr Zelens'kyj. 31.12.2022, <zeitschrift-osteuropa.de/blog/neujahrsansprache-von-volodymyr-zelenskyj/>.

[4] Im Sommer 2022 gelang es der ukrainischen Armee erstmals, militärische Objekte der russländischen Armee weit hinter der Front anzugreifen. Moskauer Medien sprachen damals euphemistisch davon, an diesen Orten hätte es einen „Knall" (russ.: chlopok) gegeben. „Chlopok" bedeutet zugleich „Baumwolle". Seitdem freuen sich ukrainische Medien über die „Baumwolle" (ukr.: bavovna), die überall in Russland „wachse". <zeitschrift-osteuropa.de/blog/neujahrsansprache-von-volodymyr-zelenskyj/>.

[5] „Neptun" ist ein Seezielflugkörper, mit dem die Ukraine vermutlich den Lenkwaffenkreuzer „Moskva" Mitte April 2022 versenkt hat. <zeitschrift-osteuropa.de/blog/neujahrsansprache-von-volodymyr-zelenskyj/>.

Izjum, Balaklija und Kup'jans'k. Cherson." Anschließend dekliniert Zelens'kyj die ukrainischen Regionen im Kriegsgebiet durch und erinnert in jedem Fall an die entscheidenden Ereignisse. Die einzelnen Namen werden durch kurze Videoeinspielungen ergänzt. Gerade die verwackelten Aufnahmen von privaten Handys erhöhen den Eindruck dramatischer Authentizität.

Zelens'kyj bedient in seiner Neujahrsansprache das heroisch-epische Genre. Seine detaillierte Auflistung der wichtigsten Orte der militärischen Auseinandersetzung unter Nennung einzelner Waffen geht zurück auf den berühmten Schiffskatalog in Homers *Illias*. Vor der Schlacht um Troja schaltet Homer in seinen Bericht einen langen Katalog ein, in dem er die Anzahl der griechischen Schiffe, den Heerführer und die Herkunftsorte der Soldaten nennt. Der textuelle Aufwand vergrößert beim Leser den Eindruck der griechischen Streitmacht. Homer hatte sogar einige Anführer erfunden, um sie später effektvoll im Kampf sterben zu lassen.[6]

Auch Zelens'kyj betreibt einen beträchtlichen sprachlichen Aufwand, um die Leistungen der ukrainischen Armee angemessen darzustellen. Er verlässt sich wie Homer auf die emphatische Kraft des Katalogs, wenn er einzelne Verteidigungsaktivitäten aufzählt. Seine Neujahrsansprache mündet in die Beschwörung der ukrainischen Einheit, die durch die mutige Führungsstärke des Präsidenten garantiert wird:

> Wir sind bereit, [für die ukrainische Freiheit; U.S.] zu kämpfen. Darum ist jeder von uns hier. Ich bin hier. Wir sind hier. Ihr seid hier. Alle sind hier. Wir alle – sind die Ukraine.

Zelens'kyj konstatiert damit eine Tatsache, die sich bereits seit der Annexion der Krim und der Destabilisierung der Ostukraine durch Russland im Jahr 2014 beobachten lässt: Jede neue Eskalationsstufe der russländischen Aggression stärkt das ukrainische Nationalprojekt und trägt es weiter nach Osten.

Im Jahr 2023 ist Zelens'kyj zu einer neuen rhetorischen Strategie übergegangen. Zuoberst auf seiner Agenda steht der Appell an die westlichen Partner, Offensivwaffen und Munition zu liefern. Zentral ist die Botschaft, dass sich die Ukraine in einem Wettlauf mit der Zeit befinde. Zelens'kyj weist nicht nur verbal auf die drängende Zeit hin, sondern inszeniert die knappe Frist in seinen Videobotschaften. Sein virtueller Auftritt auf dem *World Economic Forum* in Davos am 18. Januar 2023 dauert etwa zehn Minuten.[7] Zelens'kyj thematisiert gleich zu Beginn die Zeitnot, mit der die angegriffene Ukraine konfrontiert sei, und begründet damit auch die Kürze seiner Rede. In einem geschickten Kunstgriff verwendet Zelens'kyj dann aber ein Zehntel seiner streng begrenzten Sprechzeit auf eine Schweigeminute, in der er der zivilen Opfer eines russländischen Raketenangriffs in einem Wohnblock in Dnipro gedenkt. Damit schafft er eine Atmosphäre der persönlichen Betroffenheit, vor deren Hintergrund sein Appell für Waffenlieferungen umso wirksamer ausfällt.

---

[6] Wolfgang Kullmann: Poesie, Mythos und Realität im Schiffskatalog der „Ilias", in: Hermes, 1/2009, S. 1–20.

[7] Special Address by Volodymyr Zelenskyy, President of Ukraine. 18.1.2023. <www.weforum.org/events/world-economic-forum-annual-meeting-2023/sessions/special-address-by-volodymyr-zelenskyy-president-of-ukraine-068bdf6a88 >

Putin spiegelt westliche Vorwürfe an Russland zurück

Die Wirkung von Zelens'kyjs Auftritten wird durch den Kontrast zu den hölzernen Wortmeldungen von Präsident Putin noch verstärkt. Am 24. Februar 2022 trug Putin seine „Kriegserklärung“ in einem langatmigen Monolog vor. Er saß hinter einem zu hohen Tisch in einem Kommandobunker, neben sich zwei sowjetisch anmutende Telefone. Er präsentierte dem Westen, vor allem den USA, ein umfassendes Sündenregister: Der Westen habe Russland getäuscht, belogen, abserviert. Er habe sich nicht an die Grundsätze der internationalen Beziehungen und an moralische Normen gehalten. Die USA seien ein „Imperium der Lüge“, das sich mit Satellitenstaaten umgebe. Putin zeichnete das düstere Bild eines NATO-Aufmarsches an Russlands Grenzen:

> Es ist wohlbekannt, dass wir im Verlauf der vergangenen dreißig Jahre beharrlich und mit Geduld versucht haben, die Führungen der NATO-Staaten von den Prinzipien der gleichen und unteilbaren Sicherheit in Europa zu überzeugen. Als Antwort auf unsere Vorschläge haben wir stets entweder zynischen Betrug und Lügen erhalten, oder es wurde Druck auf uns ausgeübt, man wollte uns erpressen. Und währenddessen wurde die Nordatlantik-Allianz ungeachtet unserer Bedenken immer weiter vergrößert. Die Militärmaschine ist in Bewegung, und, wie gesagt, sie steht schon an unseren Grenzen.[8]

Mit dieser Jeremiade richtet er den westlichen Vorwurf vom Herbst und Winter 2021/2022, dass Russland durch den Truppenaufmarsch an der ukrainischen Grenze einen Krieg vorbereite, gegen die NATO selbst, die nach der Osterweiterung Russland bedrohe. Schließlich berief sich Putin in dreister Verdrehung der Tatsachen sogar auf die UNO-Charta:

> Ich habe deshalb in Übereinstimmung mit Artikel 51 Absatz 7 der Charta der Vereinten Nationen, mit Zustimmung des Russländischen Föderationsrats und in Erfüllung der von der Föderationsversammlung ratifizierten Freundschafts- und Beistandsverträge mit der Donezker Volksrepublik und der Lugansker Volksrepublik den Beschluss gefasst, einen militärischen Spezialeinsatz durchzuführen.[9]

Was in klobigem Kanzleistil daherkommt, ist ein Leitmotiv der Selbstrechtfertigung der Putinschen Führung. Es sind immer die anderen, die das Völkerrecht brechen. Russland hält sich in seiner Selbstdarstellung strikt an die internationalen Regeln. Putin hat natürlich einkalkuliert, dass sein Publikum nicht aus dem Stegreif weiß, was in Artikel 51 der UNO-Charta steht. Putin versteckt die Absurdität seiner Begründung hinter einer Paragraphennummer und einem Scheinvertrag mit zwei künstlichen Staatsgebilden, die selbst Moskau erst einen Tag vor der Vertragsratifizierung anerkannt hatte. Artikel 51

---

[8] Kriegserklärung. Die Ansprache des russländischen Präsidenten am Morgen des 24.2.2022, <https://zeitschrift-osteuropa.de/blog/vladimir-putin-ansprache-am-fruehen-morgen-des-24.2.2022/>.

[9] Ebd.

der UNO-Charta regelt das Selbstverteidigungsrecht jedes Mitgliedstaates „im Fall eines bewaffneten Angriffs". Mit dem abstrakten Verweis verschleiert Putin die Tatsache, dass Russland bereits Ende 2021 mit seinem massiven Truppenaufmarsch an der ukrainischen Grenze die elementarsten Grundsätze der UNO-Charta gebrochen hatte. Artikel 1 erhebt die Wahrung des Weltfriedens zum obersten Ziel. Artikel 2 hält ausdrücklich fest:

> Alle Mitglieder unterlassen in ihren internationalen Beziehungen jede gegen die territoriale Unversehrtheit oder die politische Unabhängigkeit eines Staates gerichtete oder sonst mit den Zielen der Vereinten Nationen unvereinbare Androhung oder Anwendung von Gewalt.

Es fällt nicht schwer, in den Vorwürfen an den Westen eine Spiegelung von Putins eigenem politischen Handeln zu sehen: In Tat und Wahrheit ist Russland selbst der Hegemon, der seinen Nachbarstaaten keine Souveränität zugesteht. Russland hat alle internationalen Gepflogenheiten verletzt, von der Charta der Vereinten Nationen über die Russland-NATO-Grundakte, der Charta von Paris, bis zu den OSZE-Verträgen von Istanbul und Astana. Und Russland ist genau jenes „Imperium der Lüge", das sich auf eine groteske Staatspropaganda stützt.

Putin bewegt sich in seiner Rhetorik in der Regel auf drei Ebenen: auf einer sachlogischen, auf der er häufig juristisch argumentiert, auf einer historischen, auf der er ein ideologisches Narrativ präsentiert, und schließlich auf einer affektiven Ebene. Hier will er das Publikum emotional ansprechen.[10] Diese drei Ebenen lassen sich gut in Putins Neujahrsansprache vom 31. Dezember 2022 beobachten.[11]

Der Präsident steht während seiner Rede vor einer Kohorte Offiziere und Soldaten, die an der „militärischen Spezialoperation" in der Ukraine teilnehmen. Viele sind mit Orden ausgezeichnet worden, einige tragen das blau-weiß-gestreifte T-Shirt der Luftlandetruppen unter der Uniformjacke. Diese auffällige Präsenz darf man als Reverenz des Präsidenten an die Luftlandetruppen deuten, die in den ersten Kriegstagen beim Versuch, den ukrainischen Flughafen Hostomel einzunehmen, schwere Verluste erlitten. Pikant ist natürlich, dass Putin selbst an dieser Katastrophe schuld war: Er ging davon aus, dass es zu keinen ernsthaften Kämpfen kommen werde. Die Luftlandetruppen hätten das Hinterland des Angriffs militärisch sichern sollen, waren aber nicht für eine eigentliche Angriffsmission ausgerüstet.

Die Auswahl der Armeeangehörigen soll das gesamte Volk der Russländischen Föderation repräsentieren: Frauen und Männer sind anwesend, auch Soldaten mit burjatischen oder kaukasischen Gesichtszügen. Der Präsident steht zwar in Zivil, aber deutlich in seiner Funktion als Oberbefehlshaber vor den Vertretern seiner Armee. Es gibt kaum Bewegung in dem neun Minuten dauernden Clip. Sowohl Putin als auch die hinter ihm stehenden Armeeangehörigen gestikulieren nicht und ändern auch ihren Blick nicht. Putins Kopf fügt sich auf gleicher Höhe in die Menge der Köpfe hinter ihm ein – damit ist die Komposition des Bildes auf das Thema der Isokephalie gestimmt: Der Präsident

[10] Riccardo Nicolosi: Erniedrigte und Beleidigte. Vladimir Putins Affektrhetorik, in: Geschichte und Gegenwart. 23.3.2022, <https://geschichtedergegenwart.ch/erniedrigte-und-beleidigte-vladimir-putins-affektrhetorik/>.

[11] Neujahrsansprache von Vladimir Putin, 31.12.2022, <zeitschrift-osteuropa.de/blog/neujahrsansprache-von-vladimir-putin/>.

wird als Verkörperung des Kampfwillens des russländischen Staatsvolkes dargestellt. Diese Integration zeigt sich auch im Crescendo einer immer persönlicher werdenden Ansprache der Zuhörerschaft, das in einer fünffachen Beschwörung der Freundschaft zwischen Herrscher und Beherrschten gipfelt: „Sehr geehrte Bürger Russlands! Liebe Freunde! [. . .] Liebe Kameraden! [. . .] Liebe Freunde! [. . .] Liebe Freunde! [. . .] Liebe Freunde! [. . .] liebe Freunde!“
Der anbiedernde Impetus kompensiert die inhaltliche Leere der Neujahrsbotschaft. Bereits zuvor hatte Putin die Absage der alljährlichen Pressekonferenz „Direkte Linie“ mit Journalisten sowie der von der Verfassung vorgeschriebenen Rede an die Föderalversammlung mit dem Argument verteidigt, es sei schon alles gesagt und er wolle sich nicht wiederholen. Es gibt in der Tat auch keinen neuen Gedanken in der Neujahrsansprache. Die einzelnen Elemente der Rede sind Versatzstücke aus der patriotischen offiziösen Ideologie, die von den Staatsmedien spätestens seit 2012 ad nauseam in die Gesellschaft eingespielt wird. Gleich zu Beginn begibt sich Putin mit der Nennung des Schlüsselworts „Souveränität“ auf die sachlogische Ebene. Damit knüpft er an die hochtrabenden Formulierungen aus der *Nationalen Sicherheitsstrategie 2021* an. Hier kommt der Begriff „Souveränität“ 18 Mal vor, zuerst prominent ganz zu Beginn der „Allgemeinen Voraussetzungen“:

> Der von der Russländischen Föderation konsequent verfolgte Kurs der Stärkung der Verteidigungsbereitschaft, der inneren Einheit und politischen Stabilität, der Modernisierung der Wirtschaft und der Entwicklung des Industriepotenzials gewährleistete die Stärkung der souveränen Staatlichkeit Russlands als eines Landes, das eine selbständige Außen- und Innenpolitik durchführen und externen Druckversuchen effizient widerstehen kann.[12]

Putin bezieht sich mit der Betonung der Souveränität Russlands implizit auf die Primakov-Doktrin. Der Karrierediplomat Evgenij Primakov (1929–2015) hatte nach dem Zusammenbruch der Sowjetunion verschiedene Funktionen in den sicherheitspolitischen und geheimdienstlichen Gremien Russlands inne und war Ende der 1990er Jahre Ministerpräsident. Er formulierte die Grundsätze der postsowjetischen Außenpolitik Russlands. Die wichtigsten Elemente waren das Insistieren auf Russlands Großmachtstatus und die Etablierung eines multipolaren Mächtesystems in der Welt.[13] Putin setzt seit dem Jahr 2000 alles daran, diesen Prinzipien auch realpolitisch und militärisch Nachdruck zu verschaffen. In der Neujahrsansprache verwendet Putin explizit den zentralen Begriff der „Multipolarität“:

> Und unser Kampf für uns, für unsere Interessen, für unsere Zukunft dient zweifellos anderen Staaten als inspirierendes Beispiel bei ihrem Streben nach einer multipolaren Weltordnung.

[12] Ukaz Prezidenta Rossijskoj Federacii o strategii nacional'noj bezopasnosti, 2.7.2021 <http://publication.pravo.gov.ru/Document/View/0001202107030001>.

[13] Marek Delong: The Concept of Russian Federation Foreign and Security Policy by Eugene Primakov, in: International Security, 12/2020, S. 307–318.

Putin positioniert Russland hier als Vorkämpfer für eine neue internationale Ordnung, die sich vor allem gegen die US-amerikanische Dominanz richtet. Damit versucht Putin, zumindest vor heimischem Publikum die Allianz Russlands mit Staaten wie China oder Indien zu unterstreichen. Allerdings verschweigt er die lauten Misstöne, die von Xi und Modi auf dem Gipfel der *Shanghaier Organisation für Zusammenarbeit* in Samarkand im September 2023 an die Adresse Putins geäußert wurden. Die Sachlogik wird alsbald mit einem scheinbar historischen Argument unterfüttert, das sich aber bei näherem Hinsehen als verstecktes juristisches Zitat entpuppt. Putin behauptet in der Neujahrsansprache:

> Der Schutz der Heimat ist heilige Pflicht gegenüber unseren Ahnen und unseren Nachkommen. Die moralische und historische Wahrheit ist auf unserer Seite.

Mit diesen beiden Sätzen rekurriert er auf die Russländische Verfassung, die 2020 revidiert wurde und weit über die Organisierung der staatlichen Institutionen hinausgeht. Der neu eingeführte Artikel 67.1 Absatz 3 hält fest:

> Die Russländische Föderation ehrt das Andenken der Verteidiger des Vaterlandes, sie gewährleistet die Verteidigung der historischen Wahrheit.

Putin spricht die ideologische Ebene an, wenn er behauptet:

> Wir kämpfen heute [für unsere wahre Unabhängigkeit], wir schützen unsere Leute auf unseren historischen Gebieten in den neuen Subjekten der Russländischen Föderation.

Damit spielt Putin auf die tolldreiste russländische Annexion der vier ukrainischen Gebiete Luhans'k, Donec'k, Zaporižžja und Cherson am 3. Oktober 2023 an. Es gehört zu den ideologischen Leitmotiven in Putins Rhetorik, dass er mit seiner militärischen Aggression einen angeblich früheren historischen Zustand wieder herstellen will.

Nach dem rituellen Bedienen der Ideologie wechselt Putin auf die affektive Ebene und zieht ein hochemotionales Register. Er verwendet Wörter, die nicht aus dem politischen, sondern dem privaten Vokabular stammen. Er spricht von „Barmherzigkeit", „Einfühlsamkeit", „zärtlichen Gefühlen" und sogar von „Liebe". Der fast schon intime Ton von Putins Neujahrsansprache gehört literaturwissenschaftlich gesehen zum romantisch-lyrischen Genre. Putin wird damit zum Barden der russländischen Souveränität, die nur durch emotionale Mobilisierung erreicht werden kann.

Seit Kriegsbeginn gibt es kaum eine Entwicklung in Putins Rhetorik. In seiner Rede zur Lage der Nation vor der Föderalversammlung wiederholt Putin am 21. Februar 2023 seine absurde Begründung, dass Russland mit seinem Überfall auf die Ukraine ein „Selbstverteidigungsrecht" ausgeübt habe. Er verstieg sich sogar zu der Aussage: „Die USA und die NATO [. . .] haben diesen Krieg entfesselt, wir wandten und wenden Gewalt an, um ihn zu beenden."[14] Putin schwingt ein weiteres Mal die Atomkeule und setzt auch hier seine Technik der Spiegelung ein. Während sich Teile der westlichen

[14] Poslanie Prezidenta Federal'nomu Sobraniju. 21.2.2023, <kremlin.ru/events/president/news/70565>.

Öffentlichkeit bang fragen, ob Russland in der Ukraine Nuklearwaffen einsetzen werde, dreht Putin den Spieß um und wirft dem Westen das Zündeln mit Atomraketen vor:

> Einige Akteure in Washington, wir wissen das genau, denken bereits darüber nach, ihre Atomwaffen zu testen, darunter befinden sich auch neue Atomwaffen.

Putin hatte bereits zu einem sehr frühen Zeitpunkt nach dem Überfall auf die Ukraine die atomare Karte gespielt. Am 27. Februar 2022 versetzte er die Nuklearstreitkräfte in Kampfbereitschaft. Putin ließ diesen Eskalationsschritt von Fernsehkameras filmen. Im selben Raum saßen mit versteinerten Mienen der Verteidigungsminister Sergej Šojgu und der Generalstabschef Valerij Gerasimov. Damit waren alle drei Glieder der Befehlskette anwesend, die einen russländischen Atomschlag auslösen können. Putin signalisierte, dass die schweigenden Militärs auch dann nicht Widerrede halten würden, wenn er tatsächlich den Befehl zu einem Atomwaffeneinsatz gäbe. Letztlich sind Putins nukleare Drohungen in seiner rhetorischen Strategie nur konsequent: Er weiß, dass er Atomwaffen auch in einem begrenzten Schlag nicht einsetzen kann. Weder Russlands Bevölkerung noch die taktischen Verbündeten China und Indien würden einen solchen Atomwaffeneinsatz tolerieren. Deshalb ist die Drohung mit dem Einsatz von Atomwaffen selbst eine schlagkräftige Waffe, die im Informationskrieg eingesetzt wird.

Schlagwörter:
Putin, Zelens'kij, politische Rhetorik, Russland, Ukraine

Volodymyr Zelens’kyj

„Ruhm der Ukraine!“

Neujahrsansprache des Präsidenten der Ukraine am 31.12.2022

Liebe Ukrainer!

Dieses Jahr begann am 24. Februar. Ohne Vorwort und Präludium. Abrupt. Um 4 Uhr in der Frühe. Es war dunkel. Es war laut. Viele hatten schwere Stunden, manche Angst. 311 Tage sind vergangen. Noch immer kann es dunkel, laut und schwer für uns sein. Aber wir werden uns gewiss nie mehr fürchten. Und nie mehr schämen.
Das war unser Jahr. Das Jahr der Ukraine. Das Jahr der Ukrainer.
Am 24. Februar sind wir aufgewacht. Ein anderes Wir. Ein anderes Volk. Andere Ukrainer. Die ersten Raketen haben den Irrgarten der Illusionen endgültig zerstört. Wir haben gesehen, wer wer ist. Wozu unsere Freunde fähig sind, wozu unsere Feinde, und vor allem – wozu wir selbst fähig sind.
Am 24. Februar haben Millionen von uns eine Wahl getroffen. Nicht weiße Fahne, sondern blau-gelbe Flagge. Nicht Flucht, sondern Begegnung. Begegnung mit dem Feind. Widerstand und Kampf.
Die Detonationen vom 24. Februar haben uns taub gemacht. Seither hören wir nicht mehr alles. Und hören wir nicht mehr auf alle. Man hat uns gesagt: Euch bleibt nichts, als euch zu ergeben. Wir sagen: Uns bleibt nichts als zu siegen.
Am 24. Februar haben wir begonnen, an unserem Sieg zu bauen. Mit vielen Ziegelsteinen, aus Hunderten verschiedener Siege.
Wir haben die Panik besiegt. Sind nicht auseinander gerannt, sondern haben zusammengefunden. Wir haben Zweifel, Kleinmut und Angst besiegt. Wir haben an uns und unsere Kräfte geglaubt. An die Streitkräfte der Ukraine. Die Aufklärung. Die Nationalgarde. Den Inlandsgeheimdienst. Die Spezialkräfte. Den Grenzschutz. Die Territorialverteidigung. Die Luftabwehr. Die Polizei. Den Staatlichen Rettungsdienst. An alle, die für Verteidigung und Sicherheit sorgen. Ich bin stolz auf euch alle, unsere Krieger!
Man könnte dieses Jahr als ein Jahr der Verluste bezeichnen, für die Ukraine, für Europa, für die ganze Welt. Aber das stimmt so nicht. Wir sollten das so nicht sagen.
Wir haben nichts verloren. Uns wurde etwas genommen. Die Ukraine hat ihre Töchter und Söhne nicht verloren – Mörder haben sie uns genommen. Die Ukrainer haben ihre Häuser und Wohnungen nicht verloren – Terroristen haben sie verwüstet. Wir haben unsere Gebiete nicht verloren – Invasoren haben sie besetzt. Die Welt hat den Frieden nicht verloren – Russland hat ihn zerstört.

Das Video der Rede ist zu sehen unter: <https://www.youtube.com/watch?v=ANaVkRxDPCI>.

OSTEUROPA, 72. Jg., 12/2022, S. 105–109 doi: 10.35998/oe-2022-214

Dieses Jahr hat uns ins Herz getroffen. Wir haben alle Tränen geweint. Alle Gebete herausgeschrien. 311 Tage. Zu jedem Augenblick hätten wir etwas zu sagen. Doch die allermeisten Worte sind überflüssig. Keiner braucht sie. Keiner braucht Erklärungen und Ausschmückungen. Gebraucht wird Stille. Um hinzuhören. Gebraucht werden Pausen. Um zu begreifen.
Der Morgen des 24. Februar.
Hostomel. Buča. Irpin'. Borodjanka. Charkiv.
Die „Mrija".[1]
Kramators'k. Der Bahnhof. Das Stofftier.
Černihiv.
Mariupol'. Das Theater. Der Schriftzug „Kinder".
Olenivka.
Odessa. Das Hochhaus. Das kleine Mädchen. Drei Monate alt.
Vil'njans'k. Die Geburtsstation. Der Säugling. Zwei Tage alt.
„Azovstal'".
Das kann man nicht vergessen. Das kann man nicht verzeihen. Aber man kann es besiegen.
Wir haben standgehalten, denn wir hatten etwas, das uns aufrechthielt. Unseren Geist.
Die Verteidigung von Kiew.
Charkiv.
Mykolajiv.
Čornobajivka.
Die Schlangeninsel.
HIMARS.
Die Antonivkabrücke.
„Baumwolle".[2]
Die Krimbrücke.
„Neptun".[3]
Der Raketenkreuzer „Moskva".
Russisches Kriegsschiff.
Izjum, Balaklija und Kup'jans'k.
Cherson.
Und wir beten, dass Kreminna und Svatove, Melitopol', der gesamte Donbass und die Krim hinzukommen werden.
Wir werden weiterkämpfen. Für das wichtigste: den Sieg.
Er kommt ganz gewiss. Seit 311 Tagen gehen wir auf ihn zu.

---

[1] Die „Mrija" (dt.: Traum) war ein Flugzeug vom Typ Antonov An-225, das größte Flugzeug der Welt. Das einzige flugfähige Exemplar wurde am 27. Februar 2022 auf dem Flugplatz Hostomel nahe Kiew bei einem russischen Luftangriff zerstört.

[2] Als es der ukrainischen Armee im Sommer 2022 erstmals gelang, militärische Objekte der russländischen Armee weit hinter der Front anzugreifen, sprachen die Moskauer Medien davon, an diesen Orten hätte es einen „Knall" (russ.: chlopok) gegeben. „Chlopok" bedeutet zugleich „Baumwolle". Seitdem freuen sich ukrainische Medien über die „Baumwolle" (ukr.: bavovna), die überall in Russland „wachse".

[3] „Neptun" ist ein Seezielflugkörper, mit dem die Ukraine vermutlich den Lenkwaffenkreuzer „Moskva" Mitte April 2022 versenkt hat.

Wir haben viel Kraft investiert. Und wenn es Dir mal scheint, dass es nicht weitergehen, dann denkt daran, was wir gemeinsam bereits durchgestanden haben.
Ich möchte euch allen sagen: Ukrainer, ihr seid unglaublich! Seht euch doch nur an, was wir geleistet haben und es immer noch tun!
Wie unsere Soldaten seit dem ersten Tag die „zweitstärkste Armee der Welt“ zerlegen.
Wie sich unsere Leute den Militärkolonnen in den Weg gestellt haben.
Wie der alte Mann mit bloßen Händen den Panzer angehalten hat.
Wie die Frau mit einem Glas eingeweckter Tomaten eine Drohne vom Himmel geholt hat.
Wie die Leute im Besatzungsgebiet dem Feind Panzer, Transporter, Hubschrauber und Granaten gestohlen haben.
Wie innerhalb von Stunden genug für den „Shahed-Hunter“, Marinedrohnen, gepanzerte Fahrzeuge, Krankenwagen und „Bayraktar“-Drohnen zusammenkam.
Wie wir allen Drohungen, jedem Beschuss mit Clustermunition und Marschflugkörpern, Dunkelheit und Kälte getrotzt haben.
Wie wir einander und den Staat unterstützt haben.
Im Krieg ist jeder wichtig.
Ob er in den Händen eine Waffe hält, ein Lenkrad, das Ruder eines Schiffs oder den Steuerknüppel eines Flugzeugs, ein Skalpell oder einen Zeigestock. Ob er am Laptop sitzt, eine Erntemaschine oder einen Zug fährt.
Ob er an einem Checkpoint steht oder in einem Kraftwerk arbeitet.
Journalisten und Diplomaten, Arbeiter bei den kommunalen Diensten und Rettungskräfte.
Alle. Die arbeiten. In der Schule oder an der Uni lernen. Und sogar die, die gerade erst laufen lernen.
All dies tun wir für sie. Für unsere Kinder. Unsere Menschen. Unser Land.
In einem großen Krieg gibt es keine kleinen Dinge. Keinen, der nicht gebraucht wird. Jeder von uns ist ein Kämpfer. Jeder von uns steht an der Front. Jeder von uns bildet das Fundament der Verteidigung.
Wir kämpfen als ein Team, das ganze Land, alle unsere Regionen. Ich bewundere euch alle. Ich möchte den unbezwingbaren Regionen der Ukraine allesamt danken.
Charkiv. Verstümmelt, aber unbesiegt. Ihr habt dem Feind gezeigt, dass geographische Nähe nicht geistige Nähe bedeutet. Charkiv ist eine ukrainische Stadt. Eine Heldenstadt.
Das unbezwingbare Mykolajiv. Heldenhaft trotzt es allen Angriffen. Stets auf dem Scheitel der Welle übersteht diese Stadt alle Stürme.
Sumy und seine Umland. Ihr wart unter den Ersten, die den großen Angriff des Feindes zu spüren bekamen. Die Gegend blieb ihnen wie ein Knochen im Halse stecken. Gewöhnliche Menschen haben Molotowcocktails gebastelt, feindliche Kolonnen in Brand gesteckt, die ersten Gefangenen genommen. Die Region Sumy ist eine Kraft.
Dnipro. Rückendeckung und verlässliches Hinterland unserer Front. Ihr habt Menschen aufgenommen, verletzten Soldaten das Leben zurückgegeben. Trotz ständiger Angriffe lebt Dnipro.
Odessa. Sonnig und offen – jetzt eine Festung. Eine Festung für die Welt. Die uns verteidigt und die Welt verteidigt. Sie ernährt. Die Tag für Tag Rettung über das Meer schickt – Millionen Tonnen. Mutter Odessa.

Cherson! Ihr seid heldenhaft. Acht Monate habt ihr unter Besatzung gelebt. Ohne Nachrichten. Ohne Verbindung. Abgeschnitten von der Ukraine.
Tausende von euch sind gegen die Raschisten auf die Straße gegangen. Ihr wusstet nicht, ob man das in der Ukraine sieht oder davon weiß. Die Besatzer haben euch angelogen, die Ukraine hätte euch fallen gelassen und würde nicht für euch kämpfen. Aber ihr habt vertraut und gewartet. Granaten haben das Gesicht von Cherson entstellt, aber das Wichtigste ist, dass wir das neue Jahr frei und gemeinsam unter blau-gelben Fahnen begrüßen. Wir werden alles wieder instand setzen, alles wieder aufbauen. Wie auch in Černihiv und Zaporižžja und Kramators'k und Bachmut.
Alle, die Zufluchtsort für Millionen von Ukrainern wurden: Rivne, Ivano-Frankivs'k, Ternopil', Vinnycja. Ich danke euch! Alle, die Millionen Tonnen Hilfsgüter aus Europa und der ganzen Welt entgegennehmen und verteilen: L'viv, Užhorod, Černivci, Luc'k. Ich danke euch! Alle, die evakuierte Firmen, Betriebe und Universitäten aufgenommen haben: Chmel'nic'kyj, Žytomyr, Kropyvnyc'kyj, Poltava, Čerkasy. Ich danke euch!
Und die, die auf die Ukraine warten. Bis sie kommt. Der Donbass. Die Region Luhans'k. Die Krim. Dank sei euch, unsere Soldaten!
Und natürlich Kiew und sein Umland – unser Herz, das immer schlägt, dank euch allen, Ukrainern!
Wir sind alle eine Familie. Eine Ukraine.
In diesem Jahr hat die Ukraine die Welt verändert. Und die Welt die Ukraine entdeckt. Sie sagten uns: kapituliert! Wir setzten auf Gegenangriff! Wir sollten uns auf Zugeständnisse und Kompromisse einlassen. Wir lassen uns auf die Europäische Union und die NATO ein.
Die Welt hat die Ukraine gehört. Das Europaparlament, der Bundestag, das britischen Parlament, die Knesset, der US-amerikanischer Kongress.
Die Welt hat die Ukraine gespürt. Die Ukraine ist in den Medien. In den Herzen der Menschen. Ganz oben bei Google.
Die Welt hat die Ukraine gesehen. Auf den zentralen Plätzen von Toronto, New York, London, Warschau, Florenz, Sydney und anderswo.
Die Ukrainer verblüffen. Den Ukrainern wird zugejubelt. Die Ukrainer inspirieren.
Kann uns irgendetwas schrecken? Nein. Kann uns irgendwer aufhalten? Nein.
Weil wir zusammenstehen.
Dafür kämpfen wir. Jeder für jeden.
Unser schönstes Feuerwerk knallt in den Munitionslagern der Besatzer. Unser schönstes Geschenk sind die Zahlen im Bericht des Generalstabs.
Wir wissen nicht wirklich, was uns das neue Jahr 2023 bringt. Aber wir sind auf alles gefasst.
Neue Erfolge? Dann freuen wir uns. Neue Angriffe? Dann sind wir standhaft. Die Fortsetzung des Kampfs? Dann werden wir kämpfen. Und wenn wir gewinnen – umarmen wir uns.

Liebe Ukrainer!

Nur wenige Minuten sind es noch bis zum neuen Jahr. Uns allen möchte ich jetzt eines wünschen – den Sieg. Das ist die Hauptsache. Ein Wunsch für alle Ukrainer.
Möge dieses Jahr zum Jahr der Rückkehr werden. Der Rückkehr unserer Menschen.

Der Soldaten in ihre Familien. Der Gefangenen in ihr Zuhause.
Der Ausgereisten in ihre Ukraine.
Der Rückkehr unserer Gebiete. Auch die vorübergehend besetzten werden für immer frei sein.[4]
Der Rückkehr zum normalen Leben. Zu glücklichen Momenten ohne Sperrstunde. Zu Freude auf Erden ohne Raketen in der Luft.
Der Rückkehr dessen, was uns gestohlen wurde. Die Kindheit unserer Kinder, Ruhe im Alter für unsere Eltern.
Auf dass Enkel in den Ferien wieder zu den Großeltern fahren. Zum Melonenessen nach Cherson. Zum Kirschenessen nach Melitopol'.
Auf dass unsere Städte frei werden. Und unsere Freunde treu bleiben.
Auf dass in den Militärberichten nicht nur von 100 000 vernichteten Feinden und Tausenden vernichteten russländischen Fahrzeugen und Geschützen die Rede ist, sondern dass dort auch unsere wichtigste Zahl und unser größter Erfolg steht – 603 628 Quadratkilometer. Die Fläche der unabhängigen Ukraine, wie im Jahr 1991. Und wie auf ewig.
Möge das neue Jahr all dies bringen. Wir sind bereit, dafür zu kämpfen. Darum ist jeder von uns hier. Ich bin hier. Wir sind hier. Ihr seid hier. Alle sind hier. Wir zusammen sind die Ukraine.
Slava Ukrajini!
Ein gutes neues Jahr!

Aus dem Ukrainischen von Beatrix Kersten, Amsterdam & Annahütte

---

4 Vorübergehend besetzte Gebiete ist ein ukrainischer Rechtsbegriff für die seit 2014 besetzten Gebiete im Donbass.

Die Vorgeschichte: OE, 7/2021, 160 Seiten, 28 Abbildungen, 16.– €

Vladimir Putin

„Wir werden siegen“

Neujahrsansprache des Präsidenten Russlands

Sehr geehrte Bürger Russlands! Liebe Freunde!

Das Jahr 2022 geht zu Ende. Es war ein Jahr schwieriger, unerlässlicher Entscheidungen, äußerst wichtiger Schritte zur Erlangung der vollen Souveränität Russlands und hin zu einer umfassenden Konsolidierung unserer Gesellschaft.
Es war ein Jahr, das vieles zurechtgerückt hat, das Mut und Heldentum von Verrat und Feigheit geschieden hat, das gezeigt hat, dass es keine höhere Kraft gibt als die Liebe zu den uns nahestehenden Menschen, als die Treue zu Freunden und zu Kameraden im Kampf, als die Ergebenheit gegenüber dem Vaterland.
Es war ein Jahr wahrhaft revolutionärer und schicksalsträchtiger Ereignisse. Diese markieren eine Grenze, die das Fundament für unsere gemeinsame Zukunft gelegt hat, unsere wahrhaftige Unabhängigkeit.
Dafür kämpfen wir heute, dafür schützen wir unsere Leute auf unseren historischen Gebieten in den neuen Subjekten der Russländischen Föderation. Gemeinsam errichten und erschaffen wir dies.
Das Wichtigste ist das Schicksal Russlands. Der Schutz der Heimat ist heilige Pflicht gegenüber unseren Ahnen und unseren Nachkommen. Die moralische und historische Wahrheit ist auf unserer Seite.
Das vergangene Jahr hat große, ja dramatische Veränderungen für unser Land und für die gesamte Welt gebracht. Es war erfüllt von Sorgen, Ängsten und Beklemmung.
Doch unser multinationales Volk hat wie zu allen schwierigen Zeiten in der Geschichte Russlands Mut und Würde gezeigt, es hat mit Wort und Tat die Beschützer des Vaterlands unterstützt, unsere Soldaten und Offiziere, alle, die sich an der militärischen Spezialoperation beteiligen.
Wir wussten immer und erleben heute erneut, dass die souveräne, unabhängige und sichere Zukunft Russlands nur von uns abhängt, von unserer Kraft und unserem Willen.
Die westlichen Eliten habe uns allen jahrelang heuchlerisch ihrer friedlichen Absichten versichert, nicht zuletzt bei der Lösung des äußerst schweren Konflikts im Donbass. Tatsächlich aber haben sie mit allen Mitteln die Neonazis angespornt, die ihr kriegerisches, offen terroristisches Vorgehen gegen die Zivilbevölkerung der Volksrepubliken des Donbass fortsetzten.

Der vorliegende Text erschien am 31.12.2022 auf Russisch auf der Webseite des Präsidenten unter <http://kremlin.ru/events/president/news/70315>.

Osteuropa, 72. Jg., 12/2022, S. 111–113 **doi: 10.35998/oe-2022-215**

Der Westen führte die Lüge vom Frieden im Mund und bereitete derweil seine Aggression vor. Heute gibt er dies offen und schamlos zu. Sie benutzen die Ukraine und ihr Volk zynisch zur Schwächung und Spaltung Russlands. Niemandem haben wir solches je erlaubt und werden es niemals tun.
Die Soldaten der russländischen Armee, die Angehörigen der Volksmilizen und die Freiwilligen kämpfen heute für ihr Heimatland, für Wahrheit und Gerechtigkeit, dafür, dass Russland eine verlässliche Garantie für Frieden und Sicherheit erhält. Sie sind unsere Helden. Sie tragen in diesen Tagen die schwerste Last.
Ich wünsche allen Beteiligten der militärischen Spezialoperation von Herzen alles Gute zum neuen Jahr, jenen, die jetzt hier neben mir stehen, allen, die sich an der Front oder an den frontnahen Grenzen befinden, die in den Ausbildungszentren die Vorbereitung durchlaufen, um anschließend in den Kampf zu gehen; allen, die sich in Lazaretten befinden oder nach Erfüllung ihrer Dienstpflicht bereits nach Hause zurückgekehrt sind; allen die sich bei den strategischen Truppe in Bereitschaft halten, dem gesamten Personal der Streitkräfte!
Liebe Kameraden, ich danke euch für euren ruhmvollen Dienst. Unser gesamtes riesiges Land ist stolz auf euch. Millionen Menschen sind mit Herz und Seele bei euch. Und gewiss wird an vielen Neujahrstafeln auf Euch angestoßen.
Mein riesiger Dank gilt allen, die die militärischen Operationen ermöglichen, den Fahrern und den Eisenbahnern, welche die Front versorgen, den Ärzten und Ärztinnen, Krankenpflegerinnen und Krankenpflegern, die um das Leben der Soldaten kämpfen und verletzte Zivilisten versorgen. Ich danke den Arbeitern und Ingenieuren unserer Rüstungsunternehmen und aller anderen Fabriken, die in diesen Tagen ihre Arbeit mit voller Hingabe erledigen; den Bauarbeitern, die zivile Gebäude und Verteidigungsanlagen errichten, die helfen, die zerstörten Städte und Dörfer des Donbass und Neurusslands wiederaufzubauen.

Liebe Freunde!

Seit dem Jahr 2014, seit den Ereignissen auf der Krim, ist Russland mit Sanktionen belegt, doch im vergangenen Jahr wurden wir mit einem wahrhaftigen Sanktionskrieg überzogen. Jene, die ihn angezettelt haben, erhofften sich die totale Zerstörung unserer Industrie, unseres Finanzsystems, unseres Verkehrswesens.
Dies ist nicht eingetreten, weil wir alle gemeinsam eine verlässliche Stabilitätsreserve geschaffen haben. Alles, was wir in diesem Bereich getan haben und tun, zielt auf die Festigung unserer ökonomischen Souveränität, einem absolut zentralen Bereich. Und unser Kampf für uns selbst, für unsere Interessen, für unsere Zukunft dient zweifellos anderen Staaten als inspirierendes Beispiel für ihr Streben nach einer multipolaren Weltordnung.
Im zu Ende gehenden Jahr haben Eigenschaften wie Barmherzigkeit, Solidarität und aktive Hilfsbereitschaft eine besondere Bedeutung gewonnen. Dies ist äußerst wichtig. Immer mehr Bürger verspüren das Bedürfnis, anderen zu helfen. Sie schließen sich ohne jegliche formale Anweisung selbst zusammen.
Ich möchte Ihnen für Ihre Einfühlsamkeit, Ihr Verantwortungsbewusstsein und Ihre Großherzigkeit danken, dafür, dass Sie, Menschen jeden Alters und aller Begüterung,

sich aktiv für die gemeinsame Sache einsetzen, humanitäre Hilfe sammeln und Transporte organisieren, damit unsere Soldaten in den Kampfgebieten sowie die leidende Bevölkerung in Städten und Dörfern Pakete erhalten, dass Sie Kindern aus den neuen Subjekten der Föderation Erholungsreisen ermöglichen.
Eine riesige Unterstützung gewähren Sie, meine Lieben, den Familien der verstorbenen Soldaten. Sie haben ihr Leben gegeben, um das Leben anderer Menschen zu schützen. Ich weiß, wie sich ihre Frauen, Söhne, Töchter und ihre Eltern, die diese wahren Helden aufgezogen haben, in dieser Neujahrsnacht fühlen. Wir tun alles in unserer Macht Stehende, um den Familien unserer verstorbenen Kameraden dabei zu helfen, die Kinder aufzuziehen, ihnen eine würdige Ausbildung zu ermöglichen, einen Beruf zu ergreifen. Ich teile von ganzem Herzen Ihren Schmerz und bitte Sie, meine aufrichtigen Worte der Unterstützung anzunehmen.

Liebe Freunde!

Zu allen Zeiten, selbst zu den allerschwierigsten, wurde in unserem Land der Beginn des neuen Jahrs gefeiert. Auf kein Fest freuen wir alle uns so wie auf den Neujahrstag, ein Tag, der über die zauberhafte Kraft verfügt, in den Menschen die allerbesten Züge zu wecken, die Bedeutung der traditionellen Familienwerte hervorzuheben, die aus Großherzigkeit, Freigiebigkeit und Vertrauen erwachsende Energie freizusetzen.
Jeder von uns möchte das neue Jahr damit beginnen, dass er seinen Nächsten eine Freude macht, sie mit seiner Aufmerksamkeit und der Wärme seiner Seele beschenkt, ihnen das gibt, wovon sie geträumt haben. Wir alle möchten das Leuchten in den Augen der Kinder sehen, spüren, wie rührend dankbar unsere Eltern für die Aufmerksamkeit sind, die wir ihnen schenken, die ältere Generation weiß diese Augenblicke des Glücks zu schätzen.
Liebe Freunde, heute ist der richtige Tag, um allen Zwist und alle Missverständnisse der Vergangenheit hinter sich zu lassen, um den Menschen, die einem besonders wertvoll sind, zärtliche Gefühle, Liebe zu offenbaren, ihnen zu sagen, wie wichtig es ist, dass man sich umeinander kümmert, immer und zu allen Zeiten.
Mögen uns diese aus dem Herzen gesprochenen Worte und die edlen Gefühle seelische Kraft und Sicherheit verleihen, damit wir gemeinsam alle Schwierigkeiten überwinden und die Größe und Unabhängigkeit unseres Landes bewahren.
Allzeit nach vorn schreiten wir und wir werden siegen, für unsere Familien, für Russland, für die Zukunft unserer einzigen, geliebten Heimat!
Ein frohes neues Jahr, liebe Freunde! Ein frohes Jahr 2023!

Aus dem Russischen von Volker Weichsel, Berlin

Dar'ja Talanova

„Blut tropft aus den Ranzen"

Patriotismuserziehung an Russlands Schulen

An Russlands Schulen steht die Vermittlung patriotischer Pflichten hoch im Kurs. Schüler werden gezwungen, Briefe an die Front zu schreiben, humanitäre Hilfe für die Bewohner des Donbass zu sammeln und den „Russischen Frühling" zu feiern. Seit dem 1. September 2022 müssen Lehrer jede Schulwoche mit dem Hissen der russländischen Flagge und einer Klassenstunde zum Thema der „Spezialoperation" beginnen. Der Einzug der ideologischen Erziehung hat jedoch schon früher begonnen. Seit 2012 spielt diese auf den Lehrplänen und insbesondere bei Aktivitäten außerhalb des Lehrplans eine immer größere Rolle.

Im April 2022 schlug Russlands Bildungsminister Sergej Kravcov auf dem Forum „In der Wahrheit liegt die Kraft"[1] vor, zum Wochenbeginn in allen Schulen des Landes die Nationalhymne singen zu lassen und die Fahne zu hissen. Dies würde, so Kravcov, „die Herausbildung patriotischer Gefühle und staatsbürgerlichen Bewusstseins bei der heranwachsenden Generation fördern".[2] Anschließend stellte die Regierung fast eine Milliarde Rubel (ca. 17,5 Mio. Euro) zur Anschaffung von Staatssymbolen an Schulen bereit.[3]
Seit dem 1. September sind die Schulen in Russland verpflichtet, die Schüler wöchentlich über die Ziele der „Spezialoperation" zu informieren. Jeden Montag beginnt nach einer Anordnung des Bildungsministeriums der Unterricht mit einer Einheit „Themen der Zeit".[4] Ab der 5. Klasse lernen die Schüler, dass „Russlands Soldaten Helden sind" und dass „die Bewohner des Donbass Russen sind und es daher wichtig ist, dass sie nach

---

Dar'ja Talanova, Journalistin bei der Novaja Gazeta Evropa, Riga
Der Text erschien zuerst in der Novaja Gazeta Evropa, wir drucken ihn leicht gekürzt mit freundlicher Erlaubnis der Redaktion und der Autorin

1 Das Motto (russ.: sila v pravde) hat in Russland in den vergangenen Jahren große Verbreitung gefunden. „Kraft" und „Wahrheit" sind zentrale Themen der Kriegsreden des Präsidenten. Populär wurde das Motto durch den Film *Brat-2* (Der Bruder-2, Regie Aleksej Balabaov, 1999). Zu Beginn des Films fragt der Protagonist Danila Bagrov (Sergej Bodrov jun.), was Kraft (Stärke) ausmache. In einem der Schlussdialoge spricht Bagrov zu einer Figur des Films: „Sag mir, Amerikaner, was macht Stärke aus? Etwa Geld? Mein Bruder sagt, Geld. Du hast viel Geld, und was bringt's? Ich bin überzeugt, dass Stärke in der Wahrheit liegt. Wer die Wahrheit auf seiner Seite hat, der ist stärker." – Red.

2 Kravcov: Tradicija podnjatija flaga v školach pomožet razvitiju patriotizma. Ria Novosti, 13.4.2022.

3 Pravitel'stvo Rossii vydelit milliard rublej na zakupki flagov i gerbov RF dlja škol. Meduza, 10.6.2022.

4 Wörtlich: „Gespräche über Wichtiges". Razgovory o važnom. Servis dlja klassnych rukovoditelej. Materialy vneuročnych zanjatij „Razgovory o važnom", <https://apkpro.ru/razgovory-o-vazhnom.

OSTEUROPA, 72. Jg., 12/2022, S. 115–126 doi: 10.35998/oe-2022-216

Russland heimkehren". Ab der dritten Klasse lernen sie Sinnsprüche wie „Das Glück der Heimat geht über das eigene Leben" oder „Für Mutter-Heimat sterb' ich ohne Furcht". In der ersten Klasse werden Lieder gehört wie „Dies ist der Heimat Anfang" und „Ich schau in blaue Seen".[5]

Die Schuldirektoren bekommen einen Berater für Erziehungsfragen zur Seite gestellt, und alle Schulen werden verpflichtet, im Laufe des Schuljahrs verpflichtende Veranstaltungen zu den Themen „Der Krim-Frühling", „Das Unsterbliche Regiment" und „Gedenken an den Genozid am sowjetischen Volk" abzuhalten.

Ein Handbuch für die Besprechung des „Friedenseinsatzes" in der Ukraine haben die Schulen bereits im März erhalten.[6] Die Lehrer wurden verpflichtet, den Kindern zu erklären, welchen Zwecken die „Spezialoperation" dient, was die Begriffe Denazifizierung und Demilitarisierung bedeuten und wie Fake News zu erkennen sind.

Die Stunde „Themen der Zeit" umfasste laut Auskunft von Schülern der höheren Klassen eine Bewertung des Vorgehens des „faschistischen Regimes" in der Ukraine, das „ auf verbrecherische Weise die Macht ergriffen und einen Genozid am russischen Volk verübt" habe, sowie eine Erörterung der Gründe für die Intervention Russlands, darunter etwa die Bedrohung durch die NATO-Osterweiterung und die Verletzung der Minsker Abkommen durch die Ukraine.

Unterrichtsmaterialien für das Fach „Historische Wahrheit" wurden von der jeweils zuständigen Kreisverwaltung zur Verfügung gestellt. Die Lehrer sollten den Schülern vermitteln, wie die Ereignisse von 2014 und 2022 zusammenhängen und dass es bei der „Militäroperation" wie schon bei der „Angliederung" um „Hilfe und Unterstützung für die Bewohner der Ukraine" geht.

In den ersten sechs Monaten seit dem Überfall auf die Ukraine haben über 50 Schulen über solche „Basis-Schulungen" Bericht erstattet, weitere 450 haben sich an der Aktion „Brief an einen Soldaten" beteiligt, in der Schüler Kämpfern an der Front ihre „Dankbarkeit und Unterstützung ausdrücken". Initiiert wurde sie im März 2022 gemeinsam von Verteidigungs- und Bildungsministerium. Einen Monat später brachte der Fernsehsender *Zvezda* eine Reportage[7] über eine Schule in Belgorod, in der Dutzende Erstklässler Feldpostbriefe mit Z- und V-Symbolik an die Front geschickt hatten.

Der Vorsitzende der unabhängigen „Allianz der Lehrer" Daniil Ken bezeichnet diese Briefe als eine der widerwärtigsten und zugleich wirksamsten Propagandaaktionen, weil sie speziell auf die jüngste, wehrloseste Schülergruppe abziele: „Den Kleinen erzählt man, da ist jemand, der uns beschützt, malt ihm mal eine Blume."

---

[5] Romantika v Rossii. Gljažu v ozera sinie, <www.youtube.com/watch?v=YPf2umGNeCo>. Text: Ich schau in blaue Seen./ Ich pflücke Margariten/ Ich nenne dich mein Russland/ Mein einzig Heimatland./ Sooft man mich auch fragt/ Kein Land ist mir so lieb./ Hier kam ich einst zur Welt/ Mit einem russischen Namen. Das Lied entstammt einer sowjetischen Fernsehserie aus dem Jahr 1971.

[6] V rossijskie školy postupili materialy dlja urokov o „mirotvorčeskoj operacii" v Ukraine. Meduza.io, 28.2.2022.

[7] „Pis'mo soldatu": kakie poslanija škol'niki Belgorodskoj oblasti otpravljajut učastnikam specoperacii, <https://tvzvezda.ru/news/2022422711-0r11j.html>.

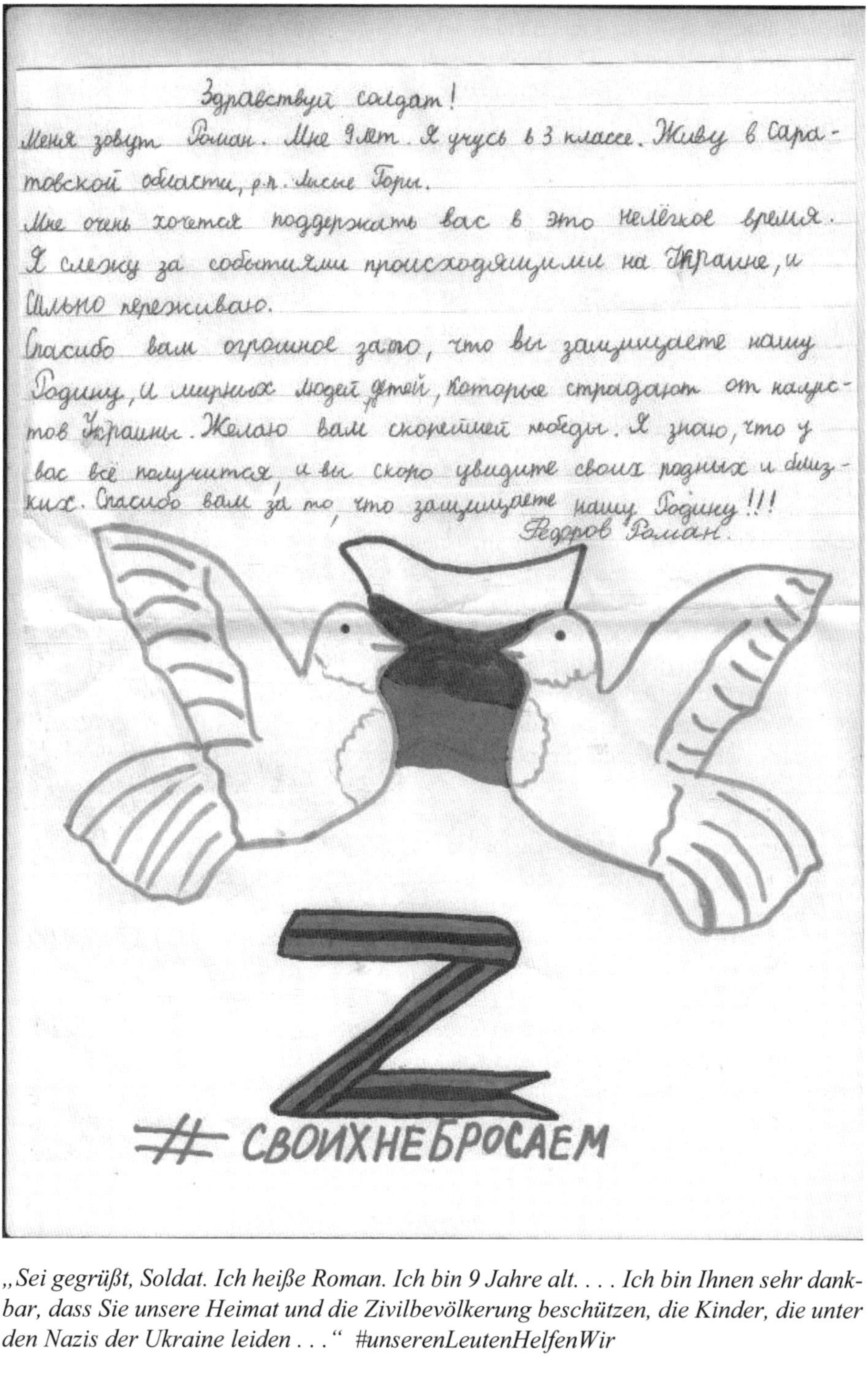

Здравствуй солдат!
Меня зовут Роман. Мне 9 лет. Я учусь в 3 классе. Живу в Сара-
товской области, р.п. Лысые Горы.
Мне очень хочется поддержать вас в это нелёгкое время.
Я слежу за событиями происходящими на Украине, и
сильно переживаю.
Спасибо вам огромное за то, что вы защищаете нашу
Родину, и мирных людей, детей, которые страдают от нацис-
тов Украины. Желаю вам скорейшей победы. Я знаю, что у
вас всё получится, и вы скоро увидите своих родных и близ-
ких. Спасибо вам за то, что защищаете нашу Родину!!!
Федоров Роман.

#СВОИХНЕБРОСАЕМ

„Sei gegrüßt, Soldat. Ich heiße Roman. Ich bin 9 Jahre alt. . . . Ich bin Ihnen sehr dankbar, dass Sie unsere Heimat und die Zivilbevölkerung beschützen, die Kinder, die unter den Nazis der Ukraine leiden . . .“ #unserenLeutenHelfenWir

Seit Kriegsbeginn wurden in den Schulen über 50 000 militärisch-patriotische Aktionen durchgeführt, überall im Land fanden an Schulen Klassenstunden zu Themen wie „Werte und Heroismus", „Die Helden unserer Zeit", „Lektionen in Tapferkeit", „Die Helden Russlands" statt. Dazu kommen Unterrichtseinheiten zur hybriden Kriegsführung, in denen die Schüler lernen, wie der Westen „politische Propaganda, Terror, Desinformation und wirtschaftlichen Druck" einsetzt, um Russland zu attackieren.

Wie der Krieg in die Schulen kam

In den vergangenen zehn Jahren hat das Gewicht der militärisch-patriotischen Erziehung in Russlands Bildungssystem stetig zugenommen. Im Jahr 2021 waren bereits über 20 Prozent aller schulischen Veranstaltungen jenseits des Unterrichts militärischen Inhalten gewidmet. Zum Vergleich: Auf Sportveranstaltungen entfielen im gleichen Jahr weniger als zehn Prozent der schulischen Aktivitäten jenseits des Lehrplans. 40 Prozent entfielen auf Angebote in unmittelbarem Zusammenhang mit dem regulären Unterricht, etwa auf Prüfungsvorbereitungen oder Sprach- und Mathematikolympiaden.
Doch schon mit dem 2006 beschlossenen ersten staatlichen Programm zur „patriotischen Erziehung"[8] haben pädagogische Handbücher à la „Wir erziehen russländische Patrioten" in den Schulen Einzug gehalten. Schon ein Jahr zuvor hatten die Studentenorganisation *Studenčeskaja obščina* gemeinsam mit der Nachrichtenagentur *RIA Novosti* unter dem Titel „Georgsbändchen" die bislang größte patriotische Aktion ins Leben gerufen.[9] 2022 beteiligten sich daran über 800 Bildungseinrichtungen.
Seit Mitte der 2010er Jahre ist auch die in Tomsk gegründete Bürgerinitiative *Bessmertnyj polk* (Unsterbliches Regiment), die innerhalb von drei Jahren völlig unter staatliche Kontrolle gelangte, an den Schulen angekommen.[10] Die Aktion ist mittlerweile eine beliebte Schulveranstaltung geworden: Im Mai 2022 nahmen über 1500 Schulen an den entsprechenden Umzügen teil.
Das umfangreichste militärisch-patriotische Projekt in Moskau heißt „Mein Bezirk während des Krieges". Es ging aus einem städtischen Wettbewerb zur Geschichte des Großen Vaterländischen Kriegs hervor. Die Schüler präsentieren ihre Arbeiten auf einer interaktiven Karte Moskaus, auf der neben Gedenktafeln, Straßennamen, Graffitis und Parks auch die Geschichten einzelner Kriegsteilnehmer verzeichnet sind.[11] Im Rahmen der Aktion finden auch zwei patriotische Flashmobs statt: „Die beste Hundertschaft", bei der Schüler und Studenten Blumen an Gedenkorten ihres Wohnbezirks niederlegen, und „Mit einem Lied zum Sieg", bei dem Kinderchöre Kriegslieder singen. Die Flashmobs finden dreimal jährlich statt: Zum Tag des Sieges, dem nationalen Tag des Gedenkens und der Trauer am 22. Juni, und dem Tag des Beginns der Gegenoffensive der sowjetischen Streitkräfte vor Moskau am 5. Dezember.

---

[8] Meroprijatija po realizacii gosudarstvennoj programmy "Patriotičeskoe vospitanie graždan Rossijskoj Federacii na 2006 – 2010 gody", <https://base.garant.ru/188373/53f89421bbdaf741eb2d1ecc4ddb4c33/#block_1000>.

[9] Vera Demmel: Das Georgsband. Ruhmesorden, Erinnerungszeichen, Pro-Kreml-Symbol, in: OSTEUROPA, 3/2016, S. 19–31.

[10] Julie Fedor: Russlands „Unsterbliches Regiment". Der Staat, die Gesellschaft und die Mobilisierung der Toten, in: OSTEUROPA, 5/2017, S. 61–85.

[11] <https://moiraion.moscow/map>.

Eine weitere Moskauer militärisch-patriotische Veranstaltung, das Festival „Geistige Klammern des Vaterlands", findet an vier Tagen im Jahr statt. Im Schuljahr 2021/22 bereiteten Schüler eine Ausstellung zu den Themen „Unsere Altersgenossen in der Frontstadt Moskau" und „Der Panzer T34" vor, daneben gab es eine Aktion „Übergabe einer Patronenhülse mit Erde von der Verteidigungslinie der 316. Division", einen Poetry-Slam zum Thema „Wir halten zusammen" und ein Ratespiel mit dem Motto „Die 28 Panfilov-Kämpfer".[12]

Eine andere Aktion namens „Blokadnyj chleb" (Blockadebrot) findet an immer mehr Schulen am 27. Januar, dem „Tag der Befreiung Leningrads von der faschistischen Blockade" statt.[13] Jede sechste Schule beteiligte sich im Jahr 2022 daran. Nur die Aktion „Unsterbliches Regiment" fand mehr teilnehmende Schulen.

Einen Teilnehmerrekord vermeldete 2022 der Kindermalwettbewerb „Wir malen den Sieg", an dem sich 740 000 Kinder ab vier Jahren beteiligten.[14] Die ausgezeichneten Arbeiten tragen Titel wie „Heraus aus dem Lazarett – und zurück an die Front!", „Trauernde Mutter", „Todesnachricht", „Rettung eines verwundeten Soldaten". Über 1500 Schulen haben sich 2022 an der landesweiten Aktion Krim-Frühling zum Jahrestag des „Anschlusses" beteiligt.

Für den 19. April 2022 wurden zudem alle Schulen zur Teilnahme an einem Gemeinsamen Aktionstag zum Thema „Erinnerung an den Genozid am sowjetischen Volk durch die Nazis und ihre Handlanger in den Jahren des Großen Vaterländischen Kriegs" aufgefordert. Die Schriftführerin der Organisation *Poiskovoe dviženie Rossii*, die sich dem Andenken der Gefallenen und zivilen Opfer des Zweiten Weltkriegs in Russland widmet, erklärte zu diesem Tag: „Unsere Pädagogen stehen heute vor einer wichtigen Aufgabe – sie müssen den Kindern beibringen, woran man einen Genozid erkennt, hinter welchen Parolen und hehren Zielen er sich auch versteckt." Bei der Aktion unter dem Titel „Ohne Verjährungsfrist" wurde Schülern „von den Verbrechen der deutschen Faschisten, der Banderov-Leute und der estnischen Strafbataillone" während des Großen Vaterländischen Kriegs erzählt. Im Anschluss sollten die Kinder in den sozialen Medien posten, was sie von den Verbrechen der Faschisten halten.

Im Jahr 2021 wurde die Erziehung zum Patriotismus auch in den Katalog der Föderalen Bildungsstandards aufgenommen, an denen sich schulische Lehrpläne und Lehrbücher orientieren.[15] In der entsprechenden Anordnung des Bildungsministeriums heißt es, Schulabgänger müssten nicht nur Kenntnisse in den Kernfächern vorweisen können, sondern auch ein Bewusstsein für ihre nationale Identität haben und Interesse an der eigenen Geschichte und Kultur sowie Respekt für die Leistungen, die staatlichen Feiertage und das historische Erbe ihres Landes zeigen.

---

[12] „Duchovnye skrepy Otečestva", <https://patriotsport.moscow/muzejnaya-pedagogika/duhovnye-skrepy-otechestva>.

[13] <https://histrf.ru/read/articles/blokadnyi-khlieb-simvol-zhizni-i-nadiezhdy>.

[14] Itogi jubilejnogo sezona akcii Risuem Pobedu, <https://risuem-pobedu.ru/news/72-itogi-yubilejnogo-sezona-akczii-risuempobedu>.

[15] Die staatlichen Bildungsstandards (Federal'nye gosudarstvennye obrazovatel'ye standarty) für die unterschiedlichen Klassenstufen und Schultypen finden sich auf <https://fgos.ru/>.

Ohne Leningrad: „Blockadebrot. Gesamtrussländische Gedenkaktion. 27. Januar – Tag der vollständigen Befreiung von der faschistischen Blockade"

Krim-Frühling. I ♡ Krim. #Krim-Frühling. Krim-Frühling. I ♡ Krim. #Krim-Frühling.

Eine Russischlehrerin, die seit Anfang der 2010er Jahre an einer Dorfschule im Gebiet Smolensk tätig ist, berichtet:

> In meiner eigenen Schulzeit in den 1980er Jahren spielte das Thema Krieg nur am Tag des Sieges eine Rolle. Heute bekomme ich von der Verwaltung eine solche Menge militärisch-patriotische Veranstaltungen aufgebrummt, dass ich sie unmöglich alle realisieren kann. Jeder Aufsatzwettbewerb dreht sich um das Thema Krieg. Alle meine Kollegen finden diese Fließbandproduktion nur noch abstoßend.

Besonders wichtig ist natürlich der Tag des Sieges am 9. Mai. Daneben wird jeden September der Opfer der Leningrader Blockade gedacht, dazu kommen Veranstaltungen am Tag der endgültigen Durchbrechung der Leningrader Blockade, am 2021 eingeführten Tag des Gedenkens an den „Genozid am sowjetischen Volk im Großen Vaterländischen Krieg“, am Tag der Vaterlandsverteidiger und an weiteren der insgesamt 19 gesetzlich festgelegten „Tage des militärischen Ruhms“.
Seit 2014 werden bei schulischen Gedenkveranstaltungen am Tag des Sieges aktuelle Ereignisse in diesen historischen Kontext gerückt.
Nach den Worten des Vorsitzenden der „Allianz der Lehrer“ werden:

> in die üblichen historisch-patriotischen Unterrichtsstunden Bemerkungen eingeflochten, dass unsere Soldaten bis heute über den Frieden an unserem Himmel wachen. Lesewettbewerbe zum Thema Krieg sind mittlerweile in den ersten Klassen angekommen. Die Kinder dort wissen nichts über Geschichte und verstehen den Inhalt der Gedichte nicht, die sie vortragen.

Seit der Annexion der Krim begehen viele Schulen auch den Jahrestag der „Wiedervereinigung“ alljährlich mit offenen Schulstunden, für die Materialien im Internet veröffentlicht werden.[16] Die Krim, das sollen die Lehrer den Schülern demnach erklären, sei ein „Stück von Russland“, das Nikita Chruščev der Ukraine vor 60 Jahren in einer „großzügigen Geste“ abgetreten habe, das aber 2014 nach einer „politischen Krise“ und einer „Machtergreifung durch russophobe Elemente“ mit Hilfe eines Referendums wieder „heimgekehrt“ sei.
Klassenstunden zur „Wiedervereinigung der Krim mit Russland“ wurden seit Kriegsbeginn in über 1700 Schulen abgehalten, die Lektion zum „Russischen Frühling“ haben laut Angaben des Bildungsministeriums zwei Millionen Schüler gesehen.[17] Dank der „Heimkehr der Krim“, hieß es darin, habe man „Errungenschaften und Erfolge“ erzielt, „Frieden und Sicherheit“ geschaffen. Für die ersten Klassen gab es als separate Aktion einen Workshop zum „Krim-Lavendel“, bei dem die Kinder aus Papier Lavendelzweige ausschneiden sollten, die den Frieden auf der Halbinsel symbolisierten.

---

[16] Prezentacija „Krymskaja Vesna“, <https://uchitelya.com/georgrafiya/71761-prezentaciya-krymskaya-vesna.html>.

[17] Prezentacija „Krymskaja Vesna“, <https://edu.gov.ru/press/4844/v-ramkah-vserossiyskogo-marafona-russkaya-vesna-shkolniki-sevastopolya-prinyali-uchastie-vo-vserossiyskom-uroke-russkaya-vesna>.

Neben den erwähnten Klassenstunden sammeln Schulen seit 2014 auch humanitäre Hilfe für die Bewohner des Donbass. Im Rahmen der Aktionen „Die Kinder Russlands für die Kinder des Donbass“ und „Neujahrsgeschenke für die Kinder des unbeugsamen Donbass“ packen Schüler Pakete mit Schreibutensilien und Kleidern. Der von der Partei *Einiges Russland* 2022 initiierten Aktion „Bücher für das Donbass“, bei der „russischsprachige Bücher“ für die Bewohner der „Volksrepublik Donec'k“ gesammelt wurden, schlossen sich in den ersten Monaten des Jahres mehr als 50 Schulen an.

„Wir gehen einmal pro Woche in die Strafkolonie“

Die Achtklässler der Moskauer Schule Nr. 1571 gehen jede Woche zur militärischen Grundausbildung, trainieren das rasche Zerlegen und Zusammensetzen von Schnellfeuerwaffen und schießen mit Lasergewehren. Die Schüler dieser Kadettenklasse tragen eine Uniform und sind verpflichtet, Wachdienst am Grab des unbekannten Soldaten zu halten, an der Geschichtsolympiade „Das unzertrennbare Band zwischen den Generationen“ sowie an der Kadettenparade auf dem Moskauer Poklonnaja-Hügel teilzunehmen, wo zwischen Mitte der 1980er und Mitte der 1990er Jahre der „Park des Sieges errichtet worden ist.

Die Kadettenklasse an der Schule Nr. 1571 ist nur eine von mehr als 70 solcher Klassen, die im Jahr 2014 in Moskau eingerichtet wurden. Die Absolventen müssen beim Abschluss sämtliche in Russland produzierten Waffentypen kennen, mit einer Schnellfeuerwaffe schießen und Schützengräben ausheben können.[18] Bis zum Jahr 2022 wuchs die Zahl der Kadettenklassen in Moskau auf 260 an;[19] 2021 hat auch die Stadt Sankt Petersburg die Initiative aufgegriffen. Die Stadt gewährt den zukünftigen Militärangehörigen und ihren Lehrern eine Reihe von Privilegien, darunter Sozialleistungen und ein erleichterter Zugang zu Studienplätzen. Landesweit gibt es heute an rund 730 Schulen Kadettenklassen; Spitzenreiter sind das Gebiet Volgograd und die Republik Mordwinien. In der Region Krasnodar wurde bereits im Jahr 2004 eine erste „Kosakenklasse“ gegründet – im Jahr 2020 gab es bereits viereinhalbtausend solcher Klassen.[20] Zu den zentralen Fächern gehören hier „Kubanologie“ und die „Grundlagen der orthodoxen Kultur“.[21]

Die Schüler der Kadettenklasse der Zentralen Strafvollzugsbehörde FSIN in Murmansk werden unter anderem in der Strafkolonie Nr. 17 unterrichtet, einer Einrichtung mit verschärften Haftbedingungen. Die Mitarbeiter zeigen den Kindern die Zellen, bringen ihnen Kampftechniken bei und halten Vorlesungen über die Geschichte der Feuerwaffen. „Bei unserem ersten Besuch in der Kolonie haben sie uns gezeigt, wie die Eingreiftruppe und die Hundeführer arbeiten“, erzählt die Klassensprecherin Nastja. „Beim zweiten Mal waren wir in einer Waffenausstellung. Seitdem gehen wir einmal pro Woche in die Kolonie, zur Einheit ‚Ajsberg‘, wo wir Selbstverteidigung trainieren und auf Zeit Waffen zerlegen und zusammenbauen.“

---

[18] <https://profil.mos.ru/images/docs/21_10_2020/dem_ex/Regl.pdf>.

[19] <https://profil.mos.ru/kadet/o-proekte/shkoly.html>.

[20] Kazač'i klassy otkryty vo vsech školach Krasnodarskogo kraja. Kubanskie Novosti, 10.8.2020.

[21] Za partu – v kubanke. gazeta.ru, 4.8.2016.

Die Schüler tragen eine schwarze Uniform, sie nehmen verpflichtend an dem Wettbewerb „Juristisches ABC“ teil und hören Vorträge von Mitarbeitern des Strafvollzugs. „Wegen unserer Uniform nimmt man uns oft zu allen möglichen Veranstaltungen mit, zum Beispiel zur Parade am Tag des Sieges“, sagt Nastjas Klassenkameradin Vera. „Die FSIN-Leute kommen auch oft zu uns in die Klasse, um von ihrer Arbeit zu erzählen und uns zu informieren, welche Prüfungen wir ablegen müssen, wenn wir die Laufbahn weiter verfolgen wollen.“

Nicht nur die Strafvollzugsbehörde, auch die zentrale Ermittlungsbehörde, die Nationalgarde, das Innenministerium, das Katastrophenschutzministerium und der Inlandsgeheimdienst FSB haben eigene Kadettenklassen. Sie alle führen ein umfangreiches außerschulisches Programm mit den Schülern durch, darunter auch eine militärische Ausbildung, die manche Kinder von der ersten Klasse an durchlaufen.

Im Sommer 2020 brachte Präsident Vladimir Putin ein Gesetz zur Erweiterung des Bildungsbegriffs in die Duma ein. Kurze Zeit später beschloss die Staatsduma die entsprechenden Novellierungen des Bildungsgesetzes gleichzeitig in zweiter und dritter Lesung.[22] Seitdem ist die Herausbildung von „Patriotismus, staatsbürgerlichem Bewusstsein und Respekt vor dem Andenken der Verteidiger des Vaterlands“ gesetzlicher Bildungsauftrag der Schulen. Dies führte zu einer deutlichen Militarisierung der Lehrpläne. Zu den historischen Ereignissen, die in den Klassenstunden zwingend behandelt werden müssen, gehören nun auch die Durchbrechung der Belagerung Leningrads, der Abzug der Truppen aus Afghanistan und der „Genozid am sowjetischen Volk“.

Angewandte Kubanologie

[22] Prinjat zakon Prezidenta RF o vospitatel’noj sostavljajuščej obrazovanija, 22.7.2020, <http://duma.gov.ru/news/49166>. – Gosduma prinjala zakon o vospitanii patriotizma, Kommersant”, 22.7.2020.

Wir alle werden Russland dienen

Seit zehn Jahren näht Irina, Erzieherin in einem Kindergarten in Soči, im Winter Uniformen für sechsjährige Kinder. So lange ist es her, dass die Stadtverwaltung zum 23. Februar, dem Tag des Vaterlandsverteidigers, einen jährlichen Exerzier- und Singwettbewerb organisiert, bei dem Vorschulkinder Russlands Hymne singen, marschieren und exerzieren.

Jede Gruppe gehört einer bestimmten „Truppe“ an. Eine gehört zum Katastrophenschutzministerium, eine andere spielt das Preobraženskij-Leib-Garderegiment[23], es gibt Kadetten, Krankenschwestern und kleine Köche. In diesem Jahr spielten Irinas Schützlinge Angehörige der *Jugendarmee* (Junarmija). „Wir mussten den Kindern die entsprechende Uniform anziehen – sandfarbene Hosen und rote Polohemden – und mit ihnen die Hymne, die Devise der Bewegung und das Lied ‚Wir alle werden Russland dienen‘ singen.“

Zum ersten Mal ist Irina der Organisation im Jahr 2019 begegnet. „Damals fing die *Jugendarmee* an, alle zwei bis drei Monate militärisch-patriotische Wettbewerbe und Feste für uns zu organisieren, und der Kindergarten hat einen eigenen Raum eingerichtet, wo ihre Uniform, die Hymne und die Devise ausgestellt sind.“ Die Kinder begreifen das Geschehen Irina zufolge noch nicht ganz, und die Eltern nehmen es gelassen. „In den letzten zehn Jahren gab es nur einen Vater, der sich aufgeregt hat – er wollte nicht, dass sein Kind eine Militäruniform trägt“, erinnert die Erzieherin sich. „Unsere Leiterin hat damals seine Telefonnummer von uns verlangt, für ein vorbeugendes Gespräch.

Wir werden 6 Jahre alt. Gesamtrussländisches Themenforum „Die Jugendarmee sagt Ja“ [zur „Spezialoperation in der Ukraine“]

---

[23] <https://ru.wikipedia.org/wiki/ 154-й_отдельный_комендантский_Преображенский_полк>.

Bis 2024 will Russlands Regierung 24 Prozent der Bürger in das System der patriotischen Erziehung einbeziehen; die *Jugendarmee*, die heute die wichtigste militärisch-patriotische Organisation darstellt, soll nach Plänen des Bildungsministeriums auf 1,7 Millionen Teilnehmer anwachsen.[24] Bereits heute gehören ihr über eine Million Schüler an, sie unterhält Stabsquartiere in allen Regionen des Landes.

Gegründet wurde die *Jugendarmee* 2016 auf Initiative von Verteidigungsminister Sergej Šojgu, mit dem Ziel, die heranwachsende Generation zur „Erfüllung ihrer aus der Verfassung erwachsenden Pflicht“ zu motivieren und „junge Burschen an den Dienst bei den Streitkräften der Russländischen Föderation“ heranzuführen.[25]

Obwohl es dem Geist der UN-Kinderrechtskonvention, der russländischen Verfassung und des Familiengesetzbuchs widerspricht, beteiligen sich jährlich mindestens zweitausend Schulen an den Veranstaltungen der *Jugendarmee*. In einzelnen Regionen – so in den Gebieten Penza, Rjazan’ und Lipeck – informieren ein Viertel aller Schulen regelmäßig über die Arbeit der Organisation.

„In einer Bildungseinrichtung mit mehreren hundert, manchmal auch tausend Schülern ist es nicht schwer, eine Gruppe von Kindern zusammenzubekommen, die der *Jugendarmee* beitreten“, sagt Daniil Ken von der *Lehrerallianz*:

> Und diese Kinder vertreten die Jugendarmee von da an bei sämtlichen Schulveranstaltungen – sie tragen die Fahne beim Appell, sie veranstalten Wettbewerbe und Theateraufführungen bei Schulfesten. Selbst wenn sie das in gewissem Sinn freiwillig tun, werden sie ein Teil der Propaganda innerhalb der Schule. Und es ist offensichtlich, dass die gesamte Politik und Ästhetik der Jugendarmee von Erwachsenen diktiert wird.

Neben schulischen Veranstaltungen organisiert die *Jugendarmee* auch Sommerlager, in denen Jungen und Mädchen ab acht Jahren „nicht nur ihre Ferien verbringen, sondern auch grundlegende militärische Fertigkeiten erlernen“. Dazu kommen künstlerische Wettbewerbe zu Themen wie „Zum Schutz des Friedens“, bei denen die Kinder Soldatenlieder singen und Plakate über die heroische Vergangenheit ihres Landes gestalten.

Im Juni 2022 feierte die *Jugendarmee* ihr sechsjähriges Bestehen. Aus diesem Anlass kamen Kinder aus dem ganzen Land – „von Sachalin bis Lugansk“ – zum jährlichen Forum im Umland von Moskau zusammen, diesmal unter der Überschrift „Junarmija ZA“ (Die Jugendarmee ist dafür).[26] Inszeniert wurde die Veranstaltung rund um einen achtjährigen „Freiwilligen“ namens Leša Pavličenko aus einem Dorf im Gebiet Belgorod nahe der Grenze zur Ukraine. Seine Vorbildfunktion: „Er läuft jeden Tag auf die Straße und grüßt die Soldaten“. Auf dem Forum wurde er feierlich in die Reihen der Jugendarmee aufgenommen und bekam „eine Spezialuniform und eine Armeetaschenlampe“ geschenkt.[27]

---

[24] <https://edu.gov.ru/national-project/projects/patriot/>.

[25] O Dviženii „Junarmija“, <https://yunarmy.ru/headquarters/about/>

[26] Junarmejcy strany posetjat Vserossijskij tematičeskij forum „Junarmija ZA“, <https://yunarmy.ru/press-center/news/yunarmeytsy-strany-posetyat-vserossiyskiy-tematicheskiy-forum-yunarmiya-za/>.

[27] Mal’čik Leša iz Belgorodskoj oblasti vstupil v rjady „Junarmii“, TV Zvezda, 28.5.2022. – „Oni vse geroi“: kto projavljaet mužestvo i smelost’ v chode specoperacii. RT Na Russkom, 4.6.2022.

Jenseits der Einheiten der *Jugendarmee* und der Kadettenklassen dient auch der jedes Jahr landesweit begangene „Tag des Wehrpflichtigen“ dazu, Jugendliche auf den Wehrdienst vorzubereiten. Über hundert Schulen haben im Jahr 2022 mit ihren heranwachsenden Schülern Gespräche über die Folgen einer Wehrdienstverweigerung und die Vorteile des Dienstes bei der Armee geführt. Dieser führe zu einem Zuwachs an kommunikativen Kompetenzen und steigere das Selbstbewusstsein. An zwei Schulen im Bezirk Krasnodar und im Gebiet Rjazan' fanden Klassenstunden zum Thema „Armeedienst als Zeitsoldat – eine sichere Zukunft für dich“ statt.

Aus dem Russischen von Olga Radetzkaja, Berlin

Schlagwörter:
Russland, „Spezialoperation“, Militarisierung, militär-patriotische Erziehung, Schule, Fahnenappell, Jugendarmee (Junarmija)

„Gesamtrussländischer patriotischer Autokorso der Jugendarmee. Für eine Welt ohne Faschismus. Vom Sieg [im Großen Vaterländischen Krieg] zu [neuen] Siegen. Krasnojarsk – Groznyj 2022. Mit Unterstützung der Verwaltung des Gebiets Krasnojarsk“

Yuliya von Saal

Erziehung zum Hass

Die Militarisierung der Kindheit in Belarus

Als Reaktion auf die in hohem Maße von jungen Menschen getragenen Massenproteste gegen das Lukašenka-Regime 2020/2021 verordnete der Autokrat dem belarussischen Bildungssystem einen „Neustart" unter „militärpatriotischen" Vorzeichen. Staatliche Institutionen impfen den Kindern eine Ideologie ein, die unter dem Deckmantel der „Heimattreue" zum Hass gegen innere und äußere „Feinde" anstachelt. Im Rückgriff auf Vorbilder aus der Sowjetunion und Russland werden jugendliche „Verteidiger des Vaterlandes" herangezogen. In vormilitärischem Unterricht, „militärpatriotischen Klubs" und Ferienlagern führen die Sicherheitsorgane Schulkinder mit dem Versprechen von Abenteuer und Gemeinschaft an den Militärdienst heran und suchen sie durch Indoktrination, Drill und Einschüchterung zu loyalen, gefügigen Untergebenen zu formen.

Im Februar 2022 wurde die Verfassung der Republik Belarus um einen Passus in Paragraf 54 ergänzt. Darin wird „Patriotismus" zur „Pflicht" eines jeden Bürgers der Republik Belarus erklärt.[1] Die Ergänzung ist im Kontext der Massenproteste gegen die Manipulation der Präsidentschaftswahlen vom 9. August 2020 durch das autoritäre Regime Aljaksandr Lukašenkas zu sehen: Mit Repressionen und durch Erziehung soll das ungehorsame Volk von solch „unpatriotischen" Neigungen geheilt werden. „Patriotismus" und die Besinnung auf die „heroische Vergangenheit des belarussischen Volkes" sollen dazu dienen, die Reihen um die zwischenzeitlich bedenklich ins Wanken geratene Staatsführung zu schließen.

Die Jugend steht im Fokus des Regimes. Die friedlichen Proteste von 2020/2021 waren in hohem Maße von jungen Leuten getragen und machten den Kontrollverlust der Machthaber über die postsowjetische Generation deutlich sichtbar. Seitdem ringt das Regime mit allen erdenklichen Mitteln um die Wiedererlangung dieser Kontrolle.

Kinder und Jugendliche sind wichtige Ressourcen eines jeden Staates. „Die Kinder sind unsere Zukunft!" lautete eine zentrale Losung der sowjetischen Propaganda. Sei es im Zusammenhang mit Nationsbildung oder Staatsgründung, sei es zur Durchsetzung einer Ideologie – um die Heranwachsenden wurde und wird in allen Gesellschaften und politischen Systemen gerungen, wenn auch mit sehr unterschiedlichen Mitteln. Die Jugend

---

Yuliya von Saal (1979), Dr. phil., Osteuropahistorikerin, Wissenschaftliche Mitarbeiterin am Institut für Zeitgeschichte München

Von Yuliya von Saal erschien in OSTEUROPA (zusammen mit Sjarhej Novikaŭ): Gebremstes Gedenken in Belarus. Maly Trascjanec, der Holocaust und die Erinnerungskultur, in: OE, 10–11/2020, S. 399–418.

[1] <https://president.gov.by/ru/gosudarstvo/constitution>.

OSTEUROPA, 72. Jg., 12/2022, S. 127–142 **doi: 10.35998/oe-2022-217**

ist ebenso symbolisches wie Humankapital, in das der Staat aus gesellschaftspolitischen und ökonomischen Motiven investiert. Doch während in demokratisch verfassten Staaten die Vorstellung vom sich emanzipierenden Kind mit Schutz- und Beteiligungsrechten dominiert, haben wir es in autoritären Regimen mit einer paternalistischen Sichtweise zu tun. Hier begreift der Staat Kinder nicht als Subjekte mit eigenen Rechten und Ansprüchen, sondern als Objekte, deren Schutz mit sehr begrenzten Selbstbestimmungsmöglichkeiten und ideologischer Formung einhergeht. Erst in der Diktatur wird aber die staatliche Vereinnahmung von Kindern totalitär. Hier sucht der Staat, die Heranwachsenden so weit wie möglich dem erzieherischen Zugriff der Familie zu entziehen und diesen bei sich zu monopolisieren. In Lukašenkas Belarus – ebenso wie in Putins Russland – geht die Entwicklung zweifellos in diese Richtung.

Seit dem Angriff auf die Ukraine am 24. Februar 2022 gehen aus Russland vermehrt Bilder von Kindern in Militäruniformen um die Welt. Sie zeigen Kindergruppen, die auf dem Schulhof das Kriegszeichen „Z“ bilden, in Reih und Glied marschieren oder Lieder singen, in denen sie ihrer Staatsführung Treue geloben. Viral ging ein Video, in dem ein Chor von Kindern in Militäruniform ein Propagandalied für Putin singt, das in dem Refrain gipfelt: „Wenn der Oberkommandierende uns zum letzten Gefecht ruft, stehen wir, Onkel Vova, zu Dir!“[2] Am 9. Mai 2022, dem Tag des Sieges, konnten in manchen russländischen Kindergärten stolze Eltern einer „Militärparade“ ihrer Kleinen mit selbstgebastelten Kampfgeräten aus Karton beiwohnen.[3]

Diese so verstörende wie zynische Instrumentalisierung von Kindern ist kein neues und auch kein rein russländisches Phänomen. In Russland ist die Militarisierung der Kindheit schon seit Jahren im Gange. In Belarus ist die „militärpatriotische Erziehung“ seit 2020/2021 – im Rückgriff auf sowjetische Traditionen – Teil des offiziellen Bildungsprogramms. Die Militarisierung der Gesellschaft war bereits vorher im öffentlichen Raum deutlich spürbar. Mit dem Beginn von Russlands großflächigem Angriffskrieg gegen die Ukraine, den das Lukašenka-Regime aktiv unterstützt, hat die staatliche Instrumentalisierung und Manipulation der heranwachsenden Generation eine neue Dimension erreicht. Mit Präsidentenerlassen, administrativen Weisungen, Modifikationen im Schulprogramm und Eingriffen in den Alltag der Schulen sowie mit öffentlichem Druck auf Erzieher, Eltern und Kinder, Einschüchterung und der Tendenz, selbst in die Freizeitgestaltung hineinzuwirken, versucht das Regime, Kinder und Jugendliche unter dem Slogan „patriotische Erziehung“ möglichst früh auf Linie zu bringen. Laut dem Belarussischen Helsinki-Komitee befördert das Erziehungssystem in Belarus einen „Kult der Gewalt und des Militarismus“ und „stachelt“ die Heranwachsenden zu Hass gegen bestimmte gesellschaftliche Gruppen (Menschen, die sich gegen die amtierende Regierung stellen) und nationale Gruppen (Einimpfen des Mythos der „ukrainischen Faschisten“) an.[4]

Angesichts des massiven Drohpotenzials des Regimes haben Kinder und Eltern in Belarus kaum Chancen, sich dem zu entziehen.

---

[2] „Vova“ ist der Kosename von Vladimir, <www.youtube.com/watch?v=hQcYPYj6PRU>.

[3] Siehe beispielsweise <www.youtube.com/watch?v=4Y2r2Bdgw-w>. – <www.youtube.com/watch?v=FNEf9_DI-3E>.

[4] Ekaterina Dejkalo u.a.: Prava detej v Belarusi. Analitičeskij doklad o narušenijach otdel’nych prav rebjenka (škola, paravoochranitel’nye organy, medicina), 2021–2022. Belarusskij Chel’sinskij Komitet 2022, <https://belhelcom.org/sites/default/files/dzieci-2022_v5.pdf>, S. 5. Englisch: <https://belhelcom.org/sites/default/files/violation _of_the_rights_of_the_child_belarus_1.pdf>.

„Patriotische" Erziehung als Antidot gegen eine „Farbenrevolution"

Es ist kein Zufall, dass die umfassenden Studentenproteste in Belarus im Jahr 2020 am 1. September, dem „Tag des Wissens" (Den' znanij), begannen, an dem die Schulen und Hochschulen nach den Sommerferien ihre Arbeit wieder aufnehmen.[5] Absolventen früherer Jahrgänge hängten ihre Auszeichnungen und Zeugnisse an Zäune von Schulen, um gegen die Wahlfälschungen zu demonstrieren, die in den dort eingerichteten Wahllokalen vorgenommen worden waren. Studenten gingen nicht in die Hörsäle, sondern auf die Straße, Lehrer solidarisierten sich in Videos mit festgenommenen Demonstranten. Manche Eltern nahmen ihre Kinder aus der Schule und schlossen sich zu Elternkooperativen zusammen, die Privatunterricht für ihre Kinder organisierten, der frei von staatlicher Ideologie sein sollte.[6] Private Schulen hatte es in Belarus schon vorher gegeben, doch mit den Protesten verstärkte sich der Trend zur Privatisierung von Schulbildung und Kinderbetreuung.

Solche privaten Kindergärten und Schulen sind Lukašenka ein Dorn im Auge, betrachtet er sie doch als Brutstätten einer „farbigen Revolution". Den staatlichen Anspruch auf die „richtige" Erziehung der Kinder formulierte er im August 2021 auf der Jahrestagung des Republikanischen Pädagogenrats unmissverständlich:

> Schule kann nicht außerhalb der Politik stehen. Überhaupt gibt es keine Politik ohne Schule. Aber dort darf es nur eine Politik geben – die des Staates.[7]

Auf derselben Veranstaltung erklärte Bildungsminister Ihar Karpenka, private Kindergärten und Schulen seien zu „Bastionen der farbigen Revolution" im Lande geworden. Ihre Mitarbeiter und Leiter betätigten sich in „destruktiven Organisationen".[8] Lukašenka kündigte nicht nur eine Überprüfung dieser privaten Einrichtungen an, sondern auch eine umfassende Reorganisation des Bildungssystems.

> Wir haben unsere Lektion gelernt. [. . .] Wir brauchen einen Neustart im Bildungssystem. Dies ist heute ein Thema von staatlicher Bedeutung.[9]

Privat betriebene Bildungseinrichtungen gerieten in der Folge immer mehr unter Druck, viele wurden bis Ende 2022 geschlossen.[10]

Der angekündigte „Neustart" des Bildungssystems wurde auch an den Hochschulen umgesetzt. So wurden seit Ende Oktober 2020 an einigen Universitäten die Rektoren ausgetauscht und Stellvertreter eingesetzt, die für Sicherheitsfragen zuständig sind und

---

5 Zu den Protesten: Macht statt Gewalt. Belarus: Aufbruch zur Freiheit. Oder: Gewalt statt Macht. Belarus: Repression, Schikane, Terror. Berlin 2020 [= OSTEUROPA, 10–11/2020].

6 Irina Chalip: Strenges Schulregime. Dekoder, 31.8.2021. Original: Novaja Gazeta, 13.7.2021, <www.dekoder.org/de/article/schulsystem-belarus-propaganda-lehrplan>.

7 S voenrukami i bez Aleksievič. Čto novogo v školach Belarusi. DW, 24.9.2021.

8 Belorusskij ministr nazval detskie sady i školy „opornymi točkami cvetnoj revoljucii. Radio Svoboda, 24.8.2021.

9 Vopros gosudarstvennoj važnosti – Lukašenko zajavil o predstojaščej perezagruzke sistemy obrazovanija. Belta, 24.8.2021.

10 Platežesposobnye klienty uezžajut za granicu. Kak vyživajut častnye školy v Belarusi. Pro Biznes, 26.7.2021. – „Za odnu nedelju moi deti okazalis' vybrošeny na ulicu". Roditeli b'jut trevogu. V Minske priostanavlivajut rabotu počti 75 % častnych škol. Zerkalo, 29.9.2022.

bei Personalfragen mitentscheiden; es handelt sich um Offiziere des belarussischen KGB.[11] An den Sekundarschulen wurde zu Beginn des Schuljahrs 2021/22 das Amt eines Leiters des Fachbereichs militärpatriotische Erziehung (voenruk) geschaffen; eine analoge Position hatte es in der Sowjetunion gegeben. Seine Aufgabe besteht darin, „die Ideologie militärischer Sicherheit in Bezug auf die staatsbürgerliche und patriotische Erziehung von Kindern und Jugendlichen“ zu implementieren sowie „die für die Verteidigung des Vaterlandes notwendigen moralisch-psychologischen Qualitäten bei Jungen und Mädchen“ zu entwickeln.[12] Dafür wurden ca. 2000 Stellen geschaffen. Bereits zum Schuljahr 2019/20 hatte das Bildungsministerium für die Klassen 8–9 an allgemeinbildenden Schulen das Wahlfach „Schule der jungen Verteidiger des Vaterlandes“ („Škola junich zaščitnikov Otečestva“) eingeführt; ein Jahr darauf kam ein entsprechendes Wahlfach für die Klassenstufen 10–11 namens „Bereit, dem Vaterland zu dienen!“ („Gotovy Rodine služit’!“) hinzu. Beide Fächer werden in einem Gesamtumfang von 70 Wochenstunden (eine Schulstunde pro Woche) unterrichtet.[13] Lehrer an belarussischen Schulen sind dazu verpflichtet, mit Kindern in allen Klassen einmal pro Woche eine „Informationsstunde“ – also eine Stunde mit Politinformationen zur Förderung des „Patriotismus“ der Schüler – abzuhalten.[14]

Doch nicht nur Pädagogen sind in Lukašenkas Belarus dafür zuständig, ihre Schutzbefohlenen auf den „richtigen Pfad zu bringen“: Seit 2020 ist zunehmend zu beobachten, dass Schulen und sogar Kindergärten Besuch von Vertretern der Sicherheitsorgane erhalten, darunter Spezialeinheiten der berüchtigten OMON-Miliz, die an der brutalen Niederschlagung der Proteste nach den gefälschten Wahlen von 2020 führend beteiligt gewesen war.[15] Das Ziel solcher Besuche besteht zum einen darin, das beschädigte Image dieser Organe aufzupolieren, zum anderen darin, die Kinder und deren Eltern einzuschüchtern. Schließlich wirken diese Vertreter des Sicherheitsapparats bei der „ideologischen Arbeit“ als „Lehrkräfte“ und Ausbilder.

Der seit 2020 stark ideologisierte Geschichtsunterricht wurde an die neuen politischen Umstände angepasst. Dies betrifft vor allem die Art und Weise, wie das Thema „Großer Vaterländischer Krieg“ behandelt wird. Der Sieg über den deutschen Faschismus bildet den Dreh- und Angelpunkt des kollektiven Gedächtnisses in Belarus. Der belarussische Beitrag zum Sieg auf der einen und die hohen menschlichen Verluste auf der anderen Seite werden als nationale Spezifika hervorgehoben. Ein im Dezember 2021 verabschiedetes, für alle Bildungseinrichtungen verpflichtendes „Programm patriotischer Erziehung“ ergänzt das bisherige offizielle Narrativ um ein neues Element:[16] den von den deutschen Besatzern während des Zweiten Weltkriegs verübten Genozid am belarussischen Volk. Dabei werden in einem Atemzug mit den deutschen Tätern auch

---

[11] Roza Turarbekava: Die Wissenschaft in Belarus zwischen Repression und Emigration, in: Belarus-Analysen, 61/2022, S. 7–11. – Lukašenko – novym rektoram vuzov: vam pridjetsja navodit’ porjadok v universitetach. Belta, 20.10.2020.

[12] Chalip, Strenges Schulregime [Fn. 6].

[13] <www.adu.by/images/2020/07/fz_Gotovi-Rodine-slujit.pdf>. – <www.adu.by/images/2019/08/fz-shkola-unyh-zashitn-Otechestva-8-9kl.pdf>.

[14] Chalip, Strenges Schulregime [Fn. 6].

[15] Prava detej v Belarusi [Fn. 4], S. 18. – Chalip, Strenges Schulregime [Fn. 6].

[16] O Programme patriotičeskogo vospitanija naselenija Respubliki Belarus’ na 2022–2025 gody. Postanovlenie Soveta Ministrov Respubliki Belarus’ 29 dekabrja 2021 g. No. 773, <https://pravo.by/document/?guid=12551&p0=C22100773&p1=1>.

Ukrainer, Polen und die eigenen „Kollaborateure“ genannt, deren Existenz früher lieber verschwiegen wurde. Diese „faschistischen Mittäter“ werden dazu benutzt, eine direkte Linie vom Zweiten Weltkrieg zu aktuellen politischen Ereignissen – konkret zu den Massenprotesten von 2020 oder, nach offizieller Lesart, dem „versuchten Staatsstreich“ mit seinen „faschistischen Drahtziehern im feindlichen (westlichen) Ausland“ – zu ziehen.[17] Die Grundlage für diesen Paradigmenwechsel bilden nicht etwa neue geschichtswissenschaftliche Erkenntnisse, sondern die „Ergebnisse“ von Untersuchungen der Generalstaatsanwaltschaft unter Andrej Šved und ein Gesetz vom Januar 2022, das die Leugnung des „Völkermordes am belarussischen Volk“ unter Strafe stellt.[18] In diesem Sinne wurden auch die Geschichtslehrpläne der Klassen 9 und 11 an belarussischen Schulen modifiziert.[19]

In dieselbe Richtung geht der Plan des Bildungsministeriums, an jeder Schule ein Museum bzw. eine Ausstellung einzurichten. Solche „Geschichtsecken“, die meisten zum „Großen Vaterländischen Krieg“ und in sowjetischer Tradition, gab es an manchen Schulen auch vorher schon. Doch nun ist die Einrichtung eines „Museums“ bis Ende des Schuljahrs 2022/2023 verbindlich.[20] Welcher propagandistische Zweck dahintersteckt, dürfte klar sein.

Einheitsideologie und staatlich organisierte Jugend

Diese Tendenzen stellen per se keinen großen Bruch mit der früheren Politik des Lukašenka-Regimes dar. Trotz bestehender Freiheitsräume war Belarus auch vor 2020 ein autoritäres Regime, das in der Kontinuität mit der sowjetischen Praxis stand. Gehirnwäsche hatte es an Schulen und Hochschulen gegeben.[21] Seit vielen Jahren bekommen Schulanfänger feierlich das Buch *Unsere Heimat Belarus* (Belarus’ – naša radzima) überreicht, in dem die Geschichte des Landes seit Lukašenkas Machtantritt im Vordergrund steht und als reine Erfolgsstory präsentiert wird. Ähnliches vermittelt das Geschichtsbuch für die 11. Klassen, das die Jahre zwischen dem Zerfall der UdSSR und

---

[17] So zieht eine „Dokumentation“ des staatlichen Fernsehsenders ONT über die Polnische Befreiungsarmee (Armia Krajowa) im Zweiten Weltkrieg eine direkte Linie zur belarussischen Protestbewegung. Der Titel dieser propagandistischen Produktion lautet „Parallele ‚Polen‘: Der Genozid an den Belarussen, die Gräueltaten der Polen während des Großen Vaterländischen Krieges und der Versuch eines Staatsstreichs in Minsk“, <www.youtube.com/watch?v=rVNrBCoO-Jk&t=1605s>. Die Generalstaatsanwaltschaft empfiehlt diese und weitere ähnlich tendenziöse „Dokumentationen“ als Lehrmaterial für Schulen, <https://adu.by/ru/393-pedagogam/ rassledovanie-ugolovnogo-dela-o-genotside/6221-informatsionno-analiticheskie-materialy-general noj-prokuratury-respubliki-belaruso-rassledovanii-ugolovnogo-dela-o-genotside-belorusskogo-naroda-v-gody-velikoj-otechestvennoj-vojny.html>.

[18] O genocide belorusskogo naroda. Zakon Respubliki Belarus’ 5 janvarja 2022 g. Nr. 146-3, <https://pravo.by/document/?guid=12551&p0=H12200146&p1=1&p5=0>. Felix Ackermann: „Der Genozid am Belarusischen Volk“ als politischer Diskurs und Strafverfolgungspraxis, in: Belarus-Analysen, 56/2021, S. 2–5.

[19] <https://adu.by/ru/homepage/obrazovatelnyj-protsess-2022-2023-uchebnyj-god/obshcheesrednee-obrazovanie-2022-2023/3781-metodicheskie-rekomendatsii.html>.

[20] V každoj škole Belarusi v ėtom godu dolžen pojavit’sja muzej – tak rešilo Minobrazovania. Zerkalo, 6.1.2023.

[21] Chalip, Strenges Schulregime [Fn. 6].

dem Referendum von 1996 als Krisenjahre abhandelt, während die Lichtgestalt Lukašenka in Zitaten und Bildern allgegenwärtig ist.[22]
Im Bereich der staatlichen Kinder- und Jugendorganisationen werden seit den 2000er Jahren die Erstklässler wie zu sowjetischen Zeiten in die Reihen der staatlichen Kinderorganisation *Oktjabrjata* („Kleine Oktobristen", „Oktoberkinder") aufgenommen;[23] in der vierten Klasse treten sie den Pionieren bei. Bei ihrer Aufnahme geloben die *Oktjabrjata* wie zu Sowjetzeiten, treue Erben der Piontiertradition zu sein, fleißig und gewissenhaft zu studieren, einen Kameraden in Not nicht im Stich zu lassen, Bedürftigen zu helfen, mitfühlend, hilfsbereit, ehrlich und gerecht zu sein und als wahre Patrioten der Familie, der Schule, der Stadt und dem Land zu dienen und die Traditionen und die Kultur ihres Volkes zu wahren. Auch der Schwur der Pioniere ist stark an den in der Sowjetunion angelegt, auch wenn die neuen Mitglieder nicht mehr geloben, den Lehren von Lenin, der Kommunistischen Partei und der Sowjetunion zu folgen, sondern der Satzung und den Traditionen der Belarussischen Republikanischen Pionierorganisation. Feierlich versprechen sie, das Vaterland zu lieben, gütig, ehrlich und gerecht zu sein.[24] Äußerlich besteht der einzige Unterschied zu früher darin, dass die Kinder statt roter Halstücher nun solche in den Staatsfarben Rot-Grün erhalten. Für Schüler der oberen Klassen ist der *Belarussische Republikanische Jugendverband* (Belaruski rèspublikanski sajuz moladzi, BRSM), vorgesehen, den Kritiker in Anspielung an den sowjetischen Komsomol verächtlich „Lukamol" nennen.[25] Die Abzeichen des BRSM ähneln denen des Komsomol. Der Druck, dem BRSM beizutreten, ist seit 2020 enorm gestiegen. Behördenvertreter drohen indirekt damit, Schüler ohne Mitgliedschaft im BRSM erhielten keinen Studienplatz. Schulen müssen jetzt Zeugnisse über die „zivilgesellschaftlichen Aktivitäten" ihrer Schüler ausstellen und ihr „Engagement" im Sinne der Staatsideologie bewerten.[26]

„Patriotismus" als staatliches Programm

Seit der Niederschlagung der Proteste im Herbst 2020 hat die ideologische Manipulation der belarussischen Kinder und Jugendlichen durch das Lukašenka-Regime neue Dimensionen angenommen. Seit Februar 2022 richtet sich der Fokus immer stärker auf das militärische Element der „patriotischen Erziehung". Damit einher geht eine deutliche Militarisierung des kindlichen Alltags.

---

22 V.M. Fomin, S.V. Panov, N.N. Ganuščenko: Istorija Belarusi. Vtoraja polovina 1940-ch gg. – načalo XXI v. Učebnoe posobie dlja 11 klassa učreždenij obščego srednego obrazovanija s russkim jazykom obučenija. Minsk 2013.

23 <https://brpo.by/oktjabrjata/>.

24 <https://brpo.by/pionery-2/>. Zur Symbolik der Pionierorganisation und zum Aufnahmeeid exemplarisch die Webseite der Zastavnyj-Grundschule in Berezovsk, <http://bsch.bereza.edu.by/ru/main.aspx?guid=13451>.

25 <https://brsm.by/>. – Buduščee Rodiny stroit' molodym. Materialy XXXIV s"ezda OO „BRSM". Osnovnye normativnye dokumenty i programmy Obščestvennogo ob"edinenija „Belorusskij Respublikanskij Sojuz Molodeži". Minsk 2005.

26 „Chotite spokojno učit'sja, značit, nužno pet' gimn". Pogovorili s roditeljami i det'mi o tom, kak v sadach i školach učat byt' patriotami. Zerkalo, 27.1.2023. – Trevožnyj zvonok. Vnimanie! Mošenniki iz BDSM pridumali novuju schemu dlja škol'nikov i studentov. Naš dom, 4.10.2022.

Im erwähnten „Programm patriotischer Erziehung" von 2021 wird Patriotismus als ein „bewusstes, tägliches Handeln zum Wohle des Vaterlandes, des Volkes und des Staates" bezeichnet; eine an „patriotischen Werten" orientierte Erziehung ziele darauf ab, eine Gemeinschaft zu befestigen, die ein Bewusstsein für die Einheit von öffentlichen und staatlichen Interessen habe. Als solche „Werte" werden Heimat (rodina), Vaterland (otečestvo), die Familie in ihrer traditionellen Form, Staatlichkeit (gosudarstvennost') oder staatliche Souveränität, Staatssymbolik, historisches Gedächtnis und nationale Kultur definiert.[27] Das Ganze wird als ein defensives Konzept verkauft: Da das Land „offenem informationellem, politischem und wirtschaftlichem Druck des Westens" ausgesetzt sei, der versuche, das belarussische Volk seiner Geschichte und nationalen Identität zu berauben, ihm fremde Werte zu oktroyieren und die Gesellschaft zu spalten, sei es unumgänglich, die heranwachsende Generation gegen diese „schädlichen" Einflüsse geistig zu rüsten und „richtig" zu erziehen.[28] Das Programm beinhaltet ein breites Spektrum an Aufgaben, Zielen und Methoden in den Bereichen „nationale Identität" sowie „geistig-moralische", „historisch-kulturelle", „militärpatriotische" und „nationalpatriotische" Erziehung. Die „militärpatriotische" Erziehung steht unverkennbar in der sowjetischen Tradition und erinnert in vielem an den Stalinismus der 1930er Jahre.

Sowjetische militärpatriotische Tradition

Bereits in der Vision der Bol'ševiki für eine gesellschaftliche Umgestaltung nach der Revolution von 1917 stellten Kinder nicht nur symbolisch die Hoffnungsträger auf dem Weg in eine lichte Zukunft dar, sondern sie waren auch als aktive Mitgestalter und Mitstreiter für den Sieg des Kommunismus gefragt, den es gegen innere und äußere Feinde zu verteidigen galt. Ein militärpatriotisches Programm für Kinder und Jugendliche bildete bereits in den 1920er Jahren ein Kernelement der pädagogischen Arbeit und wurde bis in die späten 1930er Jahre systematisch weiterentwickelt.[29] Vielerorts wurden vormilitärische Ausbildungsgänge organisiert, in denen Jugendliche ab 16 Jahren Grundkenntnisse im Umgang mit dem Gewehr erwerben konnten und das richtige Verhalten bei einem Giftgasangriff, die Erstversorgung Verwundeter und Ähnliches einübten. Das Netz solcher Ausbildungsstellen erfasste die gesamte Sowjetunion und wurde als „Allgemeine militärische Ausbildung" (Vseobuč – vseobščee voennoe obučenie) bezeichnet. Dies war aber erst der Beginn einer gezielten Einbeziehung der gesamten Bevölkerung, einschließlich der Minderjährigen, in die Landesverteidigung. Um in der Bevölkerung militärische Kenntnisse zu verbreiten, wurde 1920 unter dem Dach der Roten Armee die *Militärisch-Wissenschaftliche Gesellschaft* (Voenno-naučnoe obščestvo, VNO) gegründet, die 1926 in *Gesellschaft zur Unterstützung der Verteidigung* (Obščestvo sodejstvija oborone, OSO) umbenannt wurde. Parallel wurden Zirkel für

---

[27] O Programme patriotičeskogo vospitanija [Fn. 16], S. 5.

[28] Ebd., S. 6.

[29] Elena Efimova: Voennaja (oboronnaja) rabota s pionerami i škol'nikami v 1927–1941 gg. Nekotorye organizacionno-pedagogičeskie aspekty. Moskva 2021. – Ol'ga Nikonova: Vospitanie patriotov. Osoaviachim i voennaja podgotovka naselenija v ural'skoj provincii (1927–1941 gg.). Moskva 2010. – Olga Kucherenko: Little Soldiers. How Soviet Children Went to War, 1941–1945. Oxford 2011.

Flugzeugmodell- und Segelflugzeugbau sowie Klubs und Vereinigungen wie die *Gesellschaft der Freunde der Luftflotte* (ODVF) oder die *Gesellschaft der Freunde der chemischen Verteidigung und der chemischen Industrie* (Dobrochim) gegründet, die sich primär an Jugendliche richteten und der Vorbereitung auf die Heimatverteidigung dienten. 1927 wurden die verschiedenen Organisationen zur OSOAVIACHIM, der *Gesellschaft zur Förderung der Verteidigung, des Flugwesens und der Chemie in der Sowjetunion*, zusammengeschlossen. 1935 zählte die OSOAVIACHIM nach offiziellen Angaben rund 13 Millionen Mitglieder, von denen etwa zehn Prozent Schulkinder waren. In der Belarussischen SSR waren in der Organisation 1940 mindestens 100 000 Mitglieder registriert.[30] Die Gesellschaft organisierte Schulungen, bei denen den Teilnehmern militärtechnisches und topographisches Wissen vermittelt wurde. Nach Aussagen von Zeitzeugen waren diese Trainingsprogramme bei Jugendlichen sehr beliebt.[31]

Spätestens nach dem Spanischen Bürgerkrieg (1937) und dem Winterkrieg gegen Finnland (1939/1940) nahm die sowjetische Erziehung offen militaristische Züge an. Es kam zu einer beispiellosen Mobilisierung von Kindern, die auf den Kriegsfall vorbereitet wurden. Schon Mitte der 1930er Jahre hatte das Kommissariat für Volksbildung eine Reihe von Beschlüssen erlassen, die auf eine Verbesserung der „militärpatriotischen Erziehung" abzielten.[32] Dazu gehörte das 1934 für Schüler eingeführte Ausbildungsprogramm „Sei bereit zu Arbeit und Verteidigung" (Bud' gotov k trudu i oborone SSSR, BGTO). Es umfasste ein theoretisches und praktisches militärisches Training; für das Erfüllen verschiedener Normen gab es unterschiedliche Abzeichen.[33] Neben allgemeinen Kenntnissen über die Organisation der Roten Armee wurde technisches und militärisches Grundlagenwissen wie z.B. der Gebrauch von Gasmasken oder die Unterscheidung militärischer Dienstgrade vermittelt, ebenso Grundkenntnisse in der Krankenpflege. 1939 wurde in den Schulen eine militärische Grundausbildung ab Klasse 5 eingeführt; laut Gesetz hatten die Kinder zwei Stunden pro Woche Wehrkundeunterricht.[34] Ab Klasse 8 erhielten die Schüler dann eine vormilitärische Ausbildung (doprizyvnaja podgotovka).[35] Die auf dem XVIII. Parteitag der KP(b) im Frühjahr 1939 beschlossene „Steigerung des Militärpotenzials des Landes" sollte auch dank einer forcierten Vorbereitung von Kindern und Jugendlichen auf eine mögliche kriegerische Auseinandersetzung erreicht werden. Entsprechend wurden in den zwei Jahren vor dem Großen Vaterländischen Krieg (1941–1945) die Anforderungen der schulischen und außerschulischen militärischen Erziehung an Kinder und Jugendliche erhöht und ihr Umfang ausgeweitet.

---

30 Kucherenko, Little Soldiers [Fn. 29], S. 92. – Nikonova, Vospitanie patriotov [Fn. 29], S. 195. Nikonova bezweifelt die offiziellen Mitgliederzahlen. Sie geht von sieben bis acht Millionen aus.

31 Sima Margolina: Ostat'sja žit'. Minsk 1997, S. 9. – Lev Smilovickij: Iz opyta perežitogo. Vospominanija. Minsk – Ierusalim 1988–2016 gg. Jerusalem 2016, S. 17.

32 S.V. Kalinina: Voenno-patriotičeskoe vospitanie učaščichsja v predvoennoe desjatiletie, in: Sovetskaja pedagogika, 5/1985, S. 11–17.

33 Efimova, Voennaja (oboronnaja) rabota [Fn. 29].

34 Ebd., S. 155.

35 Ebd. – Kalinina, Voenno-patriotičeskoe vospitanie [Fn. 32]. – Veranika Ja. Bezdzel': Sistėma vychavannja ŭ BSSR u 30-ja hady XX st. Patryatyčny aspekt, in: Pervaja mirovaja vojna: istorija, geopolitika, uroki istorii i sovremennost'. Materialy meždunarodnoj naučnoj konferencii. Vitebsk 2008, S. 225–226. – G.D. Komkov: Na ideologičeskom fronte velikoj otečestvennoj . . . Moskva 1983, S. 32ff.

Ab Anfang 1939 koordinierte die Rote Armee ihre strategischen Planungen mit dem Jugendverband Komsomol, der als eine im Kriegsfalle zu einer Armee transformierbare „Militärstruktur" begriffen wurde.[36] Noch vor Kriegsbeginn wurde die militärische Ausbildung zum Haupttätigkeitsfeld des Komsomol, wobei man sich am Beispiel der Hitlerjugend orientierte. In Pionierpalästen oder Pionierhäusern (dvorcy/doma pionerov) wurden auch die Kleineren ins Militärwesen eingeführt: Landesweit wurden ganze „Pionier-Regimenter" (pionerskie polki) künftiger Schützen, Fallschirmspringer, Panzerfahrer, Reiter oder Sanitäter aufgestellt.[37] Durch sportliches Training der Kinder in den Pionierhäusern und an den Schulen versuchten die sowjetischen Pädagogen Ausdauer, Beweglichkeit und Teamgeist zum militärischen Nutzen zu fördern. In Freizeitklubs erlernten Jungen das Schießen, und Mädchen wurden zu Sanitäterinnen ausgebildet.
Auch Kriegsspiele, großangelegte sportliche Wettbewerbe und Geländemärsche waren Teil des Kriegsmobilisierungsprogramms für Kinder und Jugendliche und in den 1930er Jahren als untrennbarer Bestandteil von Sommerferienlagern sehr beliebt. Der Krieg war in der Welt der Kinder allgegenwärtig, was sich selbst im Sprachgebrauch spiegelte – etwa in solchen Begriffen wie „Verteidigungsspielzeug" (oboronnaja igruška). Es entstanden spezielle Gesellschaftsspiele mit militärisch-kriegerischer Thematik sowie detailtreue Spielzeugmodelle von Panzern oder Waffen, um Kinder spielerisch an den Krieg heranzuführen und ihnen militärtechnisches Wissen zu vermitteln.
Zu keiner anderen Zeit in der Geschichte der Sowjetunion war die Kindheit dermaßen durchorganisiert und von Drill und der Kriegsthematik beherrscht wie in den späten 1930er Jahren. Kindern wurde permanent eingebläut, die Sowjetunion sei von Feinden umgeben, die nur darauf warteten, die Heimat anzugreifen. Die staatliche Mobilisierung von Kindern und Jugendlichen für den Einsatz im Zweiten Weltkrieg war dann ebenso folgerichtig wie erbarmungslos; an der Front und im Hinterland hatten auch die jungen Sowjetbürger nach dem Willen Stalins bereit zu sein, sich für das Vaterland zu opfern.[38]
Nach dem Zweiten Weltkrieg hatte die Ideologisierung und Militarisierung der Kindheit keineswegs ein Ende. Massenorganisationen wie die Kleinen Oktobristen, die Pioniere und der Komsomol sorgten für konformes Denken und Disziplinierung. Auch die Gesellschaft OSOAVIACHIM bestand weiter. Sie wurde 1951 in „Freiwilligengesellschaft zur Unterstützung der Armee, Luftstreitkräfte und der Flotte" (DOSAAF) umbenannt und existierte bis zum Zerfall der UdSSR, wenn auch nicht mit dem gleichen Bekanntheits- und Wirkungsgrad wie die Vorgängerorganisation in den 1930er Jahren. Heute gibt es eine namensgleiche Gesellschaft in Belarus, die sich wie ihr sowjetisches Vorbild auf die Fahnen geschrieben hat, gerade auch die Heranwachsenden zum Patriotismus zu erziehen.[39]

---

[36] Set Bernstein: Vospitannye pri Staline. Komsomol'cy i zaščita socializma. Moskva 2018, S. 195ff.

[37] Die Pionierhäuser konzentrierten ihre Arbeit auf die Städte. Der größte Pionierpalast wurde 1936 in Moskau als landesweites Zentrum der außerschulischen Militärerziehung von Kindern und Jugendlichen eröffnet. Efimova, Voennaja (oboronnaja) rabota [Fn. 29], Kap. 17.

[38] Julie K. de Graffenried: Sacrificing Childhood. Children and the Soviet State in the Great Patriotic War. Kansas 2014.

[39] <http://dosaaf.gov.by/>.

Schüler als „junge Verteidiger des Vaterlandes“

Die militärpatriotische Erziehung in Belarus ist die Fortsetzung der sowjetischen, sie übernimmt viele ihrer Praktiken und Formen der offenen Manipulation. Die belarussische DOSAAF zählt die patriotische Erziehung junger Menschen und ihre Vorbereitung auf den Militärdienst zu ihren vorrangigen Aufgaben. Zu diesem Zweck arbeitet die Gesellschaft eng mit den Ministerien für Verteidigung, Bildung und Katastrophenschutz, mit Stadt- und Bezirksverwaltungen, Bildungseinrichtungen, Militäreinheiten, militärischen Melde- und Rekrutierungsbüros und anderen Einrichtungen zusammen.[40] Die Teilnahme an Programmen der DOSAAF für Kinder und Jugendliche ist bislang zwar freiwillig. Aber das Lukašenka-Regime rückt davon zunehmend ab und setzt auf verpflichtende Formate. Vormilitärische Ausbildung und Drill halten an den Schulen Einzug. Das erklärte Ziel der Staatsmacht ist es, der belarussischen Jugend ein „positives“, „patriotisches“ und „staatsbürgerliches Denken“, ein Gefühl der Vaterlandsliebe und -treue einzupflanzen, den Hass auf den inneren und äußeren „Feind“ und die Bereitschaft, die Heimat gegen diesen zu verteidigen. Auch sollen so künftige Soldaten und Sicherheitskräfte gewonnen werden.

Kinder und Jugendliche sollen ideologisch auf Kurs gehalten werden. Dazu nutzen die Behörden auch Methoden der Einschüchterung. Seit 2020 halten Vertreter von Strafverfolgungsbehörden Vorträge über die Richtigkeit des politischen Kurses der Staatsmacht. Die Proteste von 2020 stellen sie als illegitimen Umsturzversuch dar, der von „ausländischen Faschisten“ gesteuert worden sei. Videos solcher Auftritte, die Schüler mit ihren Smartphones aufnahmen, wurden vorübergehend in sozialen Netzwerken geteilt. Inzwischen ist die Verbreitung verboten und wird strafrechtlich verfolgt.[41] Referenten schärfen den Schülerinnen und Schülern ein, die weiß-rot-weiße Flagge sei ein Symbol von Nazis, Faschisten und Extremisten. Die Teilnehmer von Protestaktionen seien Drogen- oder Alkoholabhängige und würden von westlichen Geheimdiensten bezahlt. Kindern wird offen mit Strafverfolgung gedroht, sollten sie auf die Idee kommen, sich an staatsfeindlichen Aktionen zu beteiligen.[42] Um solchen Warnungen Nachdruck zu verleihen, „dürfen“ Schüler im Rahmen von „Exkursionen“ eine Polizeistation oder ein Gefängnis besuchen oder einer Gerichtsverhandlung beiwohnen.[43]

Das „Programm patriotischer Erziehung“ von 2021 sieht vor, dass militärische Einheiten und Unterabteilungen der Streitkräfte der Republik Belarus die Schirmherrschaft über Bildungseinrichtungen des Landes übernehmen; konkret äußert sich dieses Patronat darin, dass Angehörige dieser Einheiten diverse „heroisch- und militärisch-patriotische“ Aktivitäten mit Heranwachsenden durchführen.[44] Auch Schulbesuche von Sicherheitskräften, die „Tapferkeitslektionen“ (uroki mužestva) abhalten, in denen sie Kinder

---

[40] Ebd.

[41] Nexta_live, 3.9.2020, <https://t.me/nexta_live/10407>.

[42] Prava detej v Belarusi [Fn. 4], S. 19.

[43] Ebd., S. 27.

[44] O programme patriotičeskogo vospitanija [Fn. 16], S. 9. Zum Folgenden siehe auch die entsprechenden „methodischen Instruktionen“ des belarussischen Bildungsministeriums: Instruktivno-metodičeskoe pis'mo „Ob organizacii raboty rukovoditelja po voenno-patriotičeskomu vospitaniju v učreždenijach obščego srednego obrazovanija“, <https://adu.by/ru/homepage/obrazovatelnyj-protsess-2022-2023-uchebnyj-god/obshchee-srednee-obrazovanie-2022-2023/3780-instruktivno-metodicheskie-pisma.html>.

Maschinengewehre auseinandernehmen und damit sogar schießen lassen, gehören dazu. Das Belarussische Helsinki-Komitee dokumentiert Fälle, in denen Kindern in der Schule Polizeiuniformen angezogen wurden, sie den Umgang mit einem Schlagstock beigebracht bekamen und Anordnungen ins Megaphon zu schreien.[45]
Im Schuljahr 2021/22 wurde der „militärpatriotische Unterricht" in Gestalt der Kurse „Schule der jungen Verteidiger des Vaterlandes" und „Bereit, dem Vaterland zu dienen!" wieder eingeführt. Auch dies ist eine Rückkehr zu sowjetischen Zeiten. Bereits zuvor hatte es an manchen Mittelschulen und Gymnasien „Klassen mit militärpatriotischem Profil" (klassy voenno-patriotičeskogo profilja) gegeben. Deren Anzahl hat stark zugenommen; zu Beginn des Schuljahrs 2022/23 gab es landesweit über 80 solcher Klassen.[46] Dort werden Schülerinnen und Schüler auf ein Studium an der belarussischen Militärakademie und den Dienst in der Armee vorbereitet.
Bei all diesen Aktivitäten wird das Narrativ verbreitet, Belarus sei von feindlichen Mächten und „Faschisten" bedroht, womit die Protestbewegung, die Opposition sowie der Westen unter Führung der NATO gemeint sind. In der offiziellen Lesart zählen seit Russlands Angriff auf die Ukraine nun auch die Ukrainer zu diesen Feinden. Wie in Russland werden sie als „Banderovcy" beschimpft, die von einer „faschistischen" Regierung in Kiew gelenkt würden.[47] Am 24. März 2022 mussten alle belarussischen Kinder und Jugendliche von der ersten bis zur elften Klasse an einer verpflichtenden „Einheitlichen Informationsstunde" teilnehmen, in der ihnen die „richtigen" Informationen über die russländische „Spezialoperation" in der Ukraine vermittelt wurden: Russland sei in die Ukraine gekommen, um die dortigen „Nazis" zu vernichten, die „unschuldige Kinder töten", und um „Gutes zu bringen"; die Krim sei russländisches Territorium; von belarussischem Boden seien nie Raketen auf die Ukraine abgefeuert worden und Belarus wolle nur den Frieden.[48] Gleichzeitig werden Kinder darauf eingestimmt, das Land notfalls gegen die „Faschisten" verteidigen zu müssen. Selbst Grundschüler werden damit geängstigt, dass „die Nazis wiedererwacht sind und auch in unser Land kommen können".[49]

Vom Heldentum träumen – militärpatriotische Klubs und Ferienlager

Auch in ihrer Freizeit, in militärpatriotischen Klubs, Lagern oder Zentren vormilitärischer Ausbildung werden Kinder und Jugendliche propagandistisch bearbeitet. Am 4. Mai 2022 unterzeichnete Lukašenka einen Erlass über die „Entwicklung militärpatriotischer Klubs".[50] Danach werden Dutzende solcher „Klubs" für Kinder und Jugendliche

[45] Prava detej v Belarusi [Fn. 4], S. 19.
[46] V Minoborony rasskazali, skol'ko sozdali voenno-patriotičeskich klubov i škol'nych klassov v Belarusi. Zerkalo, 13.12.2022, <https://news.zerkalo.io/life/28212.html>. Exemplarisch Webseite des Gymnasiums Nr. 2 Pinsk, <http://gymn2.pinsk.edu.by/ru/main.aspx? guid=2941>.
[47] Sborka avtomata, rasskaz o „banderovcach" i ideja, čto belorusy – „russkie". Kak detej v Belarusi učat „patriotizmu" v školach i voennych klubach. Nastojaščee vremja, 8.12.2022.
[48] Aussagen befragter Kinder nach ihrer Teilnahme an solchen Informationsstunden, zit. nach Prava detej v Belarusi [Fn. 4], S. 17.
[49] Ebd., S. 15.
[50] Ukaz Prezidenta Respubliki Belarus' Nr. 160 „O razvitii voenno-patriotičeskich klubov", 4.5.2022, <https://president.gov.by/bucket/assets/uploads/documents/2022/160uk.pdf>.

bei den bewaffneten Einheiten des Innenministeriums, des Verteidigungsministeriums und des Grenzschutzkomitees eingerichtet; teilweise handelt es sich um Kooperationen mit Schulen. So ist der militärpatriotische Klub „Luchs" (Rys') der Militäreinheit 3214 zugeordnet, deren Soldaten aktiv an der gewaltsamen Niederschlagung der friedlichen Proteste von 2020 beteiligt waren. Ein anderer Klub mit der Bezeichnung „Patriot" wurde in Zusammenarbeit zwischen der Schule Nr. 23 und dem Institut des Innenministeriums in Mahilёŭ eröffnet.[51]

Die Klubs bieten Kindern, die den Aufnahmetest bestanden haben, Kurse im Nahkampf, Luftgewehrschießen, Fechten, „Leben unter Armeebedingungen" oder Erste Hilfe an. Auch besuchen sie Gedenkstätten. Der Unterricht findet zwei- bis dreimal pro Woche statt. Die Grundidee besteht darin, dass die Vertreter des Sicherheitsapparats regelmäßig mit den Kindern arbeiten; es geht also um die längerfristige Bindung an die jeweilige Einheit. Die Sicherheitskräfte versuchen, Kinder aller Altersgruppen anzusprechen, auch sehr junge. Der Minsker Klub „Granit", der bei der Militäreinheit 5448 der inneren Truppen des Innenministeriums angesiedelt ist, nimmt Kinder im Alter von 10–17 Jahren auf.[52]

Diese militärpatriotischen Klubs sind nicht neu. Einige existieren seit zwei Jahrzehnten. In der Anfangszeit handelte es sich um Einzelprojekte, die als Reaktion auf die wachsende Kriminalität in den 1990er Jahren entstanden und Kinder aus sozial schwachen Familien aufnehmen sollten. Solche Klubs wurden hauptsächlich von orthodoxen Kirchengemeinden, Nichtregierungsorganisationen und den Kommunalbehörden unterstützt.[53] Hinter den militärpatriotischen Klubs der neuen Generation stehen andere Motive: Die treibende Kraft ist der Sicherheitsapparat, personifiziert von Mikalaj Karpjankoŭ (Nikolaj Karpenkov). Er ist stv. Innenminister, Kommandant der Truppen des Innenministeriums. Er gilt als einer der größten Hardliner unter den belarussischen Siloviki. Dass es ihm in erster Linie darum geht, Kinder möglichst früh ideologisch zu formen, verhehlt Karpenkov nicht:

> Unserer Meinung nach sind die inneren Truppen die Basis für die ideologische Erziehung der jungen Menschen, der Jungen und der Mädchen. Wir messen dem eine besondere Bedeutung zu und versuchen, so viele Kinder wie möglich zu gewinnen. Wir wollen den Kindern ein Gefühl der Liebe zum Heimatland vermitteln, ihnen Respekt vor unserer heldenhaften Geschichte einflößen, wir wollen, dass die Kinder unsere Helden kennen und dass sie in den Streitkräften dienen wollen und davon träumen, Heldentaten zu vollbringen.[54]

Im November 2022 verkündete Karpenkov bei den Feierlichkeiten zum Jahrestag der Gründung des Klubs „Granit":

---

[51] Leto kak na vojne: belaruskim detjam predlagajut streljat' iz oružija i slušat' rasskazy veteranov, <https://nash-dom.info/92492>.

[52] Voenno-patriotičeskij klub „Granit" otkrylsja v Minske. Belta, 27.11.21. Offenbar gibt es Klubs, die schon Kinder ab sieben Jahren aufnehmen. Proekt Karpenkova. Kak siloviki zanjalis' ideologičeskim vospitaniem belarusskich detej. Belsat, 2.8.2022.

[53] Proekt Karpenkova [Fn. 52]. – „Ob istokach voenno-patriotičeskogo vospitanija molodeži raskazal osnovatel' SOBRa. Belarus' segodnja, 17.12.2021.

[54] Voenno-patriotičeskij Klub „Granit" [Fn. 52].

> Jeder Junge muss nicht nur den Kindergarten und die Schule durchlaufen, sondern auch die Schule der Tapferkeit, indem er in den Streitkräften dient.[55]

Und Oberstleutnant Uladzimir Parchomcaŭ (Vladimir Porchomcev), Leiter der Informationsabteilung der Truppen des Innenministeriums, erklärte im Dezember 2021 im Fernsehsender STV, die Aufgabe der „patriotischen Erziehung" von Kindern und Jugendlichen bestehe darin, eine Wiederholung des August 2020 zu verhindern.[56] Da das Projekt der „militärpatriotischen Klubs" unter dem Dach von Strukturen des Sicherheitsapparats als Reaktion auf die Protestbewegung von 2020/2021 entstand,[57] beschränkt sich die Tätigkeit solcher Klubs nicht auf „Erlebnispädagogik", sondern zielt darauf, den Kindern im Rahmen einer vormilitärischen Ausbildung die wichtigsten Narrative der aktuellen Propaganda aufzuzwingen. So wird auch hier seit dem 24. Februar 2022 verbreitet, dass Russlands Eingreifen der „Vernichtung der ukrainischen Nazis" und der „Rettung der russischen Landsleute im Donbass" diene.

Wie viele Mitglieder die militärpatriotischen Klubs haben, lässt sich nur schätzen. Nach offiziellen Angaben reiche die Anzahl der bestehenden Klubs nicht aus; die Nachfrage sei immens.[58] Dies ist realistisch, denn Angebote wie das spielerische Ausprobieren von Waffen oder das Tragen von Uniformen und das Gemeinschaftsgefühl, das beim Zusammensein mit Gleichaltrigen in „Feldlagern", bei Sport, Spiel und Wettkämpfen entsteht, üben gerade auf Jungen große Anziehungskraft aus, zumal wenn sie in einem militarisierten Umfeld von klein auf entsprechend sozialisiert werden. Im Frühjahr waren etwa 1500 Jungen und Mädchen in militärisch-patriotischen Klubs aktiv;[59] im Januar 2023 vermeldete das belarussische Bildungsministerium, dass bereits 18 Klubs unter der Ägide des Innenministeriums und anderer Sicherheitsbehörden tätig seien.[60] Für Schüler der höheren Klassen bieten die Truppen des Innenministeriums Trainingslager mit theoretischen und praktischen Elementen an, Studenten können sich „Jugendtrupps für Strafverfolgung" anschließen.[61]

In den letzten Jahren wurden auch zahlreiche Sommerlager ähnlicher Ausrichtung für Kinder und Jugendliche organisiert. Ein neuntägiges „militärpatriotisches" Lager, das im Sommer 2022 im Dorf Paškava (Gebiet Mahilëŭ) am Stützpunkt der Militäreinheit Nr. 72471 durchgeführt wurde, hieß offiziell „Künftiger Krieger" (Buduščij voin). Die Veranstalter des Sommerlagers „Patriot" in Ureč'e (Bezirk Ljubansk) versprachen den Teilnehmern, sie würden sich dort als „Verteidiger des Vaterlandes" fühlen. Das Camp

---

[55] Karpenkov: každy mal'čik dolžen projti školu mužestva, otsluživ v vojskach. Belta, 26.11.2022.

[56] Kak siloviki rasprostranjajut „patriotizm": „Odin čelovek ‚zaražaet' dvuch-trech". Euroradio, 15.12.2021.

[57] Škola patriotov. Novyj uroven' formirovanija idealov. Fil'm ATN. Dieser Film zeichnet den Erfolg der „militärpatriotischen Klubs" bei Einheiten der inneren Truppen nach, der im Staatssender Belarus 1 ausgestrahlt wurde. <www.youtube.com/watch?v=_gxSA8LnPrA>.

[58] Škola patriotov [Fn. 57].

[59] Ebd.

[60] Istoričeskie rekonstrukcii, pochody i uroki pamjati. Kadlubaj o podchodach v patriotičeskom vospitanii. Belta, 24.1.2023.

[61] Belorusskich detej massovo učat streljat' i „byt' patriotami". Vnutrennie vojska otkryli uže 17 klubov i 146 lagerej. Zerkalo, 7.7.2022.

richtete sich an Jugendliche von 14 bis 18 Jahren und bot Themenabende und Wettkämpfe in verschiedenen Militärsportarten an.[62] Während im Jahr 2021 46 „sportlich-patriotische Lager“ durchgeführt wurden,[63] die nach offiziellen Angaben von etwa 2000 Kindern besucht wurden, waren es im Sommer 2022 bereits 60.[64]
Neben der ideologischen Kontrolle der Jugendlichen dienen diese Aktivitäten auch der Rekrutierung von Nachwuchs für die staatlichen Gewaltapparate. So erklärte Nikolaj Karpenkov, dass das Absolvieren von Hindernisparcours und Schießtraining für die Kinder erste „Karriereschritte“ seien.[65] Militärische „Berufsberatung“ ist in den Klubs und Lagern Teil des Programms. Absolventen der Klubs können mit Vergünstigungen beim Studium an der Militärakademie, an der Akademie des Innenministeriums oder einer Kadettenschule rechnen; wer gute Leistungen zeigt, kann sich die Aufnahmeprüfung zu Militärhochschulen ersparen.[66]

Russlands *Junarmija* als Vorbild

Es ist offensichtlich, dass das Lukašenka-Regime sich bei seiner militärpatriotischen Offensive an Russland orientiert. Vorbild ist die russländische Jugendarmee *Junarmija*. Diese wurde im Oktober 2015 auf Initiative des Verteidigungsministers Sergej Šojgu mit dem Ziel gegründet, die diversen militärisch-patriotischen Jugendorganisationen zu vereinen und die junge Generation zu militärisch geschulten Patrioten zu erziehen. Der Bewegung kann ein Kind ab acht Jahren beitreten. Auf ihrer Website wirbt die *Junarmija* mit „Hunderten von spannenden Veranstaltungen“ wie militärpatriotischen Sommerlagern und diversen Wettkämpfen sowie mit dem Versprechen, die Grundlagen der militärischen Ausbildung, Führungsqualitäten und wissenschaftlich-technische Kompetenzen zu vermitteln. Dabei geht es auch um eine Vorbereitung der Jugendlichen auf den Militärdienst oder eine militärische Laufbahn. Inzwischen umfasst die „Jugendarmee“ nach offiziellen Angaben mehr als eine Million Kinder und Jugendliche bis 18 Jahre. Die Kinder – auch Mädchen – werden direkt an den Schulen offensiv angeworben. Der soziale Druck, der *Junarmija* beizutreten, ist groß.[67] Der Kreml hoffe, so die Analyse der finnischen Militärexpertin Jonna Alava, diese patriotische Kraft künftig nutzen zu können, um einem Erstarken der Opposition vorzubeugen. Kritisches Denken ist in der *Junarmija* unerwünscht. Was die schulische vormilitärische Ausbildung angeht, so fällt diese in Russland ähnlich wie im benachbarten Belarus in die Kompetenz militärisch-patriotischer Organisationen wie der DOSAAF oder der Gesellschaft „Bereit für Arbeit und Verteidigung“ (Gotov k trudu i oborone, GTO) – Organisationen, die

[62] Leto kak na vojne [Fn. 51].
[63] Sborka avtomata [Fn. 47].
[64] Zahlen nach Sborka avtomata [Fn. 47]. Eine exakte Quantifizierung ist schwierig. So findet man für das Jahr 2022 auch die Zahl von 146 Lagern. Belorusskich detej massovo učat streljat’ [Fn. 61].
[65] Belorusskich detej massovo učat streljat’ [Fn. 61].
[66] Ebd.
[67] Jonna Alava: Russia’s young army. Raising new generations into militarized patriots, in: Katri Pynnöniemi (Hg.): Nexus of patriotism and militarism in Russia. A quest for internal cohesion. Helsinki 2021, S. 249–282.

bereits zu sowjetischer Zeit bestanden und in Russland wiederbelebt wurden. Die Ausbildung des militärischen Nachwuchses erfolgt in weiterführenden Schulen wie den Suvorov-Militärschulen, der Nachimov-Marineschule und Kadettenschulen.

Kinder als Darsteller in einer propagandistischen Inszenierung

Zur „patriotischen" Erziehung nach offizieller Lesart gehört auch die obligatorische Teilnahme von Kindern an öffentlichen Veranstaltungen, deren Sinn darin besteht, die „Einheit" des Volkes und die breite gesellschaftliche Unterstützung für die Staatsführung zu demonstrieren. Solche Veranstaltungen finden vor allem an den gesetzlichen Feiertagen statt. Da gibt es Konzerte, Kundgebungen, Märsche zu patriotischen Liedern, Sportveranstaltungen und vermeintlich ungeplante „Flashmobs".[68] Nicht immer wissen Kinder und Eltern, worum es geht; sich zu entziehen fällt schwer, da eine Verweigerung der Teilnahme durchaus negative Konsequenzen, etwa für das schulische und berufliche Fortkommen, zeitigen kann – und zwar für die Minderjährigen, ihre Eltern sowie für die Personen, die dafür verantwortlich sind, dass ihre Schutzbefohlenen an der jeweiligen Aktivität teilnehmen.
Insbesondere vor dem größten Feiertag im belarussischen Festtagskalender – dem Tag des Sieges – ballen sich derartige Veranstaltungen. Die Teilnahme von Kindern an den offiziellen Feierlichkeiten, an Veteranentreffen oder Gedenkstättenbesuchen, gehört dazu. Neu ist der Trend, Kinder in sowjetische Militäruniformen zu stecken und sie Attrappen von Waffen halten zu lassen. Die öffentlichen Gedenkfeierlichkeiten nehmen dabei bisweilen groteske, karnevaleske Züge an: Man sieht Kinder in zu großen Uniformen, die Gewehre in den Händen halten oder sogar selber schießen dürfen oder die Essen aus nachgebauten Feldküchen fassen. An den Schulen und in den Kindergärten werden bei solchen Gelegenheiten Lieder gesungen oder Gedichte über den Krieg vorgetragen.

Fazit

Die Erziehung von Jugendlichen im Geiste des Patriotismus ist per se nicht verwerflich. In der belarussischen Realität von heute ist die patriotische Erziehung Teil der systematischen Zementierung der Vorherrschaft des Staates über das Individuum und einer Indoktrination. Das besteht darin, Kindern die offizielle Staatsideologie einzutrichtern, sie zu gefügigen Objekten zu formen und sie zum Hass auf vermeintliche innere und äußere Feinde zu erziehen. Was in der militärpatriotischen Erziehung „patriotisch" ist, definieren der Staat oder der Diktator persönlich. Die militärpatriotische Erziehung nimmt offen militaristische Züge an.
Inhalte und Methoden der Erziehung waren in Lukašenkas Belarus schon immer sowjetisch geprägt. Seit 2020/2021 haben sie eine neue Qualität: In Reaktion auf die Protestbewegung hat militärischer Drill an den Schulen und in der außerschulischen Kinderbetreuung Einzug gehalten. Die Gewaltapparate sind in bis dato unbekanntem Maße in die Erziehung und Ausbildung eingebunden. Der Alltag der Kinder und Jugendlichen wird systematisch militarisiert. Das dient der lückenlosen Kontrolle der Bevölkerung sowie

[68] Prava detej v Belarusi [Fn. 4], S. 11.

der dringend benötigten Rekrutierung von Nachwuchs für die Gewaltapparate. Das Regime hat sich einiges von Putins Russland abgeschaut. Kindern wird permanent eingebläut, das Land sei von Feinden umzingelt und es sei notwendig, sich auf einen vom Westen betriebenen Krieg vorzubereiten.

Die Militarisierung des kindlichen Alltags ist eine perverse Methode der Absicherung von Lukašenkas Herrschaft. Da die militärpatriotische Erziehung fest in den schulischen Alltag integriert ist und mehr und mehr zur Norm wird, haben belarussische Eltern kaum eine Chance, ihre Kinder dieser Indoktrination zu entziehen. Bürger- und Freiheitsrechte, die auch für Kinder und Jugendliche gelten – Informations- und Gewissensfreiheit, das Recht auf freie Meinungsäußerung, der Schutz des Privatlebens, das Recht auf körperliche Unversehrtheit und das elterliche Recht auf Erziehung – werden massiv verletzt.[69] Welche langfristigen Folgen eine Erziehung, in der die Macht des Stärkeren verherrlicht, ein Kult um die Waffe betrieben und die permanente Bekämpfung von „Staatsfeinden" zur Doktrin erhoben wird, für die Psyche der belarussischen Kinder und Jugendlichen haben wird, ist offen. Zu Optimismus gibt es keinen Anlass.

Schlagwörter:
Belarus, Kinder, Jugend, Schule, Bildungssystem, militär-patriotische Erziehung, Lukašenka-Regime

---

[69] Prava detej v Belarusi [Fn. 4], passim.

Dietmar Neutatz

Putins Geschichtspolitikmaschine

Die Russländische Militärhistorische Gesellschaft

Geschichtspolitik dient dem Putin-Regime als Instrument zur Legitimierung seiner imperialistischen Großmachtpolitik und zur Stärkung der nationalen Geschlossenheit. Im Zentrum steht eine patriotische, heroisierende Militärgeschichte. Die Russländische Militärhistorische Gesellschaft sorgt mit multimedialen Ausstellungen, monumentalen Denkmälern, Reenactments von Schlachten, militärhistorischem Tourismus und einer stark forcierten Kinder- und Jugendarbeit für eine patriotisch-kriegerische Aufladung des öffentlichen Raums. Die Verherrlichung historischer Kriege und Siege unter der festen Führung starker Herrscher und insbesondere die Erinnerung an die heldenhafte Verteidigung des Vaterlandes im Zweiten Weltkrieg sind untrennbarer Bestandteil der antiwestlichen Propaganda in Zeiten des Angriffskrieges gegen die Ukraine und westlicher Sanktionen.

Seit dem Amtsantritt von Vladimir Putin und vor allem seit 2012 hat sich die russländische Geschichtspolitik spürbar in einem nationalistisch-imperialen Sinn verändert und ist zunehmend restriktiv geworden. Rückblickend erkennt man darin ein kohärentes System, das offensichtlich von Anfang an dazu diente, die Bevölkerung Russlands auf einen Krieg vorzubereiten. Diese geistige Aufrüstung hatte schon in der ersten Amtszeit Putins begonnen, und sie wurde ab 2012, dem vom damaligen Präsidenten Medvedev ausgerufenen „Jahr der russländischen Geschichte", merklich intensiviert. In einem Erlass hatte Medvedev damals das Ziel formuliert, in der Gesellschaft das Interesse für Russlands Geschichte und seine Rolle in der Weltgeschichte zu wecken.[1]

Den Hintergrund für diese auffällige Indienstnahme der Geschichte für die Politik bildete der Vertrauensverlust, dem sich das Gespann Medvedev-Putin im Winter 2011/2012 gegenübersah. Das Regime war nach der Finanzkrise von 2008/2009 angeschlagen, in der Bevölkerung wuchs die Unzufriedenheit angesichts der bestehenden wirtschaftlichen und sozialen Probleme. Als Reaktion auf die manipulierten Dumawahlen von 2011 fanden in Moskau und anderen großen Städten des Landes Massendemonstrationen statt. Im März 2012 wurde Putin zwar erneut zum Präsidenten gewählt, aber seine Popularität war stark gesunken. Die Umfragewerte für ihn und für die Regierung sanken ab. Unter dem Eindruck dieser Entwicklung verstärkte das Regime seine nationalpatriotische Rhetorik. Statt wie noch 2009 das Versprechen einer raschen

---

Dietmar Neutatz (1964), Dr. phil., Historiker, Prof. für Neuere und Osteuropäische Geschichte an der Universität Freiburg

Von ihm erschien in OSTEUROPA: Identifikation und Sinnstiftung. Integrative Elemente in der Sowjetunion, in: OE, 12/2007, S. 49–65.

[1] Medvedev ob"javil 2012 god godom rossijskoj istorii. RIA Novosti, 9.1.2012.

 doi: 10.35998/oe-2022-218

ökonomischen Modernisierung in den Mittelpunkt zu stellen, versuchte man nun, sich über die Rückbesinnung auf Russlands historische Größe und traditionelle Werte Zustimmung in der Gesellschaft zu verschaffen.[2] Diese Strategie war eine Weiterentwicklung dessen, was schon vorher als „nostalgische Modernisierung"[3] praktiziert worden war: der Verweis auf ausgewählte historische Ereignisse zur Erzeugung von Legitimation – eine Praxis, die an die von Brežnev 1965 begründete Beschwörung des Sieges im „Großen Vaterländischen Krieg" von 1941–1945 anknüpfte.

Das Jahr 2012 eignete sich mit mehreren Jubiläen in besonderer Weise für die Instrumentalisierung der Geschichte: Im Jahr 862, also vor 1150 Jahren, hatte der legendäre Rjurik seine Herrschaft in Novgorod angetreten, ein Ereignis, auf das Russland den Beginn seiner Staatlichkeit zurückführt; 1612 war mit der Vertreibung der polnischen Besatzer aus Moskau die sogenannte „Zeit der Wirren" zu Ende gegangen; 1812 war Napoleons Russlandfeldzug gescheitert; 1862 war der russische Staatsmann Petr Stolypin geboren worden. Insbesondere die Feiern der beiden historischen Siege von 1612 und 1812 markierten den Anfang einer patriotisch-kriegerischen Aufladung des öffentlichen Raums und die systematische Verbreitung eines Geschichtsbilds, das die vergangene Größe Russlands und die Erinnerung an Siege unter der festen Führung starker Herrscher zu einer durchgängigen patriotischen Erzählung verbindet. Dieses Geschichtsbild hat den Charakter eines standardisierten Narrativs angenommen, das über alle verfügbaren Kanäle verbreitet wird.[4] Die Expansion Russlands erscheint dabei als ein nicht hinterfragter natürlicher und legitimer Vorgang. Es wird suggeriert, dass sich Russland seit dem Mittelalter gegen Feinde aus dem Westen habe verteidigen müssen, die stets versucht hätten, Russland durch die Unterstützung von oppositionellen oder gar revolutionären Kräften zu schwächen und zu zerstören.[5]

Dieses patriotische Geschichtsnarrativ hat zwar eine russisch-nationale Komponente, ist aber in erster Linie imperial konstruiert. Immer wieder betont Putin den multinationalen Charakter Russlands und verweist auf das multinationale Selbstverständnis des Russländischen Reiches und der Sowjetunion, um den russländischen Patriotismus gegenüber ethnisch exklusiven Nationalismen abzugrenzen. Auf diese Weise dient die patriotische Geschichtserzählung mit ihrer Suggestion eines gemeinsamen siegreichen Kampfes aller Völker Russlands gegen die seit Jahrhunderten wiederkehrenden

---

[2] Hans-Henning Schröder: Auf dem Boden der Tatsachen. Putins Rede zur Lage der Nation im Dezember 2013, in: Russland-Analysen, 269/2013, S. 2–3.

[3] Ilya Kalinin: Nostalgic Modernization. The Soviet Past as „Historical Horizon", in: Slavonica, 2/2011, S. 156–166. – Jade McGlynn: Reliving the Past. How the Russian Government and Media Use History to Frame the Present [PhD Thesis, University of Oxford]. Oxford 2020, <http://ora.ox.ac.uk/objects/uuid:2464a1de-88de-461d-a19d-a8f5dac6b828>, S. 214.

[4] McGlynn, Reliving the Past [Fn. 3], S. 1, spricht von „standard cultural historical narrative", Susan Stewart von „Kontinuitätsdiskurs". Susan Stewart: Geschichte als Instrument der Innen- und Außenpolitik am Beispiel Russlands. Wie die Gegenwart die Vergangenheit beeinflusst. Berlin 2020 [= SWP-Studie 22/2020], S. 9, <doi:10.18449/2020S22>.

[5] Zur Geschichtspolitik: Andrej Kolesnikov: Erinnerung als Waffe. Die Geschichtspolitik des Putin-Regimes, in: OSTEUROPA, 6/2020, S. 3–28. – Stewart, Geschichte [Fn. 4]. – Dietmar Neutatz: Die Verteidigung im Westen stärken. Imperium, Helden und Siege. Über die geistige Aufrüstung durch eine manipulative Geschichtspolitik von Staat und Kirche in Putins Russland. FAZ, 9.5.2022, S. 6.

Bedrohungen aus dem Westen der Integration der ethnisch und konfessionell heterogenen Bevölkerung und der Legitimierung der imperialistischen Großmachtpolitik.[6]
Die Vergangenheit wird für die Gegenwart instrumentalisiert. Patriotische Identifikation mit historischen Siegen und Leistungen soll direkt in eine Unterstützung der gegenwärtigen Politik der Regierung umgemünzt werden, indem aktuelle politische Themen, insbesondere im Zusammenhang mit dem Geschehen in der Ukraine seit 2014, mit historischen Ereignissen diskursiv verschränkt werden, um zum Beispiel die westlichen Sanktionen in eine scheinbare jahrhundertelange historische Kontinuität russländischer Abwehr westlicher Aggressionen zu stellen. Die Regierung betrachtet dabei die selektive Befassung mit Geschichte als zentral für die Schaffung einer kollektiven russländischen Identität. Russland macht sich dabei einen Trend zunutze, der auch in Westeuropa zu beobachten ist: An die Stelle großer Ideologien ist die Erinnerungskultur getreten, mit der Konsequenz, dass das Erinnern an historische Ereignisse eine noch gewichtigere Rolle für politische Identifikation und Zugehörigkeit spielt.[7]

Gründung und Ziele der Russländischen Militärhistorischen Gesellschaft

An vorderster Front ist die Russländische Militärhistorische Gesellschaft auf dem Feld der patriotischen Geschichtspolitik tätig. Über sie und andere Akteure hat der Staat seine geschichtspolitischen Aktivitäten seit 2012 auf Organisationen ausgelagert, die als unabhängige gesellschaftliche Initiativen daherkommen, in Wirklichkeit aber von ihm gesteuert sind bzw. in enger Abstimmung mit ihm agieren.[8] Der Staat hatte zunächst auf die patriotische Aneignung der Geschichte bezogene gesellschaftliche Aktivitäten ermutigt und entsprechende Veranstaltungen gefördert. In der Folge übernahm er, insbesondere über das seit 2012 von Vladimir Medinskij geleitete Kulturministerium, die Kontrolle über historische Klubs und Organisationen.[9] Die Idee einer „gesonderten staatlichen historisch-propagandistischen Organisation“, die sich mit der „Bewahrung des historischen Erbes, Fragen der historischen Erinnerung und der historischen Propaganda“ befasst und „gegenpropagandistische Aufgaben“ übernehmen müsse, hatte Medinskij schon 2011 in seiner Dissertation formuliert.[10]
Putin persönlich hob den hohen Stellenwert der Militärgeschichte hervor. Bei einem Treffen mit Vertretern aus Kultur, Wissenschaft, Sport sowie gesellschaftlicher und religiöser Gemeinschaften hielt er im September 2012 in Krasnodar eine Rede über die patriotische Erziehung der Jugend. Es gehe, so Putin, „um die Werte, um die sittlichen Grundlagen, auf denen wir unser Leben aufbauen, die Kinder erziehen, die Gesellschaft

---

6 Jade McGlynn: Living Forms of Patriotism. Engaging Young Russians in Military History? In: Nina Friess, Félix Krawatzek (Hg.): Youth and Memory in Europe. Defining the Past, Shaping the Future. Berlin, Boston 2022, S. 232.

7 Ebd., S. 232. – Ausführlich zu den Methoden und Funktionen der Putinschen Geschichtspolitik siehe: McGlynn, Reliving the Past [Fn. 3].

8 McGlynn, Reliving the Past [Fn. 3], S. 219. – Jade McGlynn, Karoline Thaidigsmann, Nina Friess: Promoting Patriotism, Supressing Dissent Views. The Making of Historical Narratives and National Identity in Russia and Poland, in: Friess, Youth and Memory [Fn. 6], S. 222.

9 McGlynn, Reliving the Past [Fn. 3], S. 215–216.

10 Olesja Pavlenko: Kak važno byt’ istorikom. Rossijskoe voenno-istoričeskoe obščestvo Vladimira Medinskogo tratit bjudžetnye milliardy na sozdanie „edinstvenno vernogo“ istoričeskogo narrativa. Novaja Gazeta, 17.2.2022.

entwickeln und letztendlich unser Land stärken müssen". Russland müsse seine Zukunft auf einem festen Fundament errichten. Dieses Fundament sei der Patriotismus, verbunden mit der „Achtung der eigenen Geschichte und Traditionen, der geistigen Werte unserer Völker, unserer tausendjährigen Kultur und der einzigartigen Erfahrung eines Zusammenlebens Hunderter von Völkern und Sprachen auf dem Territorium Russlands". Die Geschichte der multinationalen russländischen Staatlichkeit zeuge davon, „dass wahrer Patriotismus nichts gemein habe mit den Ideen rassischer, nationaler oder religiöser Exklusivität".[11] Man müsse die besten Erfahrungen des Russländischen Reiches und der Sowjetunion in der Erziehung der Jugend nutzen.

> Wir brauchen wirklich lebendige Formen der Arbeit an der Erziehung zu Patriotismus und Staatsbürgerbewusstsein [graždanstvennost'], die sich auf gesellschaftliche Initiative, ein Wirken im Dienst der traditionellen Religionen sowie auf die Tätigkeit von Jugend- und militärpatriotischen Organisationen, historischen und landeskundlichen Klubs und ähnlichen Strukturen stützen. Mit einem Wort, wir brauchen eine effektiv gestaltete gesellschaftlich-staatliche Partnerschaft.

In diesem Zusammenhang, so Putin, habe er unlängst mit dem Kulturminister über die Idee der Gründung einer Militärhistorischen Gesellschaft gesprochen.[12]
Putin definierte folgende Ziele: die Herausbildung einer Werteordnung in der Jugend als moralisches Fundament; die Ausrichtung der Bildungspolitik auf einen echten Patriotismus, der auf Wissen beruhe; die Förderung der militärpatriotischen Erziehung der Jugend. Als positives Beispiel nannte er die Maßnahmen rund um das Jubiläum der Schlacht von Borodino 1812:

> Solchen zivilgesellschaftlichen [graždanskie] Initiativen muss man jede erdenkliche Unterstützung gewähren. Das bezieht sich auch auf die vormilitärische Ausbildung der Jugend und die Erhöhung des gesellschaftlichen Prestiges des Militärdienstes. [. . .] Ich glaube, dass die Vorbereitung junger Menschen auf den Militärdienst und insbesondere die Ausbildung künftiger Offiziere von uns größte Aufmerksamkeit verlangen. Wir werden das System der Kadettenkorps und der Suvorov-Lehranstalten in jeder erdenklichen Weise weiterentwickeln und die Arbeit von Organisationen zur vormilitärischen Ausbildung fördern.[13]

Wenig später, am 29. Dezember 2012, rief Präsident Putin mit seinem Dekret Nr. 1710 die Russländische Militärhistorische Gesellschaft (Rossijskoe voenno-istoričeskoe obščestvo, RVIO) ins Leben – nicht zu verwechseln mit der Russländischen Historischen Gesellschaft (Rossijskoe istoričeskoe obščestvo, RIO), die sich am 20. Juni 2012 als Nachfolgeorganisation der von 1866 bis 1917 bestehenden Kaiserlichen Russischen Historischen Gesellschaft gegründet hatte.[14]

---

[11] Vstreča s predstaviteljami obščestvennosti po voprosam patriotičeskogo vospitanija molodeži, Krasnodar, 12.9.2012, <http://kremlin.ru/events/president/news/16470>.
[12] Ebd.
[13] Ebd.
[14] Dekret des Präsidenten der Russländischen Föderation Nr. 1710, 29.12.2012, <https://rvio.histrf.ru/official/decree-no-1710>.

Träger der Russländischen Militärhistorischen Gesellschaft, die als sogenannte „gesellschaftlich-staatliche Organisation“ (obščestvenno-gosudarstvennaja organizacija) firmiert, sind seitens des Staates das Kultur- und das Verteidigungsministerium.[15] Die Gesellschaft sieht sich in der Tradition der Kaiserlichen Russischen Militärhistorischen Gesellschaft, die von 1907 bis 1917 bestand.[16] Ihre Ziele sind laut ihrem Statut:

> die Konsolidierung der Kräfte des Staates und der Gesellschaft bei der Erforschung der militärhistorischen Vergangenheit Russlands; die Förderung von Forschungen zur vaterländischen Militärgeschichte und Verhinderung von Versuchen ihrer Verfälschung; die Gewährleistung der Popularisierung der Errungenschaften der militärhistorischen Wissenschaft; die Erziehung zu Patriotismus; die Hebung des Prestiges des Militärdienstes.[17]

Die Kopfzeile ihrer Website ziert als Leitspruch ein Zitat Vladimir Putins:

> Wir müssen alles daransetzen, dass die heutigen Kinder und überhaupt all unsere Bürger stolz darauf sind, die Nachkommen, Enkel und Urenkel von Siegern zu sein. Dass sie die Helden ihres Landes und ihrer Familie kennen, damit alle verstehen, dass das ein Teil unseres Lebens ist.[18]

Ihren Sitz („Stabsquartier“) hat die Gesellschaft im ehemaligen Trubeckoj-Bove-Palais in der Petrovskij-Gasse 6, einem repräsentativen Architekturdenkmal im Zentrum Moskaus.[19] Die Gesellschaft betreibt ein Netz von 87 regionalen und 487 lokalen Abteilungen mit über 16 000 Mitgliedern (Stand Dezember 2022). In 35 Regionalabteilungen wurden Kuratorien (Popečitel’nye Sovety) gebildet, von denen 21 durch die Gouverneure bzw. die Oberhäupter der Föderationssubjekte persönlich geleitet werden. In den Regionen fördert die RVIO heimatkundliche Aktivitäten, um die „Liebe zur kleinen Heimat und den Stolz auf die Heldentaten der Vorfahren, unserer Landsleute“ zu wecken und die „Geschichte des Vaterlandes“ am Beispiel von Persönlichkeiten aus den Regionen erfahrbar zu machen. In den Regionen finden regelmäßig Veranstaltungen statt, die denkwürdigen Ereignissen der Militärgeschichte gewidmet sind: wissenschaftlich-praktische Konferenzen, Seminare, Vorträge, „militärpatriotische Festivals“, Sportwettbewerbe oder historische Reenactments.[20] Die Gesellschaft kooperiert bei ihren Aktivitäten mit der Russländischen Akademie der Wissenschaften, der Russländischen Historischen Gesellschaft, der Russländischen Geographischen Gesellschaft und der Assoziation der Historiker des Ersten und Zweiten Weltkriegs.[21]

---

[15] Ustav Obščerossijskoj obščestvenno-gosudarstvennoj organizacii „Rossijskoe voenno-istoričeskoe obščestvo“, beschlossen am 14.3.2013, letzte Änderung am 30.6.2022, S. 2, <https://rvio.histrf.ru/official/charter>.

[16] Vstreča s učastnikami učreditel’nogo s”ezda Rossijskogo voenno-istoričeskogo obščestva, 14.3.2013, <www.kremlin.ru/events/president/news/17677>. – Rossijskoe voenno-istoričeskoe obščestvo: Otčet o dejatel’nosti 2013–2020, <https://rvio.histrf.ru/activities/report>, S. 6.

[17] Ustav Obščerossijskoj obščestvenno-gosudarstvennoj organizacii [Fn. 15], S. 3.

[18] Rossijskoe voenno-istoričeskoe obščestvo, <https://rvio.histrf.ru/>.

[19] RVIO, Otčet o dejatel’nosti 2013–2020 [Fn. 16], S. 10.

[20] Rossijskoe voenno-istoričeskoe obščestvo. Regional’naja politika, <https://rvio.histrf.ru/projects/regional-policy/>.

[21] Rossijskoe voenno-istoričeskoe obščestvo. Naučnaja dejatel’nost’, <https://rvio.histrf.ru/projects/science>.

Personen und Struktur

Kulturminister Vladimir Medinskij, einer der geistigen Väter der Russländischen Militärhistorischen Gesellschaft und zugleich Chefideologe und selbsternannter Verteidiger der traditionellen russischen Werte, wurde bei der Gründungsversammlung am 14. März 2013 zum Vorsitzenden gewählt. Medinskij, Jahrgang 1970, ist eine schillernde Figur. Als promovierter Historiker und zugleich Politiker war er schon 2002–2005 mit seiner Trilogie *Mythen über Russland*[22] aufgefallen – drei Büchern, in denen er ein krudes nationalistisches Geschichtsbild ausbreitete. Zusammen mit anderen Publikationen qualifizierte ihn das, um in die 2009 gebildete „Kommission beim Präsidenten der Russländischen Föderation zur Verhinderung von Versuchen der Geschichtsfälschung zum Schaden der Interessen Russlands" geholt und 2012 zum Kulturminister ernannt zu werden. Von seinem Ministeramt wurde er 2020 entbunden, die Leitung der RVIO hat er bis heute inne, und er fungiert auch als Berater Präsident Putins in historischen Angelegenheiten. Er übt sein Amt an der Spitze des RVIO aktiv aus und ist häufig im „Stabsquartier" und auf Veranstaltungen der Gesellschaft anzutreffen.[23]

Die Struktur der RVIO ist kompliziert. Dem Vorsitzenden steht ein Kuratorium (Popečitel'nyj sovet) zur Seite. Den Kern der Gesellschaft bildet der Zentralrat (Central'nyj sovet) mit fünf Kommissionen: für die Zusammenarbeit mit staatlichen und gesellschaftlichen Organisationen, für Such- und Rekonstruktionsarbeiten, für das kulturelle Erbe, für wissenschaftliche Tätigkeit sowie für Informationspolitik. Dem Zentralrat stehen ein Wissenschaftlicher Beirat (Naučnyj sovet) und ein Kreativrat (Tvorčeskij sovet) zur Seite. Dem Zentralrat untersteht eine Exekutivdirektion (Ispolnitel'naja direkcija) mit 50 Mitarbeitern in mehreren Abteilungen.[24]

Die Zusammensetzung der Gremien illustriert den hohen Stellenwert, den der Staat der RVIO beimisst, und den hohen Grad an staatlicher Kontrolle und Einflussnahme: Unter den 33 Mitgliedern des Zentralrats sind der stellvertretende Verteidigungsminister, der stellvertretende Kulturminister und weitere hochrangige Vertreter staatlicher, darunter auch regionaler Behörden, ergänzt um Direktoren staatlicher Museen und Institute sowie staatsnahe Kulturschaffende und Journalisten.[25] Im Kuratorium sitzen unter anderem Bildungsminister Sergej Kravcov, Justizminister Konstantin Čujčenko, der Minister für Industrie und Handel Denis Manturov, der stellvertretende Verteidigungsminister Ruslan Calikov, der stellvertretende Vorsitzende der Föderalversammlung, der Vorsitzende des Verteidigungsausschusses der Duma, der Fraktionsführer der *Liberal-Demokratischen Partei* in der Duma, der Leiter der Kulturabteilung der Stadt Moskau und einige Generaldirektoren großer Unternehmen.[26]

---

[22] Vladimir Rostislavovič Medinskij: Mify o Rossii. T. 1: O russkom p'janstve, leni i žestokosti. T. 2: O russkoj demokratii, grjazi i „tjur'me narodov". T. 3: O russkom vorovstve, duše i dolgoterpenii. Moskva 2002–2005.

[23] McGlynn, Reliving the Past [Fn. 3], S. 222.

[24] Rossijskoe voenno-istoričeskoe obščestvo. Struktura, <https://rvio.histrf.ru/official/structure>. – RVIO, Otčet o dejatel'nosti 2013–2020 [Fn. 16], S. 12.

[25] Rossijskoe voenno-istoričeskoe obščestvo. Central'nyj sovet, <https://rvio.histrf.ru/official/central>.

[26] Rossijskoe voenno-istoričeskoe obščestvo. Popečitel'nyj sovet, <https://rvio.histrf.ru/official/trustees>.

Dem Wissenschaftlichen Beirat gehören überwiegend Historiker, aber auch Publizisten und Schriftsteller an. Die Historiker kommen von der Akademie der Wissenschaften (Konstantin Aver'janov, Anatolij Koškin, Elena Senjavskaja), vom Waffenmuseum in Tula, der Militäruniversität des Verteidigungsministeriums (Vjačeslav Zimonin, Jurij Rubcov), vom Institut für Militärgeschichte des Verteidigungsministeriums, aus dem Verteidigungsministerium selbst und dessen Zentralarchiv, vom Moskauer Institut für Internationale Beziehungen MGIMO (Michail Mjagkov) und von der Moskauer Staatlichen Universität (Sergej Černjachovskij).[27]

Aktivitäten, Finanzierung

Die Militärhistorische Gesellschaft errichtet Denkmäler – bisher etwa 250 an der Zahl –, publiziert Bücher, veranstaltet patriotische Festivals und Reenactments historischer Schlachten, organisiert Ausstellungen, betreut Gedenkstätten und Museen und installiert Informations- und Gedenktafeln; Mitglieder der Gesellschaft fungieren als Berater bei der Produktion von einschlägigen Spielfilmen und Hunderten von Dokumentarfilmen.[28] Einen besonders hohen Stellenwert hat die Kinder- und Jugendarbeit. Gemeinsam mit dem Ministerium für Bildung und Wissenschaft, der Russländischen Historischen Gesellschaft und dem Kulturministerium der Russländischen Föderation beteiligte sich die RVIO an der Erarbeitung des sogenannten „Historisch-kulturellen Standards" als Grundlage für das neue einheitliche Geschichtslehrbuch.[29] Sie wird von staatlichen Behörden und Organisationen auch zu zahlreichen anderen Projekten hinzugezogen und richtet zusammen mit Partnerorganisationen Wettbewerbe und Festivals aus. Über Exkursionen und Ferienlager wird Kindern und Jugendlichen militärisches Heldentum nahegebracht.[30]

Zur Finanzierung ihrer Aktivitäten erhielt die Russländische Militärhistorische Gesellschaft in den ersten neun Jahren ihres Bestehens nach Berechnungen der *Novaja Gazeta* mindestens 6,7 Milliarden Rubel (das entsprach Ende 2022 ca. 110 Millionen Euro), davon ca. 4,4 Milliarden Rubel vom Staat und 2,3 Milliarden Rubel von privaten Spendern. Die staatlichen Mittel stammen überwiegend aus dem Budget des Kulturministeriums und des Föderalen Projekts „Kreative Menschen". Sie wurden vor allem für die Personalkosten der Gesellschaft, die Errichtung von Denkmälern und die Durchführung patriotischer Ferienlager verwendet.[31]

Wo solch hohe Summen fließen, sind in Russland häufig vetternwirtschaftliche Geschäftsmodelle anzutreffen. Im Dezember 2017 gründete die RVIO zusammen mit Andrej Nazarov, einem Vertrauten Medinskijs und Autor der Drehbücher für drei von der RVIO kuratierte Kriegsfilme, die Gesellschaft „Handelshaus RVIO" (Torgovyj dom RVIO). Der Gesellschaft gehört die Buchhandlung *Dostoevskij* an der Vozdviženka-

---

[27] Rossijskoe voenno-istoričeskoe obščestvo. Naučnyj sovet, <https://rvio.histrf.ru/official/council>.

[28] RVIO, Naučnaja dejatel'nost' [Fn. 21]. – Als wichtigste Spielfilme, an denen die RVIO mitwirkte, nennt sie auf ihrer Homepage: „Batal'on", „A zori zdes' tichie . . .", „Bitva za Sevastopol'", „Pervaja mirovaja" und „28 panfilovcev".

[29] RVIO, Naučnaja dejatel'nost' [Fn. 21].

[30] Rossijskoe voenno-istoričeskoe obščestvo. Rabota s organizacijami, <https://rvio.histrf.ru/projects/government-and-community>.

[31] Pavlenko, Kak važno byt' istorikom [Fn. 10].

Straße 1 im Herzen Moskaus. In der Buchhandlung findet sich eine umfangreiche Abteilung mit den Büchern Medinskijs und anderer Autoren der RVIO. Die Rechte an der Marke *Dostoevskij* gehören Medinskijs Ehefrau Marina. Die Gesellschaft hat ihren Sitz in einem ehemaligen Gutshof außerhalb von Moskau, dessen Grundstück im Wert von 51 Millionen Rubeln der RVIO 2017 vom Kulturministerium übertragen wurde. Normalerweise geschieht so etwas mit der Auflage, Kulturdenkmäler zu restaurieren. Über Restaurierungsprojekte erfährt man allerdings auf der Website der Gesellschaft nichts. 2017 gründete Medinskij mit seinem Schulfreund und ehemaligen Geschäftspartner Egor Moskvin und anderen die Gesellschaft „Militärhistorisches Museumszentrum" (Voenno-istoričeskij muzejnyj centr). Was diese Gesellschaft macht, ist unklar. Sie hat keine Internetpräsenz und taucht auch in den Medien nicht auf. Direktorin des Zentrums ist Tat'jana Zujkova, Medinskijs jüngere Schwester. Sie leitet daneben weitere sieben Unternehmen der Familie. Einer jener in der RVIO, die für die Errichtung von Denkmälern zuständig sind, ist Medinskijs Vater Rostislav. Künstlerische oder kulturelle Qualifikationen hat er nicht aufzuweisen, vielmehr hat er sein gesamtes Leben in den Streitkräften der UdSSR gedient. Sein künstlerischer Partner bei der Produktion von Denkmälern ist Denis Stritovič, sozusagen der festangestellte Bildhauer der RVIO. Er fertigt Büsten und standardisierte Denkmäler an. Gegenwärtig ist er damit beschäftigt, für 32 „Städte des Arbeitsruhms" Stelen zu produzieren – eine Serienfertigung mit kleinen stadtspezifischen Elementen.[32]

Ein anderes Serienprojekt sind die sogenannten „Alleen des russländischen Ruhms" mit Büsten von Helden, überwiegend solchen des Großen Vaterländischen Krieges. Bisher wurden in 16 Städten solche Alleen mit insgesamt 67 Büsten errichtet.[33] Die Internetseite des Projekts umfasst neben Videoberichten über bereits fertiggestellte Alleen Anleitungen zur richtigen Beschaffenheit der Sockel oder dem sachgemäßen Transport von Büsten auf Lastkraftwagen sowie eine detaillierte Preisliste. Konfektionierte Denkmäler wie „Flucht aus der Hölle", „Den Werktätigen im Hinterland", „Der Befreier", „Krankenschwester" oder „Grenzsoldat mit Hund" sind für 250 000 bis 320 000 Rubel zu haben, Büsten aus Eisenbeton kosten 100 000 Rubel, solche aus Bronze das Zehnfache. Individuell angefertigte Skulpturen schlagen mit bis zu 2,6 Millionen Rubeln zu Buche.[34]

Für die von der RVIO errichteten monumentalen Denkmäler, die in der Regel auf Anweisung aus der Regierung errichtet werden, fallen immense Kosten an. Entgegen den wiederholten Behauptungen Medinskijs, die Finanzierung beruhe ausschließlich auf Spenden, fließen erhebliche Budgetmittel. Das bisher teuerste Projekt war mit 650 Millionen Rubeln die im Jahr 2020 eingeweihte „Gedenkstätte für den Sowjetischen Soldaten" in Ržev (Gebiet Tver'). Mindestens 200 Millionen Rubel kamen dabei aus dem Staatshaushalt.[35]

---

[32] Ebd.
[33] Ebd.
[34] Proekt „Alleja Rossijskoj Slavy". Prajs-list, <https://alroslav.ru/price/>.
[35] Pavlenko, Kak važno byt' istorikom [Fn. 10].

Denkmäler und Gedenktafeln

Seit ihrer Gründung 2012 hat die RVIO schon mehr als 350 Denkmäler errichten lassen, davon 70 für Gefallene des Zweiten Weltkriegs.[36] Die entsprechende Rubrik ihrer Homepage nennt sich „Denkmalpropaganda“ (monumental’naja propaganda).[37] Allein in Moskau wurden unter der Ägide der RVIO mehrere große Denkmäler enthüllt: im Erinnerungskomplex *Poklonnaja gora* eines für die Helden des Ersten Weltkriegs (2014) und „Für den Fronthund“[38] (2013), beim Belorussischen Bahnhof das Denkmal „Abschied der Slawin“ (2014) und im Park Nikulino ein Reiterstandbild für den zarischen General Michail Skobelev (2014). Ein weiteres Reiterstandbild wurde für den Weltkriegsmarschall Konstantin Rokossovskij auf dem nach ihm benannten Boulevard aufgestellt (2015), und auf dem Oružejnyj-Platz steht seit 2017 ein Denkmal für den Waffenkonstrukteur Michail Kalašnikov.

Herrscherfiguren, die für die Größe und Macht Russlands stehen, erhielten neue Denkmäler, die für Nichtinformierte aussehen, als stünden sie seit dem 19. Jahrhundert da. Im Stadtzentrum von Moskau wurde 2016 auf dem Borovickij-Platz ein mehr als 17 Meter hohes Denkmal für Vladimir den Heiligen enthüllt, den Fürsten, der 988 in der Rus’ das Christentum einführte und programmatisch für den Anspruch Moskaus auf die Tradition der Rus’ und für die offiziell propagierte gemeinsame Geschichte Russlands und der Ukraine steht. Die Denkmalenthüllung fand am 4. November 2016 statt, am „Tag der Volkseinheit“, dem 2004 eingeführten Feiertag, an dem an die Vertreibung der polnischen Besatzer aus Moskau im Jahre 1612 erinnert wird. An dem Staatsakt nahmen Präsident Putin, Ministerpräsident Medvedev, Patriarch Kirill, Kulturminister Medinskij und der Moskauer Bürgermeister Sobjanin teil. Putin erklärte in seiner Rede, Fürst Vladimir sei „für immer in die Geschichte eingegangen als Sammler und Verteidiger der russischen Länder, als weitsichtiger Politiker, der die Grundlagen für einen starken, einheitlichen und zentralisierten Staat gelegt“ habe.[39]

Unweit davon war schon 2014 im Alexandergarten ein Denkmalensemble für Aleksandr I. errichtet worden, jenen Zaren, unter dem Russland den Sieg im Vaterländischen Krieg von 1812 davongetragen hatte. Reliefs zeigen Szenen aus den Schlachten gegen Napoleon. „Man fühlt hier die Größe unserer Geschichte“, verkündete Vladimir Putin bei der Einweihung, an der dieselben Repräsentanten von Staatsmacht und Kirche teilnahmen:

> Buchstäblich alles ist durchdrungen von der Erinnerung an den Kriegsruhm Russlands, an diejenigen, die unser Vaterland beschützt, verteidigt und bewahrt haben.[40]

---

[36] RVIO, Otčet o dejatel’nosti 2013–2020 [Fn. 16], S. 36.

[37] Rossijskoe voenno-istoričeskoe obščestvo. Monumental’naja propaganda, <https://rvio.histrf.ru/projects/monumental-promotion>.

[38] Wie die Nachrichtenagentur RIA Novosti am 21.6.2013 mitteilte, enthüllte Kulturminister Medinskij persönlich dieses Denkmal, das den mehr als 60 000 Hunden gewidmet ist, die als „stumme Helden des Großen Vaterländischen Krieges“ ihren Dienst an allen Fronten verrichtet hätten, <https://ria.ru/20130621/944768586.html>.

[39] Vladimir Putin otkryl pamjatnik knjaz’ju Vladimiru. Parlamentskaja gazeta, 4.11.2016.

[40] Prezident Rossii. Otkrytie pamjatnika Aleksandru I, <www.kremlin.ru/events/president/news/47044>.

Außerhalb von Moskau sind die aufwändigsten Denkmäler bzw. Gedenkstätten die schon erwähnte „Gedenkstätte für den Sowjetischen Soldaten“ in Ržev im Gebiet Tver’ (2020) mit der 25 Meter hohen Bronzestatue eines Rotarmisten auf einem zehn Meter hohen künstlichen Hügel sowie das Ensemble „Fürst Aleksandr Nevskij mit seiner Gefolgschaft“ in Samolva im Gebiet Pskov (2021). Die Gedenkstätte in Ržev weihte Putin gemeinsam mit dem belarussischen Präsidenten Lukašenka ein. Sie sei, so Putin in seiner Rede,

> ein Symbol unseres gemeinsamen Erinnerns, ein Symbol der Ehrerbietung für die große und aufopferungsvolle Ruhmestat des Heldensoldaten, des Soldaten als Befreier und Sieger, des Soldaten, der Europa und die ganze Welt vor dem Nazismus gerettet hat. Die Zeit hat keine Macht über diese Heldentat, und sie darf niemals vergessen, geschweige denn ausgelöscht und durch Lügen und Fälschungen besudelt werden. So etwas werden wir nicht zulassen.[41]

Nicht ganz so monumental sind die Denkmäler für die Helden des Ersten Weltkriegs in Kaliningrad (2014), für Ivan III. in Kaluga (2017),[42] für Zar Aleksandr III. in Gatčina (2021), für Admiral Fedor Ušakov in Temnikov in der Republik Mordwinien (2019), für General Aleksandr Suvorov in seinem Geburtsort Kistyš im Gebiet Vladimir (2020) oder auch für den Regimentspriester Vasilij Vasil’kovskij in Malojaroslavec im Gebiet Kaluga (2014), der 1812 einen Angriff anführte. In Groznyj enthüllte Tschetschenenführer Ramzan Kadyrov 2018 ein Denkmal für Chanpaša Nuradilov, den „erfolgreichsten Maschinengewehrschützen des Zweiten Weltkriegs“. Daneben wurden in zahlreichen Kleinstädten neue Kriegerdenkmäler zur Erinnerung an die „siegreichen Soldaten“ (soldatu-pobeditelju) des Zweiten Weltkriegs aufgestellt.

Auch im Ausland errichtete die RVIO Denkmäler: in Belgrad für Zar Nikolaj II. (2014), in Reims, Coucy und Aguilcourt (die beiden letzteren Orte liegen im Département Aisne) für das im Ersten Weltkrieg nach Frankreich entsandte russische Expeditionskorps (2014, 2015 und 2018), in Ljubljana für die in den beiden Weltkriegen auf slowenischem Boden gefallenen russischen und sowjetischen Soldaten (2016) und in Spitak (Armenien) für die sowjetischen Soldaten, die bei der Beseitigung der Folgen des Erdbebens von 1988 halfen (2015).

Auf der annektierten Krim bemüht sich die RVIO, durch die Errichtung immer neuer Denkmäler die Zugehörigkeit der Halbinsel zu Russland zu markieren. So wurden in Sevastopol’ ein Denkmal für die griechische Legion von Zar Nikolaj I. (2016) und ein weiteres für die „Söhne Russlands, die im Bürgerkrieg kämpften“ (2021)[43] aufgestellt, in Kerč eines für den „altrussischen Fürsten Gleb und den Chronisten Nikon“ (2019) und in Feodosija ein Reiterstandbild für General Petr Kotljarevskij, den „Suvorov des Kaukasus“ (2020).

---

[41] RVIO, Otčet o dejatel’nosti 2013–2020 [Fn. 16], S. 21.

[42] Das Denkmal für Ivan III. in Kaluga ersetzte das Lenin-Denkmal auf dem zentralen Platz der Stadt. Das Lenindenkmal wurde nicht entsorgt, sondern restauriert und auf einem anderen Platz aufgestellt, wo es ursprünglich einmal gestanden hatte. RVIO, Otčet o dejatel’nosti 2013–2020 [Fn. 16], S. 39.

[43] Andere Bezeichnungen lauten „Denkmal der Versöhnung im Bürgerkrieg“ (pamjatnik Primirenija v Graždanskoj vojne) oder „Denkmal zum 100. Jubiläum der Beendigung des Bürgerkriegs“.

2016 wurden auf Initiative der RVIO an Autostraßen in den westlichen Landesteilen Russlands „Leuchttürme der Erinnerung“ (Majaki pamjati) aufgestellt – Schilder mit Hinweisen auf Ereignisse des Zweiten Weltkriegs. 2017 wurde das Programm ausgeweitet: Im Gebiet Kaliningrad etwa wurden Schilder zum Siebenjährigen Krieg (1756–1783), in dem russländische Truppen in Ostpreußen kämpften, installiert, an der Fernstraße M 1 westlich von Moskau solche zur Erinnerung an die Schlacht von Borodino 1812.[44]

Züge der Moskauer Metro wurden thematisch dekoriert („Große Heerführer“, „Russland – meine Geschichte“, „Der Weg zum Sieg“), Fernzüge der Eisenbahn mit informativen Plakaten über Schlachten des Großen Vaterländischen Krieges bestückt. Gedenktage wie der „Tag des Partisanen und Untergrundkämpfers“ werden im öffentlichen Raum mit riesigen Reklamepaneelen und Mediafassaden ins Bewusstsein gerufen.[45] Seit 2015 veranstaltet die RVIO einen Jugendwettbewerb, bei dem es darum geht, städtische Fassaden mit haushohen Graffiti zu militärhistorischen Themen zu versehen.[46] Die Ergebnisse sind unter anderem im Stadtzentrum Moskaus sichtbar. Die Statue des Fürsten Vladimir etwa blickt auf drei große Fassaden auf der gegenüberliegenden Seite des Borovickij-Platzes, auf denen das Ržever Soldatendenkmal, General Kutuzov sowie die Helden von 1612, Minin und Požarskij, abgebildet sind – alle drei weithin sichtbar versehen mit dem Hinweis auf die Russländische Militärhistorische Gesellschaft.

Volkshelden am Borovickij-Platz: Minin & Požarskij

44 RVIO, Monumental’naja propaganda [Fn. 37].
45 RVIO, Otčet o dejatel’nosti 2013–2020 [Fn. 16], S. 122–130.
46 RVIO, Otčet o dejatel’nosti 2013–2020 [Fn. 16], S. 148.

Raffaels Sixtinische Madonna stand Patin, Held am Borovickij-Platz

Seit 2015 werden im ganzen Land Gedenktafeln angebracht (bis August 2021 waren es schon mehr als 2900), die an Personen erinnern, denen für ihre Leistungen im Zweiten Weltkrieg der Titel „Held der Sowjetunion“ oder „Ritter des Ruhmesordens“ verliehen wurde: an Schulen, die sie besucht, oder an Häusern, in denen sie geboren wurden, gelebt oder gearbeitet haben.[47] Hinzu kommen Gedenktafeln für Künstler und historische Persönlichkeiten, wobei mitunter der ans Absurde grenzende Synkretismus des harmonisierenden Geschichtsnarrativs zum Ausdruck kommt. So wurde beispielsweise 2017 am Gebäude des Gymnasiums Nr. 1 in Ul’janovsk eine Tafel installiert, die zugleich an Aleksandr Kerenskij und an Vladimir Lenin erinnert. Der eine wurde in dem Gebäude geboren, der andere ging dort zur Schule. Sie stehen in scheinbarer Kontinuität nebeneinander als „Vorsitzender der Provisorischen Regierung Russlands 1917“ und als „Oberhaupt der Regierung Sowjetrusslands und der UdSSR 1917–1924“, ohne dass über die Umstände des Sturzes des einen durch den anderen auch nur ein Wort verloren wird.[48]

Im Internet baute die RVIO ab 2015 das Portal „Erinnerungsort“ (Mesto pamjati) auf,[49] das militärhistorischen Gedenkstätten, Denkmälern, Museen u.ä. in Russland und aller Welt gewidmet ist. Ziel des Projekts ist es, örtliche Aktivitäten im Bereich der Registrierung, Bewahrung und Pflege solcher Objekte, von denen Ende 2022 an die 89 000 auf einer interaktiven Karte verzeichnet waren, zu erfassen und zu fördern.[50]

Auffällig an der „Denkmalpropaganda“ der RVIO ist, dass die Geschichte, an die damit erinnert wird, eine fast ausschließlich männliche ist. Die wenigen Objekte, die Frauen gewidmet sind, zeigen diese in der Rolle von Müttern, Krankenschwestern oder jungen Frauen, die Soldaten verabschieden; die Betonung liegt dabei praktisch durchgehend auf dem Aspekt des Weiblichen und des Mütterlichen. Als Beispiel seien hier nur die Denkmäler „Den Müttern und Ehefrauen der Verteidiger des Vaterlandes“ (Novosibirsk 2016), „Den Militärärzten und Krankenschwestern“ (Chimki 2016) und „Abschied der Slawin“ (Moskau 2014) genannt. Auch im Rechenschaftsbericht der RVIO wird die klare Rollenverteilung nach Geschlechtern explizit hervorgehoben: Es sei überfällig gewesen, auch denjenigen ein Denkmal zu setzen, für die gekämpft worden sei: Kindern, Müttern und Ehefrauen.[51] Darstellungen von Frauen in der Rolle von Angehörigen der kämpfenden Truppe, von heldenhaften Verteidigerinnen des Vaterlands, bilden die große Ausnahme. Eine dieser Ausnahmen ist das Museum für die Partisanin Zoja Kosmodem’janskaja in Petriščevo bei Moskau; die Beschäftigung mit dieser weiblichen Kriegsheldin gehört seit Sowjetzeiten zum Schulbuchkanon. Auch in der Kinder- und Jugendarbeit, auf die im Weiteren noch ausführlicher eingegangen wird, sind Mädchen und Frauen in Uniform durchaus präsent.

---

47 Rossijskoe voenno-istoričeskoe obščestvo. Memorial’nye doski Gerojam na školach, <https://rvio.histrf.ru/projects/monumental-promotion/21>.

48 Rossijskoe voenno-istoričeskoe obščestvo. Pamjatnaja doska v čest’ Aleksandra Kerenskogo i Vladimira Ul’janova (Lenina) v Ul’janovske, <https://rvio.histrf.ru/projects/monumental-promotion/24>.

49 <https://местопамяти.история.рф/>.

50 RVIO, Monumental’naja propaganda [Fn. 37].

51 RVIO, Otčet o dejatel’nosti 2013–2020 [Fn. 16], S. 53.

Museen und Ausstellungen

Die RVIO ist auch in der Museumsarbeit überaus aktiv. Über die Organisation „Museum der Militärgeschichte RVIO“ leitet sie das 2014 eingerichtete Museum *Streleckie palaty* („Schützenpalast“), dessen interaktive virtuelle Installationen den Moskauer Schützen des 16. und 17. Jahrhunderts gewidmet sind, das 2019 eröffnete Museum der Militäruniform in Moskau mit der Dauerausstellung „Eine Uniform für den Helden“ sowie eine Reihe weiterer Museumsprojekte. Zudem ist sie unter anderem an Ausstellungen im Museum des Sieges in Moskau, dem Museum der heldenhaften Verteidigung und Befreiung Sevastopol’s, dem Museum für die Partisanin Zoja Kosmodem’janskaja, dem Museum „Heerführer des Sieges“ in Staraja Russa (Gebiet Novgorod) beteiligt.[52]
Zum 75-jährigen Jahrestag des Sieges von Stalingrad wurde 2018 eine Multimedia-Ausstellung im Museum der Militäruniform installiert, die später ins Museum des Sieges transferiert wurde.[53] Dort wiederum wurde auf 3000 Quadratmetern eine Ausstellung mit dem Titel „Heldentat des Volkes“ eingerichtet, die es dank Spezialeffekten erlaube, „sich nicht nur mit den historischen Fakten vertraut zu machen, sondern die Ereignisse von 1941–45 auch emotional zu durchleben“.[54]
In den Regionen zeigt die Gesellschaft regelmäßig Wanderausstellungen: Anlässlich des 75-jährigen Jubiläums der Schlacht um Moskau organisierte die RVIO 2016 die Ausstellung „Krieg und Mythen“ in der Moskauer Manege und schickte sie 2017 auf Tournee durch mehrere Provinzstädte. Die 2015 in Moskau eröffnete Ausstellung „Das sowjetische Nürnberg“ über die 1943–1949 in Kiew durchgeführten Kriegsverbrecherprozesse wurde danach in Smolensk, Sevastopol’, Kerč und Donec’k gezeigt.[55] Dass für die Präsentation vor allem Standorte in den von Russland annektierten Gebieten der Ukraine gewählt wurden, ist kein Zufall.
Die Ausstellung „Erinnere Dich … Den Frieden rettete der sowjetische Soldat“ („Pomni . . . Mir spas sovetskij soldat“) wurde 2015–2016 in Moskau, Smolensk, Soči, Voronež, Volgograd, Kurgan, Omsk, Novosibirsk, Tomsk und Kerč präsentiert, eine adaptierte Fassung mit dem Titel „Remember . . .“ gleichzeitig in Genf, Warschau, Prag, Wien und Budapest. Nachdem die Ausstellung von zwei Millionen Menschen besucht worden war, wurde sie im Freizeitpark der Streitkräfte der Russländischen Föderation „Patriot“ (55 Kilometer westlich von Moskau an der Minsker Chaussee gelegen) installiert, wo sich auch die am 9. Mai 2020 eingeweihte Hauptkathedrale der Streitkräfte befindet.[56]
2015 eröffnete die RVIO das Museum „Kalinin-Front“ in Choroševo (Gebiet Tver’). Es ist in dem Haus untergebracht, in dem Stalin die Nacht vom 4. auf den 5. August 1943 verbrachte – sein einziger Aufenthalt an der Front. Vor dem Haus wurde eine stattliche Stalin-Büste aufgestellt. 2018 wurde das Museum als Filiale „Stalins Hauptquartier“ (Stavka Stalina) dem Moskauer Museum des Sieges angegliedert.[57]

---

52 Rossijskoe voenno-istoričeskoe obščestvo. Muzejno-vystavočnaja dejatel’nost’, <https://rvio.histrf.ru/projects/museum-activity>.
53 RVIO, Otčet o dejatel’nosti 2013–2020 [Fn. 16], S. 94.
54 Ebd., S. 95.
55 Ebd., S. 91.
56 Rossijskoe voenno-istoričeskoe obščestvo. Muzejno-vystavočnaja dejatel’nost’, <https://rvio.histrf.ru/projects/museum-activity>. – Park „Patriot“, <https://patriotp.ru/>.
57 RVIO, Otčet o dejatel’nosti 2013–2020 [Fn. 16], S. 82.

Diese Aufwertung und Würdigung Stalins korrespondiert mit der Neukonzipierung des Gedenkortes in Katyn', dem Ort der Erschießung Tausender polnischer Offiziere durch den NKVD im Jahr 1940. Die RVIO veränderte dort die Perspektive und erinnert nun vor allem an die sowjetischen Opfer. Es wurde eine Gedenkmauer mit den Namen sowjetischer Bürger errichtet, die im Zuge der stalinistischen politischen Repressionen erschossen wurden. Dank der Umgestaltung würden „unbekannte Seiten der Katyner Tragödie enthüllt", heißt es, den wahren Hintergrund der Ereignisse verschleiernd, in einem Bericht der Gesellschaft. Das gleiche Ziel verfolgt das in Katyn' errichtete neue Museums- und Ausstellungszentrum mit der Ausstellung „Russland und Polen. 20. Jahrhundert. Seiten der Geschichte", die „den wichtigsten Ereignissen in der Geschichte der russländisch-polnischen Beziehungen von den 1900er Jahren bis in unsere Tage" gewidmet sei.[58]

Auf dem Gelände der Gedenkstätte Sandarmoch in Karelien, dem Ort stalinistischer Massenerschießungen, führte die RVIO 2018 und 2019 Grabungen durch, um die These zu untermauern, dass sich dort neben Opfern des stalinistischen Terrors auch die Überreste von Rotarmisten fänden, die als Opfer der finnischen Besatzung 1941–1944 zu betrachten seien.[59] Angestoßen hatte die Grabungen der Kulturminister der Republik Karelien Sergej Solov'ev. Dieser wurde von der Vorstellung getrieben, dass „die Idee von Opfern politischer Repressionen, die im Waldstück ‚Sandarmoch' begraben sein sollen, von mehreren Ländern zu destruktiver Propaganda genutzt wird, um das Geschichtsbewusstsein zu beeinflussen".[60] Auch hier wird offensichtlich versucht, eine Gedenkstätte, die eine unerwünschte Perspektive auf die Geschichte des eigenen Landes eröffnet, im patriotischen Sinne umzucodieren.

Publikationen und Veranstaltungen

Die größte Breitenwirkung erzielt die RVIO vermutlich mit ihrem Internet-Geschichtsportal *Istorija.rf*,[61] das von 17 Millionen Nutzern im Jahr besucht wird und zum führenden Geschichtsportal Russlands geworden ist.[62] Das Portal enthält ein umfassendes Informations- und Unterhaltungsangebot zu historischen Themen: 30 600 enzyklopädische Artikel, zahlreiche Vorlesungen und Kurse in Form von Youtube-Videos und Podcasts, Spielfilme mit historischen Inhalten, Faksimile-Dokumente, Veranstaltungsankündigungen und vieles mehr. Allein die Youtube-Vorlesungen wurden bis 2020 ca. 26

---

[58] Memorial'nyj kompleks „Katyn'", <http://memorial-katyn.ru/en/vystavki.html>.

[59] Zum Gedenkort Sandarmoch Sergej Lebedev: Wenn die Gräber sprechen. Sandarmoch – Gedenkort kolonialer Gewalt, in: OSTEUROPA, 6–8/2022, S. 117–128. – Ders.: Das Zeugnis der Toten. Jurij Dmitriev: Wanderer im Archipel, in: OSTEUROPA, 9–10/2017, S. 3–17. – Speziell zur These, dass es sich bei den Leichen in Sandarmoch um die sterblichen Überreste von Rotarmisten handle, die während des Winterkriegs von den finnischen Besatzern erschossen worden seien, siehe Kolesnikov, Erinnerung als Waffe [Fn. 5], S. 22. – Ekaterina Makhotina: Sandarmoch. Dekoder, 3.8.2018.

[60] Memorial Deutschland: Erneut Ausgrabungen in Sandarmoch – Stellungnahme von Memorial International „Zu Ausgrabungen der Russischen Gesellschaft für Militärgeschichte in Sandarmoch". 26.8.2019, <www.memorial.de/index.php/7758-erneut-ausgrabungen-in-sandarmoch-stellungnahme-von-memorial-international>.

[61] Istorija.rf, <https://histrf.ru/>.

[62] McGlynn, Reliving the Past [Fn. 3], S. 221.

Millionen Mal aufgerufen.[63] Daneben ist die Gesellschaft auch auf Twitter, Instagram und in anderen sozialen Netzwerken präsent. Sie publiziert aber auch in klassischer Manier Bücher, organisiert öffentliche Vorträge, Diskussionsklubs und wissenschaftliche Konferenzen und ist mit Experten in Fernsehsendungen präsent. Sie hat ein Lehrbuch der Militärgeschichte herausgebracht, mit dem alle Schülerinnen und Schüler Russlands ausgestattet werden.[64]

Militärhistorische Rekonstruktionen

Jedes Jahr veranstaltet die RVIO mehr als 50 sogenannte „militärhistorische Festivals" mit Tausenden von Komparsen zahlreicher Klubs, die historische Schlachten an den Originalschauplätzen nachspielen. Mehr als 1,7 Millionen Zuschauer verfolgen jedes Jahr diese Reenactments. In der Selbstbeschreibung heißt es:

> Die militärhistorischen Rekonstruktionen sind nicht nur ein großes Spektakel, das die Leute wegen der historischen Kostüme aus verschiedenen Epochen und der Pyrotechnik anzieht. Die Festivals sind ein wichtiges Element, um das Interesse der Bevölkerung an der Militärgeschichte ihres Landes und den Stolz auf die Taten ihrer Vorfahren zu wecken.[65]

Die bedeutendsten jährlich wiederholten Festivals sind „Zeiten und Epochen" in Moskau mit ca. 5000 Komparsen und 200 000 Zuschauern, „Der Tag von Borodino" (die Schlacht gegen Napoleon im September 1812) mit 1000 Komparsen und 80 000 Zuschauern, das „Krim-Festival" in Sevastopol' mit 1000 Mitwirkenden und 250 000 Zuschauern und „Die Schlacht bei Gumbinnen" (der Vorstoß russländischer Truppen in Ostpreußen im August 1914) mit 1000 Mitwirkenden und 50 000 Zuschauern.[66]
Reenactments von historischen Schlachten sind keine russische Erfindung, sondern auch in anderen Ländern anzutreffen. Ein Spezifikum in Russland ist allerdings die über die RVIO realisierte Einflussnahme des Staates und die offene Indienstnahme für eine patriotisch-militaristische Erziehung und Propaganda.[67]

Militärhistorischer Tourismus

Gemeinsam mit der staatlichen Tourismusbehörde *Rosturizm*[68] hat die RVIO mehr als 200 militärhistorische touristische Routen ausgearbeitet, „die an den Orten von Russlands militärischem Ruhm entlangführen". Sie sollen laut Rostislav Medinskij „das Heldentum unserer Großeltern und Urgroßeltern" sichtbar machen.[69] Die Touristen können unterwegs Museen, Ausstellungen und Gedenkstätten besuchen, interaktive

[63] RVIO, Otčet o dejatel'nosti 2013–2020 [Fn. 16], S. 144.
[64] McGlynn, Reliving the Past [Fn. 3], S. 224.
[65] Rossijskoe voenno-istoričeskoe obščestvo. Voenno-istoričeskie festivali, <https://rvio.histrf.ru/projects/festivals/2016>.
[66] RVIO, Otčet o dejatel'nosti 2013–2020 [Fn. 16], S. 104.
[67] Vgl. McGlynn, Reliving the Past [Fn. 3], S. 224.
[68] Die Behörde bestand von November 2004 bis Oktober 2022. Ihre Aufgaben wurden dem Ministerium für wirtschaftliche Entwicklung der Russländischen Föderation übertragen.
[69] McGlynn, Reliving the Past [Fn. 3], S. 223.

elektronische Angebote wahrnehmen und historische Schlachtfelder begehen. Die Routen haben Bezeichnungen wie „Moskau, das Herz der militärischen Siege des russländischen Staates", „Smolensk – der westliche Vorposten Russlands", „Straße des Ruhmes über das Land von Minin und Požarskij", „Sevastopol' ist heimgekehrt" oder „Auf den Spuren der Kosaken Ermaks".[70]

Speziell für Moskauer Schulkinder veranstaltet die RVIO täglich kostenlose Busexkursionen an Orte ruhmreicher Schlachten („Straßen des Sieges"). 765 000 Schülerinnen und Schüler haben nach Angaben des Veranstalters bisher an diesen Exkursionen teilgenommen.[71] Zur Durchführung dieser Exkursionen gründete die RVIO 2014 mit anderen Kulturorganisationen die „Agentur zur Entwicklung des Binnentourismus" (Agentstvo razvitija vnutrennego turizma)[72] und unterhält eine Busflotte.[73] Über die Internetpräsenz der Agentur kann man das gesamte Angebot an Exkursionen mit detaillierten Informationen abrufen und Exkursionen buchen. Etwa ein Drittel davon bezieht sich auf den Großen Vaterländischen Krieg, das mit Abstand wichtigste Einzelereignis. Insgesamt sind die Themen breit gestreut, von mittelalterlichen Schlachten über den Vaterländischen Krieg von 1812 bis hin zu den postsowjetischen Tschetschenienkriegen.[74]

Selbst Niederlagen im Russisch-Japanischen Krieg von 1904/05 werden für die patriotische Identifikation benutzt. So heißt es in der Beschreibung einer Tour nach Tula:

> Exkursion in das Konteradmiral-V.F.-Rudnev-Museum. Die Schlacht am Kap Tschemulpo fand während des Russisch-Japanischen Krieges am 27. Januar 1904 statt. Die russischen Matrosen auf dem Kreuzer Varjag [Waräger] und dem Kanonenboot Koreec [Koreaner] wählten den Heldentod, weil sie die Andreas-Flagge [der russländischen Marine – D. N.] nicht streichen wollten, und erlangten dadurch Weltruhm.[75]

Ausgeklammert bleiben Schauplätze der Oktoberrevolution und des Bürgerkriegs, weil die damalige Spaltung der Nation nicht ins heutige offizielle Geschichtsbild passt.[76] Inhaltlich geht es, wenig überraschend, nicht um eine kritische Auseinandersetzung mit den Fakten, sondern um die Vermittlung von Heroismus und Opferbereitschaft. So wird in der Tour über „Panfilovs 28 Männer" unbeeindruckt von jeder wissenschaftlichen Erkenntnis weiterhin die von der sowjetischen Propaganda gestrickte Legende tradiert.[77] Medinskijs Ministerium hat zur Bekräftigung und breiteren Popularisierung der

---

[70] Rossijskoe voenno-istoričeskoe obščestvo. Voenno-istoričeskij turizm, <https://rvio.histrf.ru/projects/tourism>.

[71] RVIO, Otčet o dejatel'nosti 2013–2020 [Fn. 16], S. 154.

[72] Pavlenko, Kak važno byt' istorikom [Fn. 10].

[73] RVIO, Otčet o dejatel'nosti 2013–2020 [Fn. 16], S. 154.

[74] McGlynn, Living Forms of Patriotism [Fn. 6], S. 239.

[75] Agentstvo razvitija vnutrennego turizma dorogipobedy.rf: G. Tula (Gorod-geroj) – Kulikovo pole (Muzej federal'nogo značenija), <https://anoarvt.ru/tours/besplatnye-ekskursii/g-tula-gorod-geroy-kulikovo-pole-muzey-federalnogo-znacheniya/>.

[76] McLynn, Living Forms of Patriotism [Fn. 6], S. 239.

[77] Diese Legende besagt, dass 28 Infanteristen unter Generalmajor Ivan Panfilov im November 1941 vor den Toren Moskaus einem massiven deutschen Panzerangriff standgehalten hätten und dabei den Heldentod gestorben seien.

Legende sogar einen Spielfilm finanziell unterstützt.[78] Die ungeheure Zahl an sowjetischen Opfern des Zweiten Weltkriegs darf nicht problematisiert werden, sondern der Heldentod wird als patriotisches Opfer für das Vaterland verklärt.[79]

Ferienlager „Land der Helden"

Der Schwerpunkt der Kinder- und Jugendarbeit der RVIO liegt auf den Ferienlagern „Land der Helden" (Strana Geroev). Die Gesellschaft bezeichnet die Lager als ihre „Visitenkarte" auf dem Gebiet der patriotischen Erziehung der Jugend:

> Dieses Format ermöglicht es, den jungen Menschen Respekt vor der Uniform zu vermitteln. Dieser entsteht nicht durch Anbrüllen und Vorschriften, sondern durch die Erkenntnis, dass die Uniform eines der Symbole des Sieges ist und dass es eine Ehre für einen Bürger ist, sie zu tragen. Die militärische Ehrbezeugung auf den Schlachtfeldern flößt den jungen Menschen Respekt vor dem Andenken an jene ein, die für die Freiheit ihres Landes gefallen sind [. . .] Schließlich treten sie durch das Tragen der Uniform geistig mit ihnen in einem Glied an.[80]

„Sei ein Held!" lautet das Motto dieser Lager. Sie wenden sich an Kinder und Jugendliche von 12 bis 18 Jahren. Diese

> absolvieren eine militärische und körperliche Ausbildung, erwerben theoretische und praktische Kenntnisse über die Militärgeschichte unseres Landes, lernen die Traditionen der militärischen Ethik, die Geschichte der Waffengattungen und der einzelnen Einheiten kennen, erforschen die Geschichte ihrer Familie mit Hilfe der elektronischen Datenbanken des Verteidigungsministeriums [. . .] und beteiligen sich an der Pflege von Soldatengräbern und Denkmälern. Der Kurs umfasst auch das Studium der militärischen Gedenktage, der Tage des militärischen Ruhms in der Geschichte des Vaterlandes, der Geschichte der russländischen Staatlichkeit und der russländischen Streitkräfte sowie der Staatssymbole unseres Landes.[81]

Zum Programm der Lager gehören sportliche Aktivitäten, ein Überlebenstraining in der Natur, „Kurse für junge Kämpfer" mit einer vormilitärischen Ausbildung samt Schießübungen sowie das Nachspielen von Episoden der Militärgeschichte in historischen Uniformen. Von 2014 bis 2020 wurden 155 solche Lager veranstaltet, in denen insgesamt 38 000 Kinder jeweils zwei Wochen verbrachten. Stilbildend für diese Art von Aktionen ist das Lager „Borodino", das seit 2015 jährlich auf dem Gelände des Freilichtmuseums

---

[78] Dietmar Neutatz: Der erfundene Heldentod. Die Legende von den 28 Panfilov-Männern, in: Cornelia Brink, Nicole Falkenhayner, Ralf von den Hoff (Hg.): Helden müssen sterben. Von Sinn und Fragwürdigkeit des heroischen Todes. Baden-Baden 2019, S. 189–208.

[79] McLynn, Living Forms of Patriotism [Fn. 6], S. 239.

[80] Rossijskoe voenno-istoričeskoe obščestvo. Patriotičeskoe vospitanie, <https://rvio.histrf.ru/projects/camps/2015#tabs>.

[81] Ebd.

„Schlachtfeld von Borodino“ stattfindet. Allein dieses Lager haben bisher mehr als 6000 Kinder durchlaufen.[82]
Die Lager zielen darauf ab, dass sich junge Menschen mit heroischen Figuren der russländischen Militärgeschichte und insbesondere mit Helden des Großen Vaterländischen Krieges identifizieren. Dies soll nicht nur durch passive Rezeption, sondern im Sinne der von Putin geforderten „lebendigen Formen des Patriotismus“ durch interaktives Engagement geschehen. Die von der Russländischen Militärhistorischen Gesellschaft organisierten militärhistorischen Lager sollen Kinder und Jugendliche dazu bringen, in die Rollen von historischen Kämpfern zu schlüpfen und deren „Heldentaten“ nachzuspielen.[83]
Dabei steht nicht die militärische Ausbildung im Vordergrund. Es geht vielmehr um die Aneignung einer patriotischen Sicht auf die Kämpfe und Siege der Vergangenheit und um die Identifikation mit den historischen Helden. Medinskij macht einen expliziten Unterschied zwischen der Popularisierung der Militärgeschichte und einer Militarisierung:

> Das Wichtigste am Lager ist die Härtung des Geistes. Das Lager zielt nicht darauf ab, Soldaten auszubilden; dafür gibt es spezielle Erziehungseinrichtungen. Es geht vielmehr darum, Bürger und echte Patrioten heranzuziehen und ihnen die Wahrheit über Russlands Geschichte zu erzählen.[84]

Die Kinder und Jugendlichen werden in diesen Ferienlagern zu Teilnehmern eines suggestiven Identifikationsspiels. Die Veranstaltung an Originalschauplätzen, historische Uniformen, Requisiten und Kriegsgerät bis hin zu Panzern sollen den Eindruck von Authentizität erzeugen. Den gleichen Effekt hat die Einbeziehung von Kriegsveteranen, die von ihren Erlebnissen berichten und die Jugendlichen auffordern, sich in ihre damalige Rolle zu versetzen. Das Sich-Hineinversetzen wird durch das Nachspielen von Episoden aus historischen Schlachten verstärkt oder auch durch die Möglichkeit, sich in einer historischen Uniform vor dem Hintergrund einer Schlachtenszene, etwa des Sturms auf den Reichstag 1945, fotografieren zu lassen. Die Veranstaltungen sollen eine emotionale Wirkung auf die Kinder und Jugendlichen ausüben, sie sollen die Heldentaten der Zeitgenossen am eigenen Leibe nachempfinden, indem sie etwa in Uniformen und Stiefeln aus dem Zweiten Weltkrieg einen dreitägigen Marsch zur Erinnerung an die Verteidigung von Leningrad absolvieren.[85]

Emotionale Ansprache

Der Vorrang der emotionalen Ansprache vor der intellektuellen Auseinandersetzung ist nicht auf die Arbeit mit Kindern und Jugendlichen beschränkt, sondern auch in den Museen und Ausstellungen sichtbar, welche die RVIO ausgestattet und an denen sie

---

[82] RVIO, Otčet o dejatel'nosti 2013–2020 [Fn. 16], S. 32.
[83] McGlynn, Living Forms of Patriotism [Fn. 6], S. 236.
[84] Anastasija Zabelina: Placdarm glazami učastnikov. Moskva 2017, S. 2. Zitiert nach McGlynn, Living Forms of Patriotism [Fn. 6], S. 237.
[85] McGlynn, Living Forms of Patriotism [Fn. 6], S. 240–241.

mitgewirkt hat. Multimedia-Installationen erhalten den Vorzug vor Dokumenten und Ausstellungsobjekten.[86] Auf die Spitze getrieben wurde das im Moskauer Multimedia-Geschichtspark *Rossija – Moja istorija* (Russland – meine Geschichte), der gänzlich auf Artefakte verzichtet und über gezielt eingesetzte visuelle und akustische Effekte stark emotional und suggestiv wirkt. Diese Konzeption hat den für die Urheber günstigen Nebeneffekt, dass sie verlustfrei an anderen Orten reproduziert werden kann. Die Installation „Russland – meine Geschichte" wurde mittlerweile in 22 weiteren Städten aufgebaut. Die RVIO unterstützt dieses Projekt seit seinem Anfang 2014 mit Beratern und Museumsführern.[87]

Diesen Multimedia-Ansatz hat die RVIO für einige ihrer Museen übernommen. Das Eintauchen in die virtuelle Welt wird als neuer Ausstellungstyp gepriesen, der Jugendliche besser anspreche als eine klassische Ausstellung.[88] Daneben hat diese Art der Präsentation von Geschichte den „Vorteil", dass den Konsumenten ein fertiges Geschichtsnarrativ vorgesetzt wird, das keiner eigenen gedanklichen Auseinandersetzung mehr bedarf, sondern einfach nur emotional wirkt.[89]

In einem Interview bekannte sich 2018 einer der Organisatoren historischer Festivals explizit zu dieser Strategie:

> Nach unserem Verständnis erfasst eine Person historische Informationen in erster Linie durch Emotionen, durch Visualisierung, weit mehr als durch ein Schulbuch. Dieser Prozess begann langsam, nahm dann an Fahrt auf und gewinnt immer noch an Dynamik [. . .]. Wenn du eine emotionale Bindung zu einem historischen Thema entwickelst [. . .], erwacht Geschichte zum Leben, und du beginnst zu denken, was hätte ich für mein Land getan, wenn ich damals gelebt hätte.[90]

Die Art und Weise, wie Jugendliche in solchen Lagern, auf Exkursionen und in Ausstellungen „neuen Typs" an die Geschichte herangeführt werden, zielt nicht auf eine aktive Auseinandersetzung mit der Vergangenheit ab, ebenso wenig wie auf intellektuelle Bildung, sondern auf die Einbindung in eine patriotische Formation. Geschichte erscheint dabei als eine einigende Kraft, die verteidigt werden muss. Es geht nicht um historische Fakten, sondern darum, was heute einen „guten Russen" ausmacht. Den Teilnehmerinnen und Teilnehmern werden Rollen im historischen Reenactment zugewiesen. Sie sollen sich als Erben vergangener Helden fühlen.[91]

---

86 Ebd., S. 243.

87 RVIO, Otčet o dejatel'nosti 2013–2020 [Fn. 16], S. 89. – Zum Geschichtspark: Neutatz, Die Verteidigung im Westen [Fn. 5]. – Stewart, Geschichte [Fn. 4], S. 11.

88 Agentstvo razvitija vnutrennego turizma dorogipobedy.rf: Muzej voennoj istorii „Streleckie palaty", <https://anoarvt.ru/tours/besplatnye-ekskursii/muzey-voennoy-istorii-streletskie-palaty/>.

89 McGlynn, Living Forms of Patriotism [Fn. 6], S. 243–244.

90 Interview von Jade McGlynn mit Pavel Željtov. Zit. nach McGlynn, Reliving the Past [Fn. 3], S. 230.

91 McGlynn, Living Forms of Patriotism [Fn. 6], S. 244.

Einordnung

Militärgeschichte hat in Russlands Geschichtspolitik einen hohen Stellenwert. Das liegt nicht zuletzt daran, dass der Sieg über Hitler-Deutschland im Großen Vaterländischen Krieg den zentralen Bezugspunkt der nationalen Geschichte und zugleich den stärksten Legitimationspfeiler des Putin-Regimes bildet.[92] Mit der heroischen Erzählung vom Großen Vaterländischen Krieg untrennbar verbunden ist die Vorstellung, dass Militärgeschichte universelle menschliche Werte wie Heldentum und Patriotismus vermittle und daher mit Nachdruck popularisiert werden müsse.[93]

Das Hochhalten des Sieges bei gleichzeitiger Ausblendung all dessen, was die Glorifizierung beeinträchtigen könnte, mündet in eine Geschichtserzählung, die keine Ambiguität zulässt, sondern einem heroischen Pathos verpflichtet ist, mit eindeutigen Wertungen, die mittlerweile auch gesetzlich geschützt und strafbewehrt sind. Die Geschichte des Zweiten Weltkriegs ist geradezu zu einer Angelegenheit der nationalen Sicherheit geworden.[94] Kritische Fragen und das Aufdecken von Lügen und Falschbehauptungen werden als „Falsifizierung" und Herabsetzung der Geschichte des Vaterlandes gebrandmarkt. Die angebliche „Verfälschung" der Geschichte in ausländischen Publikationen wird als existenzielle Bedrohung dargestellt, der große Umfang geschichtspolitischer Aktivitäten als notwendige Antwort auf einen angeblichen umfassenden Angriff von außen, einen Krieg um die Geschichte.[95] „Wer seine eigene Kultur nicht füttert, wird eine fremde Armee füttern", spitzte Kulturminister Medinskij zu.[96]

Ein 2014 erlassenes Gesetz stellt „Lügen" über den Großen Vaterländischen Krieg unter Strafe. Sie reicht von einer Geldstrafe von 300 000 Rubeln bis zu einer Freiheitsstrafe von bis zu fünf Jahren.[97] In die im Frühjahr 2020 geänderte Verfassung wurde ein neuer Artikel aufgenommen, der das offizielle Geschichtsnarrativ schützt. Die Ergänzung von Artikel 67 über den föderativen Aufbau Russlands lautet:

> Die Russländische Föderation, geeint durch ihre tausendjährige Geschichte, bewahrt die Erinnerung an die Vorfahren, die uns ihre Ideale und den Glauben an Gott weitergegeben haben, sowie die Kontinuität in der Entwicklung des russländischen Staates und erkennt die historisch gewachsene staatliche Einheit an. [. . .] Die Russländische Föderation ehrt das Andenken an die Verteidiger des Vaterlandes und gewährleistet die Verteidigung der historischen Wahrheit. Eine Schmälerung der Bedeutung des heldenhaften Einsatzes des Volkes bei der Verteidigung des Vaterlandes ist unzulässig.[98]

---

[92] Zum „Tag des Sieges" im Putinschen Russland: Ekaterina Makhotina: Politik, Unterhaltung und Personalisierung. „Der Tag des Sieges" in Russland 2015–2021, in: Holger Thünemann, Christine Gundermann, Habbo Knoch (Hg.): Historische Jubiläen. Zwischen historischer Identitätsstiftung und geschichtskultureller Reflexion. Frankfurt/Main 2022, S. 177–200.

[93] Julie Fedor: „Historical Falsification" as a Master Trope in the Official Discourse on History Education in Putin's Russia, in: Journal of Educational Media, Memory, and Society, 1/2021, S. 117.

[94] Ebd., S. 108.

[95] McGlynn, Living Forms of Patriotism [Fn. 6], S. 234–235.

[96] Vladimir Medinskij: Kto ne kormit svoju kul'turu, budet kormit' čužuju armiju. Izvestija, 17.6.2015, <https://iz.ru/news/587771>.

[97] Félix Krawatzek: Verschärftes Erinnerungsgesetz in Russland. 10.6.2021, <www.zois-berlin.de/presse/expertinnenstimme/verschaerftes-erinnerungsgesetz-in-russland>.

[98] Gosudarstvennaja duma federal'nogo sobranija Rossijskoj Federacii: Novyj tekst Konstitucii RF s popravkami 2020, <http://duma.gov.ru/news/48953/>.

Damit hat der Staat den Kampf um die Deutungshoheit der Geschichte verfassungsrechtlich verankert und den historischen Diskurs auf die Ebene der „großen Politik“ gehoben. Während der Präsident höchstpersönlich als Historiker auftritt und seine Sicht der russländischen Geschichte in Artikeln und Reden verbreitet,[99] wird ein unabhängiges historisches Bewusstsein der Gesellschaft unterdrückt,[100] wobei sich die Maßnahmen in den Jahren 2020–2022 stark verdichtet haben.

Der Staat versteht seine geschichtspolitischen Aktivitäten als Maßnahmen gegen den Einfluss „falscher“ Interpretationen von außen auf die eigene Gesellschaft. Sie sind dementsprechend moralisch aufgeladen. Als besonders gefährdet betrachten die Protagonisten dieses Kampfes die Jugend. Daher zielen viele der Maßnahmen darauf ab, den Jugendlichen das „wahre“ patriotische Geschichtsbild einzuimpfen. Bewusst wird in diesem Zusammenhang in einem quasi-religiösen Duktus von „Wahrheit“ und von „Gut“ und „Böse“ gesprochen.[101]

Um die Ziele und Botschaften der Russländischen Militärhistorischen Gesellschaft zu verstehen, genügt es nicht, ihre Aktivitäten oder Texte zu rezipieren. Wichtig sind die visuell, akustisch und körperlich erfahrbaren Inszenierungen. Die ästhetisch ansprechenden Bilder, gemeinschaftsstiftende und Emotionen auslösenden Erlebnisse, der schöne Schein eines großartigen Militärs mit einer siegreichen Geschichte als Grundlage für einen gesunden und mächtigen Staat auf der Basis traditioneller Werte, Filmaufnahmen und Fotos von Denkmaleinweihungen und anderen Veranstaltungen zeigen glanzvolle Vorbeimärsche von gedrillten Paradeeinheiten in schmucken Uniformen, von gutaussehenden und entschlossen dreinblickenden Soldaten mit blank geputzten Stiefeln in exakter Formation. All das erweckt den Anschein, als wäre der Krieg eine ästhetische Aufführung.

Diese geschichtspolitische Botschaft erreicht über zahlreiche Vermittlungskanäle Millionen von Menschen. Besucherinnen und Besucher von Ausstellungen, Teilnehmerinnen und Teilnehmer an Veranstaltungen bleiben davon nicht unbeeinflusst. Die erschreckend hohe Zustimmung in Russlands Bevölkerung zur „militärischen Spezialoperation“ gegen die Ukraine lässt sich sicherlich auch aus der jahrelangen Indoktrinierung mit der geschilderten imperialen, vergangene Kriege und Siege verherrlichenden Geschichtserzählung erklären.[102] Wie tief diese Geschichtserzählung in die Gesellschaft reicht und wie nachhaltig sie Wahrnehmung und Denken beeinflusst, lässt sich gegenwärtig nicht abschätzen. Die (post)sowjetische Geschichte lehrt uns jedoch, dass eine derart massive ideologische Manipulation noch über Generationen weiterwirkt.

Schlagwörter:
Russland, Sowjetunion, Geschichtspolitik, Russländische Militärhistorische Gesellschaft, Zweiter Weltkrieg, Heldenverehrung

---

[99] Exemplarisch Vladimir Putin: Ob istoričeskom edinstve russkich i ukraincev, 12.7.2021, <http://kremlin.ru/events/president/news/66181>. Deutsch: Über die historische Einheit der Russen und der Ukrainer, in: OSTEUROPA, 7/2021, S. 51–66.

[100] Kolesnikov, Erinnerung als Waffe [Fn. 5], S. 6.

[101] McGlynn, Living Forms of Patriotism [Fn. 6], S. 236.

[102] Lev Gudkov: Phasen der Gewöhnung. Russlands Krieg im Meinungsbild, in: OSTEUROPA, 4–5/2022, S. 29–43.

Christine Engel

Sieg, Sieg, Sieg!

Die Apotheose des Zweiten Weltkriegs im russischen Film

Spielfilme über den Großen Vaterländischen Krieg erleben in Russland seit einigen Jahren einen Boom. Dank großzügiger Förderung durch staatliche Fonds entstand eine Flut neuer Produktionen, die Teil der allgemeinen militant-patriotischen mentalen Aufrüstung des Landes sind. Diese Filme huldigen zunehmend einem reinen Siegeskult. Verschwunden sind Produktionen, die dem Krieg als solchem kritisch gegenüberstehen. Heutige Filme und TV-Serien präsentieren Kampfhandlungen vielmehr oft als ein mit Spezialeffekten angereichertes (Computer-)Abenteuer. Der neue filmische Kanon ist nicht nur durch eine Romantisierung des Krieges, sondern auch durch ein Stalinrevival und eine enge Verbindung zur orthodoxen Kirche gekennzeichnet.

Russlands Bürger sind seit Jahren einer breitangelegten, konzertierten Indoktrinierung seitens der staatlichen Medien ausgesetzt, die auf mentale Mobilmachung abzielt. Der Tenor: Russland werde von außen bedroht, es werde nicht genügend geschätzt, werde beleidigt, aber die Welt werde bald sehen, dass Russland eine Großmacht sei, mit der man rechnen müsse und die man fürchten solle.[1] Eine entscheidende Rolle spielt in diesem Weltbild der Große Vaterländische Krieg (Velikaja Otečestvennaja vojna), der gern so dargestellt wird, als wäre er im Grunde nie zu Ende gegangen und müsse im Interesse der Nation weitergeführt werden.

Nachdem sich in den 1990er Jahren herausgestellt hatte, dass dieser Krieg das einzig verbliebene Symbol ist, das die Bevölkerung Russlands emotional zusammenhält, wird der Funktionalisierung dieses Bereichs seit dem Amtsantritt Vladimir Putins größte Aufmerksamkeit gewidmet. Sorgfältig achtet man dabei auf die richtige Datierung: Nach offizieller Lesart hat der Krieg erst 1941 mit dem Überfall auf Russland begonnen und keinesfalls schon 1939 mit dem Überfall auf Polen und dem Hitler-Stalin-Pakt sowie dessen Zusatzprotokoll.[2] Im jährlichen Feiertagskalender bekommen die Festtage, die

Christine Engel (1946), Dr. phil., Slawistin und Kulturwissenschaftlerin, Prof. (i.R.) an der Universität Innsbruck

Von Christine Engel erschien in OSTEUROPA: „Krieg und Frieden". 1812 bei Tolstoj und bei Dornhelm, in: OE, 1/2013, S. 93–102. – Big Brother po-russki: Die Reality-Show *Za steklom,* in: OE, 8/2003, S. 1137–1148. – Kulturelles Gedächtnis, neue Diskurse. Zwei russische Filme über die Kriege in Tschetschenien, in: OE, 5/2003, S. 604–617.

[1] Vgl. die Umfrage des Levada-Zentrums: Bol'šinstvo graždan sčitajut Rossiju velikoj deržavoj. Levada-centr, 24.3.2015.

[2] Diese erwünschten Eckdaten des Großen Vaterländischen Krieges werden auch regelmäßig bei offiziellen Anlässen angeführt; so z.B. im Zusammenhang mit den jährlichen Siegesfeiern: „xy-letija Pobedy v Velikoj Otečestvennoj vojne 1941–1945".

OSTEUROPA, 72. Jg., 12/2022, S. 165–181 doi: 10.35998/oe-2022-219

mit dem Großen Vaterländischen Krieg in Verbindung gebracht werden, immer mehr Gewicht. So wurde der 23. Februar als „Den' zaščitnika Otečestva" (Tag des Vaterlandsverteidigers, ehemals „Tag der Roten Armee") zu einem arbeitsfreien Feiertag (2002), und der 7. November wurde in die Reihe der 16 gesetzlich verordneten „Dni voinskoj slavy Rossii" (Tage des militärischen Ruhmes Russlands) aufgenommen (2005), mit dem Effekt, dass an diesem Tag nun nicht mehr der Oktoberrevolution von 1917 als solcher gedacht wird, sondern der Revolutionsfeierlichkeiten im belagerten Moskau 1941.[3]

All diese Feiertage werden aber in der Bedeutung vom „Den' pobedy", dem „Tag des Sieges" am 9. Mai übertroffen.[4] An diesem Tag finden Reenactments, Prozessionen des „Unsterblichen Regiments", Versammlungen und Militärparaden statt, Kinder werden in Uniformen gesteckt, Kinderwagen als Panzer geschmückt, und die Medien berichten ohne Unterlass auf allen Kanälen und in allen Gattungen und Genres. Während früher zum 9. Mai auch der Toten und der Tragik des Krieges gedacht wurde, geht es heute nur noch um den Sieg – einen Sieg, der sich zu einem regelrechten Kult entwickelt hat: „Der Feiertag ist zu einer konstanten Liturgie geworden, zu einem ekstatischen und mystischen Wiedererleben einer Vergangenheit, die den Menschen die nicht sehr beglückende Gegenwart ersetzt hat."[5] Der Sieg ist in dieser Liturgie das sakrale Objekt, und der Siegeskult fungiert als vollwertige Staatsideologie.[6]

Begleitet wird er von einem militanten Patriotismus, der nicht nur als abstrakte Idee, sondern ganz konkret in Vereinen und Wehrsportgruppen gepflegt wird, von denen nicht wenige unter der Schirmherrschaft der Russisch Orthodoxen Kirche stehen.[7] Finanziert werden sie durch staatlich dotierte Organisationen wie den „Voenno-patriotičeskij fond" (Militärpatriotischer Fonds; gegründet 2010) des Justizministeriums oder durch Stiftungen, die der Regierung oder den Geheimdiensten nahestehen, wie der „Fond Legendarnyj podvig"[8] (Die legendäre Tat; gegründet 2018). Durch einen solchen militanten Patriotismus wird die Vorstellung von Russland als etwas Lebendigem, körperlich Erfahrbarem vermittelt: Russland leidet Schmerzen, man muss es lieben, es ist bedroht, man muss es retten und schützen, wobei eine Gleichsetzung von Russland mit russischer Staatlichkeit und russischer Nation erfolgt.[9]

Die mentale Aufrüstung ist von einer starken Emotionalisierung begleitet. Der erklärte Feind in diesem Konzept ist der Faschist – ein Begriff, der überaus flexibel gehandhabt wird und auf alles und jeden angewandt werden kann: Losgelöst von seiner historischen Bindung an Hitler-Deutschland, gilt „Faschismus" inzwischen als das absolut Böse, das

---

3 Vgl. Seite des Verteidigungsministeriums: <https://ministerstvo-oborony.ru/pamyatnye-dni-voinskoy-slavy-rossii/?ysclid=lbax7z37ao619845401>.

4 Lev Gudkov: Proslavlenie pobedy – sposob kollektivnogo samoutverzdenija. Interv'ju. Lenta.ru, 7.5.2016.

5 Sergej Medvedev: Krieg im Namen des Sieges von 1945. Dekoder, 27.4.2022, <www.dekoder.org/de/article/krieg-ukraine-9-mai-tag-sieges>.

6 Ebd.

7 Darauf hat Gerd Ruge schon 2009 in seiner Fernsehdokumentation „100 Kilometer rund um Moskau" aufmerksam gemacht.

8 Im Leitungsgremium des Fonds sind Vertreter des FSB, des Verteidigungsministeriums und des ehemaligen KGB. <https://легендарный-подвиг.рф/popechiteli/>.

9 Vgl. Ulrich Schmid: Bewegte Geschichtsbilder. Filmische Modellierung von Historizität in Russland, der Ukraine und Polen, in: Christine Gölz (Hg.): Oskar-Halecki-Vorlesung 2017. Jahresvorlesung des GWZO. Köln, Wien u.a. 2019, S. 13–61, hier S. 19 (open access).

um jeden Preis besiegt werden muss. Allerdings ist damit immer das Böse von außen gemeint, ein externer Feind; Russland selbst ist diesem Verständnis nach frei von Faschismus.[10] Die semantische Aushöhlung dieses historisch aufgeladenen Begriffs bei gleichzeitiger Dämonisierung des Gegners kann man während der ersten Monate des Aggressionskrieges gegen die Ukraine verfolgen. Anfänglich wurde ja behauptet, dass Faschisten in der Ukraine die Macht ergriffen hätten, und daher jedes Mittel recht sei, um die dortige Bevölkerung von dieser Herrschaft zu befreien. Der anhaltende Widerstand seitens der Ukrainer wurde dann als ein Beweis dafür gesehen, dass nicht nur die Regierung, sondern das ganze Land schwer vom Faschismus infiziert sei, woraufhin die „Befreiung“ zu einer „Säuberung“ mutierte.[11] Eine neue Steigerungsstufe, die zugleich die Sakralisierung des Krieges weiter vorantreibt, stellt die Gleichstellung des angeblichen „Faschismus“ mit Höllenmächten dar: In seiner Rede zu den Novemberfeiertagen 2022 bezeichnete Dmitrij Medvedev, ehemaliger Präsident der Russländischen Föderation und nunmehr stellvertretender Vorsitzender des Sicherheitsrats, Russlands Vorgehen in der Ukraine als einen heiligen Kampf gegen die dunklen Mächte, sei es Satan, Luzifer oder Iblis.[12]

Hochkonjunktur bei Spielfilmen

Eine nicht zu unterschätzende Ressource im Konzert der propagandistischen Aufrüstung bilden die Spielfilme, die den Großen Vaterländischen Krieg zum Anlass nehmen, um das ideologische Geflecht von Sieg, Krieg und militantem Patriotismus in allen möglichen Facetten auszuschlachten. Wie am Fließband entstehen Kino- und Fernsehfilme und TV-(Mini-)Serien – allein in den zweieinhalb Jahren zwischen 2020 und Sommer 2022 kann man 42 einschlägige Produktionen zählen.[13] Zum Vergleich: In den fünf Jahren von 2002 bis 2006 waren es „nur“ 24 Produktionen.[14] Alle Streitkräfte zu Land, Wasser und Luft werden durchdekliniert, wobei sich Panzer besonderer Beliebtheit erfreuen; allein im Jahr 2018 entstanden drei Filme über Panzerschlachten. Die Verbreitung solcher Filme wird nicht nur durch Kinovorführungen, Fernsehen und Internet gewährleistet, sondern auch durch den digitalen TV-Kanal „Pobeda“ (Sieg)[15], auf dem 24 Stunden täglich einschlägige sowjetische und russische Spielfilme und Dokumentationen laufen, ergänzt durch Interviews und (Familien-)Erinnerungen. Eine Finanzierung solcher Filme erfolgt unter anderem durch den „Fonds zur Unterstützung des militärpatriotischen Films“ (Fond podderžki voenno-patriotičeskogo kino), der 2022 vom Verteidigungsministerium mit folgender Zielsetzung ins Leben gerufen wurde:

---

[10] Vgl. Grigorij Judin: Das Massaker von Butscha. dekoder, 3.4.2022, <www.dekoder.org/de/article/butscha-kriegsverbrechen-gewalt-entnazifizierung>.

[11] Ebd.

[12] Medvedev, Dmitrij: My vosstali protiv vlastelina ada i priobreli sakral'nuju mošč', in: Eurasia Daily, 4.11.2022, <https://eadaily.com/ru/news/2022/11/04/medvedev-my-vosstali-protiv-vlastelina-ada-i-priobreli-sakralnuyu-moshch>.

[13] <https://topnaroda.com/rating/kino/22444-vov-novinki.html>.

[14] Denise J. Youngblood: Russian War Films. On the Cinema Front, 1914–2005. Kansas 2007, S. 25.

[15] Dieses Spin-off des „Pervyj kanal“ (Erster Kanal) wurde 2019 zum 75-jährigen Siegesjubiläum gegründet. 2022 wurde „Pobeda“ mit der Prämie „Bol'šaja cifra“ ausgezeichnet.

> Neben dem Gedenken an die wichtigsten Ereignisse unserer Geschichte verfolgt das Verteidigungsministerium mit größter Aufmerksamkeit auch die Produktion von Filmen über die Heldentaten der Bürger unseres Landes sowie den Kampf gegen Geschichtsfälschungen und die patriotische Erziehung der Jugend.[16]

Die Premieren von Filmen über den Großen Vaterländischen Krieg finden bevorzugt zu den jährlichen patriotischen Feiertagen statt, was 2022 zum „Tag des Sieges" gleich mit fünf neuen Produktionen zu Buche schlug.[17] Und sogar am Neujahrstag, an dem früher sogenannte „Filme für die ganze Familie" gezeigt wurden, kam 2019 mit *T-34* (T-34, 2019; R.: Aleksej Sidorov) ein Film über den Großen Vaterländischen Krieg in die Kinos.[18]

Dieser Film ist in mehrfacher Hinsicht repräsentativ für die neuere Generation von Spielfilmen über den Großen Vaterländischen Krieg: Angekündigt als „Militärblockbuster mit viel Action" ist er mit zahlreichen Spezialeffekten angereichert und folgt der Ästhetik von Computerspielen. Dem Zuschauer wird eine Perspektive geboten, als ob er sich in einem Computerspiel befinde, in dem man nicht nur ein Leben, sondern gleich mehrere hat, was der Vorstellung Vorschub leistet, dass man einen Krieg wie den Zweiten Weltkrieg jederzeit wieder siegreich bestehen könne. Die Figuren zeigen weder Angst noch irgendwelche Bedenken, der Siegesgedanke überlagert alles. Angelegt ist der Film als eine Art Kampf der Giganten, bei dem die Panzer die Hauptfiguren sind und der sowjetische T-34 gegen den deutschen Panther antritt. In der Panzerschlacht, die die ganze erste halbe Stunde des Films einnimmt (also fast ein Viertel der Spielzeit von 139 Minuten), folgen diese Stahlmonster einer Art Gladiatorenkampf-Choreographie, begleitet von pathetischer Musik mit Versatzstücken von Rachmaninov und Čajkovskij. Am Ende des Films steht ein Zweikampf der beiden Panzer, der im direkten Sinn des Wortes als Duell angelegt ist: Der deutsche Panzerkommandant wirft dem russischen Helden den Fehdehandschuh hin, um ihm nach der Niederlage per Handschlag seine Anerkennung auszudrücken. Nach dieser pathetischen Vollendung kippt der deutsche Panzer langsam von der Brücke – eine unmissverständliche Anspielung auf eine Szene in Sergej Ėjzenštejns *Oktjabr'* (Oktober, 1928), in der ein Pferdekadaver am Flügel einer Zugbrücke baumelt, bevor er ins Wasser fällt. Der Held wiederum, dargestellt vom bejubelten Schauspieler Aleksandr Petrov, ist eine Projektion des imaginierten russischen Nationalcharakters: energiegeladen, draufgängerisch, mutig und schlau.[19] Auch die Vertreter der einzelnen sowjetischen Nationen folgen den derzeit herrschenden Schablonen: Ein „tapferer Belorusse" gehört zu den wenigen Überlebenden der Schlacht, während der „furchtsame Ukrainer" umkommt. So wie in vielen anderen Filmen darf auch hier der Bezug zur Religion nicht fehlen, was jedoch einen eklatanten

---

[16] Šojgu ob"javil o sozdanii „Fonda podderžki voenno-patriotičeskogo kino". RIA novosti, 7.6.2022. Geplant ist auch ein Fonds zur Unterstützung von patriotischen Videospielen, der durch zusätzliche Steuern für ausländische Plattformen, wie Steam, PlayStation Store, Epic Games Store, dotiert werden soll. Vgl.: Videoigry platriotov, in: Komersant", 16.2.2022.

[17] Susanna Al'perina: Čto posmotret' k Dnju Pobedy: Pjat' fil'mov o vojne. Rg.ru, 9.5.2022.

[18] Seine Fernsehpremiere konnte „T-34" dann zum Tag des Sieges im Mai 2019 feiern.

[19] Anton Dolin: Vychodit „T-34": blokbaster pro Velikuju Otečestvennuju vojnu. Meduza, 26.12.2018.

„T-34“ von Aleksej Sidorov (2019)

Anachronismus darstellt: Am Ende der Schlacht ertönt ein kollektives Vaterunser statt des historisch erwartbaren Rufes „Za rodinu! Za Stalina!“ (Für die Heimat! Für Stalin!). Auch die Entwicklung des russischen Helden ist voll religiöser Allusionen: In der deutschen Gefangenschaft gleicht er äußerlich immer mehr einem Jesus, und die Kameraperspektive bei der Folter erinnert an Darstellungen der Kreuzigung Christi.

In der Mehrzahl der Sieg-Krieg-Filme wird betont, dass die Handlung auf einer „wahren Begebenheit“ beruhe, und es wird genau angegeben, in welchem Jahr, an welchem Tag und an welchem Ort die dargestellte Schlacht oder der Kampf im Großen Vaterländischen Krieg stattgefunden habe. Diese Art der historischen Verortung, verbunden mit der Frage nach Details der technischen Geräte und der Uniformen (bis hin zur genauen

Anzahl der Knöpfe), dient häufig als Maßstab für die „Wahrheit“ oder die „Wahrheitstreue“ eines Films. Kaum eine Rezension kommt ohne derlei Fragestellung aus, und selbst filmwissenschaftliche Publikationen orientieren sich an dieser Art von „Wahrheit“.[20]

Wo allerdings „Wahrheit“ und Mythos in Konkurrenz treten, kann es auch vorkommen, dass der Richtungsstreit von „höherer Stelle“ entschieden wird, wie das beim Film *28 Panfilovcev* (Panfilovs 28 Männer, 2016; R.: Kim Družinin und Andrej Šaljopa) der Fall war. Der Film handelt von der Schlacht um Moskau im Winter 1941, als es erstmals gelang, den deutschen Vormarsch zu stoppen. Um diese Schlacht zwanzig Kilometer vor Moskau entspann sich die Legende von Panfilovs 28 Männern, die – zahlenmäßig unterlegen und unzureichend bewaffnet – todesmutig eine ganze deutsche Panzerspitze vernichtet hätten. Ihr Wahlspruch lautete angeblich: „Russland ist groß, aber für uns gibt es keinen Rückzug, denn hinter uns liegt Moskau.“[21] Der Direktor des Staatsarchivs, der renommierte Historiker Sergej Mironenko, verwies diese Geschichte beim Internationalen Moskauer Kongress der russischen Presse 2015 ins Reich der Legende – und verlor daraufhin seinen Posten. Der damalige Kulturminister Vladimir Medinskij erklärte:

> Selbst wenn die Geschichte von Anfang bis Ende erfunden wäre, selbst wenn Panfilov nie existiert hätte und nichts davon stimmen würde, so ist das dennoch eine heilige Legende, die niemals in Verruf gebracht werden darf. Menschen, die so etwas versuchen, sind ausgemachte Mistkerle.[22]

Welche Bedeutung die Interpretation dieses Films mitsamt dem zugrundeliegenden „historischen Ereignis“ hat, zeigt auch der Umstand, dass in Astana am 4. Oktober 2016 eine geschlossene Premiere stattfand, der Präsident Vladimir Putin, sein kasachischer Kollege Nursultan Nazarbaev und Vladimir Medinskij beiwohnten. Dass dem Film so viel Aufmerksamkeit zuteilwurde, hängt unter anderem auch mit seiner Finanzierung zusammen, denn er sollte als erster russischer Film über Crowdfunding finanziert werden. Als aber bei weitem nicht genug Geld hereinkam, stiegen das Kulturministerium und die Militärhistorische Gesellschaft ein, was den Film zur „Chefsache“ machte und ihn – wie auch *T-34* – in den neuen, von „oben“ lancierten Kanon beförderte.

Die Qualität des Films spielte dabei offenbar keine große Rolle: *28 Panfilovcev* ist eigentlich ohne Handlung und besteht im Prinzip nur aus der Schlacht und ihrer Vorbereitung. Uniformen und militärische Geräte sind erwartungsgemäß sehr detailgetreu dargestellt, die Psychologie der Figuren bleibt dagegen völlig ausgespart.[23] Die Dialoge

---

[20] Siehe etwa Irina Griban, Konstantin Antropov: Velikaja Otečestvennaja vojna v zerkale sovremennogo rossijskogo kinematografa, in: Zapad, Vostok i Rossija. Istoričeskaja pamjat'. Genesis i problemy preemstvennosti. Ekaterinburg 2020, S. 327–341, <https://griban.ru/blog/78-kino-i-pamyat-velikaya-otechestvennaya-vojna-v-zerkale-sovremennogo-rossijskogo-kinematografa.html>. Der Beitrag geht primär der Frage nach, auf welche historischen Ereignisse sich der jeweils analysierte Film bezieht, wie realitätsnah die Handlung ist und inwiefern Waffen, Uniformen und Militärtechnik authentisch dargestellt werden.

[21] Gernot Kramper: Ärger um russischen Kriegsfilm: Heldentaten, die es so nicht gab. Stern, 7.11.2016.

[22] Medinskij nazval „konečnymi mrazjami“ somnevajuščichsja v podvige Panfilocev. RIA Novosti, 4.10.2016.

[23] Andrej Archangel'skij: Na vojne kak na vojnuške, in: Ogonek, 46/2016, <https://www.kommersant.ru/doc/3143083?ysclid=ladrsmman287676221>.

sind steril, und der geltenden russischen Gesetzgebung entsprechend wird auch nicht geflucht. Stattdessen ist viel von „Moskau, dem Herz des Heimatlandes" und von Russland die Rede, und es wird betont, dass die Erinnerung an den Krieg nicht nur Schmerz und Trauer sei, sondern auch Schlachten, Siege und Heldenmut bedeute. Bemerkenswert ist, dass sich dieses Heldentum ausschließlich auf Russland bezieht, während die Sowjetunion mit keinem Wort erwähnt wird: „Jetzt, wo wir für Russland kämpfen, sind wir alle Russen."

Stalin kehrt zurück

Ein weiteres auffälliges Moment in den Filmen über den Großen Vaterländischen Krieg ist die Rehabilitation von Stalin – zu beobachten vor allem bei den Produktionen, die vom Kulturministerium und von der Russländischen Militärhistorischen Gesellschaft (Rossijskoe voenno-istoričeskoe obščestvo)[24] gefördert werden. Die Auftritte Stalins spielen für die Filmhandlung eine unterschiedlich wichtige Rolle. So kommt der Generalissimus in Kim Družinins *Tanki* (Die Panzer, 2018) zwar erst am Ende ins Spiel, aber dieses Ende ist zugleich der Höhepunkt des Films.[25] *Tanki* behandelt die (historisch belegte) Überstellung zweier Prototypen des legendären Panzers T-34 von Charkiv nach Moskau im Jahr 1940. Trotz großer Schwierigkeiten, verursacht durch antisowjetische Bösewichte und durch deutsche Feinde, die als wahre Monster gezeichnet werden,[26] gelingt die Unternehmung, und die Kamera kann die Fahrt der Panzer über grüne Wiesen und durch idyllische russische Landschaften verfolgen.[27] Auf dem Roten Platz angekommen, erhält der Konstrukteur des T-34 zu den Klängen des Liedes „Wenn Genosse Stalin uns in den Kampf schickt" ein ganz persönliches Lob von Stalin.

Im Film *Marija: Spasti Moskvu* (Maria: Moskau retten, 2022; R.: Vera Storoževa) kommt Stalin die Funktion zu, eine Verbindung zwischen dem Großen Vaterländischen Krieg und der Russisch Orthodoxen Kirche herzustellen, denn der Akzent dieses Films liegt nicht auf dem Kampfgeschehen, sondern auf der Sphäre des Glaubens und der Wunder. Es ist Winter 1941, Moskau schwebt in größter Gefahr, und viele Frauen suchen hellseherischen Rat bei der weisen, tiefgläubigen Matrona.[28] Nach etwa 20 Minuten Laufzeit des Films kommt Stalin ins Bild – schwere Gedanken plagen ihn, er geht Pfeife rauchend in seinem Arbeitszimmer auf und ab und beschließt, Matrona aufzusuchen. Bei seinem spätabendlichen Besuch will er Auskunft darüber erhalten, ob und wie Moskau gerettet werden kann. Matrona, in ihrer kleinen Wohnung hinter einem Vorhang halb verborgen, weissagt ihm erstens, dass der rote Hahn den schwarzen besiegen

---

[24] Seit 2020 ist V. Medinskij nicht nur im Beratergremium von V. Putin, sondern auch Vorsitzender der Militärhistorischen Gesellschaft. Siehe dazu auch den Beitrag von Dietmar Neutatz in diesem Band, S. 143–163.

[25] Während der Dreharbeiten trug der Film den Arbeitstitel „Uvidet' Stalina" (Stalin zu sehen) und als Verleihtitel war vorgesehen „Tanki dlja Stalina" (Panzer für Stalin).

[26] Diese Darstellung des Feindes ist insofern bemerkenswert, als 1940 noch der Nichtangriffspakt vom August 1939 in Kraft war.

[27] Die historische Überstellung fand zwar im Spätwinter statt, aber im Film wurde die Szene der eindrucksvolleren Landschaftsaufnahmen halber in den Sommer verlegt.

[28] Die Filmfigur rekurriert auf Matrona Moskovskaja (Matrona D. Nikonova, 1885–1952), um die sich eine ganze Reihe von religiösen Legenden rankt, darunter auch die vom Besuch Stalins. 1999 wurde die Frau von der Russisch Orthodoxen Kirche heiliggesprochen.

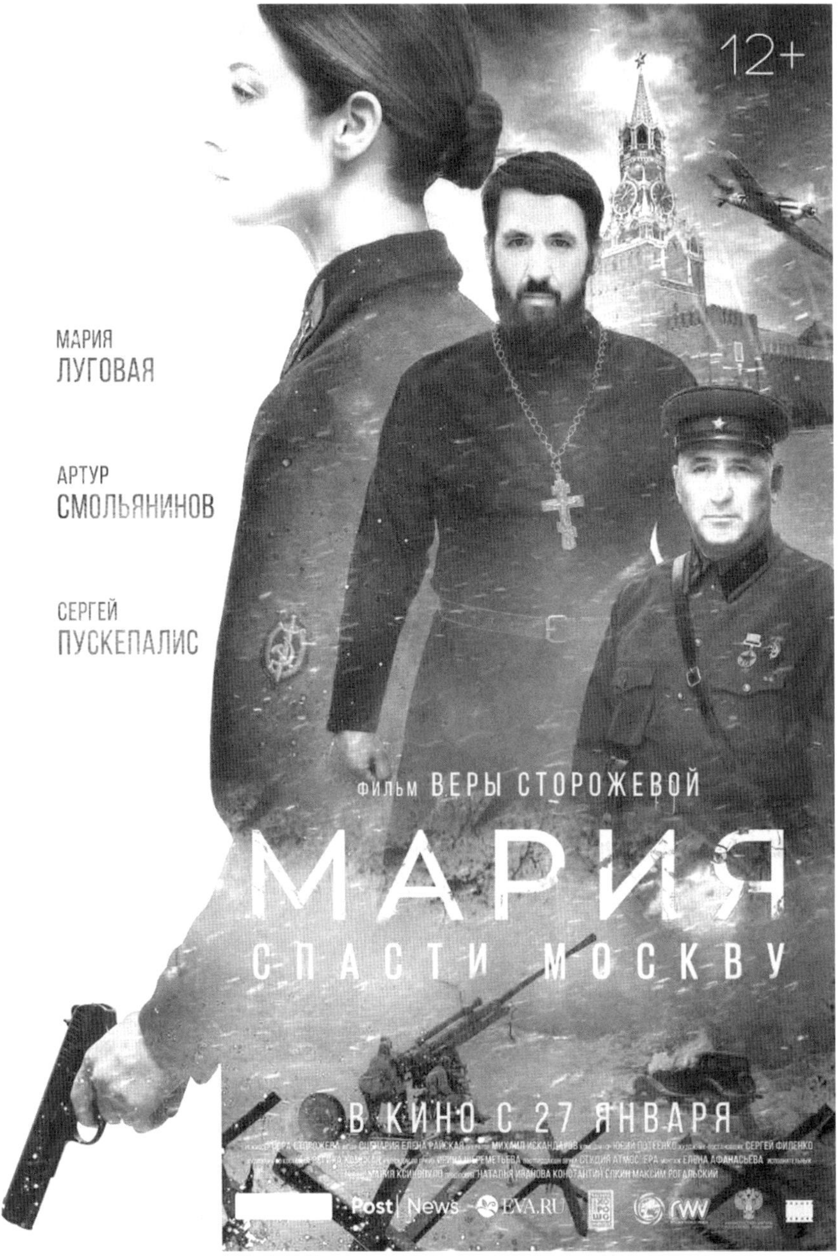

„Marija: Spasti Moskvu“ von Vera Storoževa (2022)

werde, und zweitens, dass für die Rettung Moskaus die Tichviner Muttergottesikone nach Moskau gebracht werden müsse. Die weitere Handlung des Films entwickelt sich auf üblichen Pfaden: Eine junge NKVD-Offizierin bekommt den Auftrag, für die Ikone hinter die feindlichen Linien vorzudringen, was nach vielen Schusswechseln und großen Gefahren auch gelingt; Moskau ist gerettet. Die Offizierin, eine Atheistin aus gläubigem Elternhaus, findet wieder zurück zum Glauben, was man sehr wohl als eine Parallele zu Stalins Lebensstation als Priesterseminarist und zu seiner Kindheit mit der strenggläubigen Mutter interpretieren kann. Dank einer Art unbefleckter Empfängnis wird die unverheiratete Frau nun auch noch mit einem Kindlein belohnt, das sie, wie ihr Matrona weissagt, zu Hause vorfinden wird – und wirklich, wie Jesus in der Krippe liegt im Gitterbettchen ein Knabe, ein Waisenkind namens Vladimir.

Die Verbindung der Figur Stalins mit christlichen Legenden wird in *Zoja* (Soja, 2021; R.: Maksim Brius) um weitere Facetten bereichert. Dieser Film ist ein klassisches Biopic über Zoja Kosmodem'janskaja, die erste Frau mit der Auszeichnung „Held der Sowjetunion", die mit ihrem frühen „Heldentod" seit langem einen fixen Platz im Pantheon der Kriegshelden hat.[29] Die Filmhandlung über die Leiden des achtzehnjährigen Mädchens ist in die Ereignisse vom 17. November 1941 eingebettet, als die Wehrmacht gegen Moskau vorrückte und Stalin den Befehl ausgab, großflächig okkupierte Dörfer abzubrennen, um die Angreifer „in die Winterkälte hinauszujagen", was allerdings die eigene Bevölkerung genauso hart traf – ein in Kauf genommener „Kollateralschaden". Zoja meldet sich freiwillig in eine der eigens dafür ins Leben gerufenen Partisanengruppen, gerät aber bereits bei ihrem ersten Einsatz in deutsche Gefangenschaft. Standhaft verweigert sie auch unter Folterqualen jede Auskunft und stirbt schließlich am 29. November 1941 am Galgen. Im Film geht Zoja mit dem Namen Stalins in den Tod und ruft, schon mit der Schlinge um den Hals, ihren Landsleuten zu: „Fürchtet euch nicht! Stalin wird kommen!" Den Generalissimus hatte sie schon kennengelernt, als er bei der Verabschiedung der Partisanen mit einem liebevollen Blick Zoja und die anderen seiner Anteilnahme versicherte. Beim Abspann wiederum steht Stalin von Trauer gebeugt an Zojas Grab. Den allerersten Auftritt hat er aber gleich zu Beginn des Films, als er den Befehl vorliest und mit bewegter Stimme seiner Sorge um die Bewohner der Dörfer Ausdruck verleiht – er fügt sich jedoch ins scheinbar Unausweichliche, denn, wie er sagt, „wenn wir nicht kompromisslos vorgehen, wird man uns das nie verzeihen". Das hier produzierte Bild Stalins erinnert frappant an die Darstellung des Generalissimus in der Zeit des Personenkults ab 1948, als das Kriegsgeschehen eher eine Kulisse für Stalins Heldentaten war.[30] In diesem Film wird darüber hinaus die allgemeine Sakralisierung des Krieges ein weiteres Mal deutlich: Stalin tritt hier als ein weiser, gütiger Gott auf, der die Märtyrerin Zoja liebevoll in den Himmel aufnimmt.[31] Die Leiden Zojas werden

[29] In Moskau steht im Park von Michalkovo ein Denkmal für Zoja Kosmodem'janskaja.

[30] Beide Filme reklamieren übrigens für sich, dass sich Stalin 1941 wegen der Begegnung mit der jeweiligen Protagonistin entschloss, in Moskau zu bleiben und nicht nach Kujbischew auszuweichen.

[31] Larisa Maljukova: Ne bojtes'! Stalin pridet! V fil'me „Zoja" obraz Boga materializovan: Im okazyvaetsja mudryj i čelovečnyj Generalissimus. Novaja gazeta, 25.1.2021.

ganz augenscheinlich mit Jesu Gang nach Golgatha parallelisiert. Nach langen, detaillierten Folterszenen,[32] darunter auch einer Auspeitschung in Anspielung auf die Geißelung Jesu, darf schließlich der Verweis auf das Letzte Abendmahl mit der davor stattfindenden Fußwaschung nicht fehlen: In der Nacht vor der Hinrichtung wäscht eine Bauersfrau, sozusagen als Vertreterin des Volkes, Zojas schwarze, abgefrorene Füße. In diesem Kontext gesehen, schließt auch Zojas Ausruf „Fürchtet euch nicht!" nahtlos an Grablegung bzw. Auferstehung Jesu an.

Sieg über alles

Wenn im Filmbetrieb von Krieg die Rede ist, dann ist fast ausschließlich der Große Vaterländische Krieg gemeint. Alle anderen Kriege, in die Russland involviert war und ist, sind kaum Thema von Spielfilmen. Die wenigen, meist länger zurückliegenden Ausnahmen beziehen überwiegend eine kritische Position. Das trifft z.B. auf Fedor Bondarčuks Spielfilmdebüt *Devjataja rota* (Die neunte Kompanie, 2005) zu, das während des Afghanistankriegs spielt und das Verheizen junger Soldaten thematisiert: Eine Gruppe von Rekruten, 1989 als Fallschirmjäger in den Bergen Afghanistans eingesetzt, soll einen Gebirgsweg verteidigen, um Militärkolonnen zu schützen. In den Gefechten kommen alle um, bis auf einen, der aber erfahren muss, dass der ganze Einsatz sinnlos war, denn es wird keine weiteren Militärkolonnen geben. Die letzten Bilder zeigen diesen einzigen Überlebenden, geschmückt mit dem Orden des Roten Sterns, auf einem Panzerfahrzeug beim Abzug der Sowjetarmee. Der neuere Film *Nebo* (Der Himmel, 2021; R.: Igor' Kopylov) über einen russischen Jagdflieger in Syrien ist dagegen ein patriotischer Propagandafilm mit Spezialeffekten.[33]

Wie sehr die Begriffe „patriotisch" und „Sieg im Großen Vaterländischen Krieg" heute als Synonyme verstanden werden, zeigt sich etwa in Umfragen nach den „besten patriotischen Filmen", denn in solchen Listen werden überwiegend Filme über den Großen Vaterländischen Krieg genannt. So handeln die ersten zehn (wichtigsten) Titel, die die Internetseite „LikeFilm" in ihrer einschlägigen Liste anführt, vom Großen Vaterländischen Krieg,[34] und wenn die Internetseite „film.pro" „Fünf russländische patriotische Filme" empfiehlt,[35] dann betreffen vier davon dieses Thema.

---

[32] Die mehrteilige Folter wird naturalistisch inszeniert und blendet erst bei der Gruppenvergewaltigung ab. Dessen ungeachtet ist der Film bereits für Zwölfjährige zugelassen.

[33] Auf einem anderen Blatt stehen die kriegsverherrlichenden Söldnerfilme, die von der Firma Aurum produziert werden. Diese Firma, unter Kontrolle von Evgenij Prigožin, setzt sich zum Ziel, die Aktionen der Gruppe Wagner in einem positiven Licht darzustellen. Dazu wurde eine ganze Wagner-Subkultur kreiert, mit Memoiren, Comics, Reiseberichten und gutdotierten Spielfilmen. Dazu gehören Rambo-artige, hurrapatriotische Filme wie „Granit" (Granit, 2021; R.: Denis Nejmand; Mozambique), oder „Turist" (2021; R.: Andrej Batov; Zentralafrikanische Republik) oder aber „Solncepek" (Flammenwerfer, 2021; R.: Maksim Brius, Michail Vasserbaum; Luhansk 2014). Vgl. dazu Amos Barshad: How Russian Action Movies Are Selling War. New York Times Magazine, 12.10.2022.

[34] <https://likefilmdb.ru/list/patrioticheskie-filmy/>.

[35] Pjat' rossijskich patriotičeskich fil'mov. V Den' Rossii smotrim chorošee kino: K prazdniku – Den' Rossii – my podgotovili dlja vas podborku iz pjati otečestvennych fil'mov. V nee popali „Stalingrad" Fedora Bondarčuka, „Legenda No. 17" Nikolaja Lebedeva, „Brestskaja krepost'"

Aber auch die fünfte dort genannte Produktion, der Eishockeyfilm *Legenda Nr. 17* (Legende Nr. 17, 2013; R.: Nikolaj Lebedev), passt nahtlos in das Schema „Sieg über alles“: Er steht in einer Reihe von Spielfilmen, die markante Sportereignisse der Vergangenheit aufgreifen und patriotisch hochjubeln, meist nach dem Schema, dass die Russen aus einer fast aussichtslosen Situation – häufig aufgrund einer (ausländischen) Intrige – einen glorreichen Sieg einfahren können. *Dviženie vverch* (Aufwärts, 2019; R.: Konstantin Statskij) ist ein weiterer Vertreter dieses Genres: Der Film inszeniert den Sieg des sowjetischen Basketballteams bei den Olympischen Spielen 1972 in München, der erst nach Korrektur in allerletzter Sekunde zustande kam. Nicht selten steht im Mittelpunkt solcher Filme ein überragender Einzelner. So zum Beispiel im Biopic über den begabten Fußballer Eduard Strel'cov (Strel'cov, 2020; R.: Il'ja Učitel'), der durch interne Feinde im Fußballverband und eine ihm fälschlicherweise zur Last gelegte Vergewaltigung beinahe zu Fall gebracht wird. Den Höhepunkt der Handlung bildet das Freundschaftsspiel UdSSR gegen Brasilien 1965 in Moskau, bei dem ein persönlicher Anruf Leonid Brežnevs den Intrigen Einhalt gebietet und Strel'cov auf das Spielfeld einläuft. Der Film endet mit dem ersten Schuss Strel'covs, das Ergebnis des historischen Matchs – das Brasilien mit 3:0 gewann – bleibt außen vor. In *Čempiony: Bystree. Vyše. Sil'nee* (Champions: Schneller. Höher. Stärker, 2016; R.: Artem Aksenenko) werden in drei Erzählungen die Olympiasiege des Ringers Aleksandr Karelin, der Kunstturnerin Svetlana Chorkina und des Schwimmers Aleksandr Popov thematisiert. Die Annotation zu diesem Film auf „kinopoisk“ bringt die Emotion, die der Film erzeugen soll, auf den Punkt: „Sie waren Legenden des Weltsports und boten dem ganzen Land die Möglichkeit zu sagen ‚Wir haben gewonnen!‘“[36] Nach demselben Muster funktionieren auch Filme über die „Helden“ des Großen Vaterländischen Krieges, sei es über Michail Kalašnikov, den Konstrukteur des gleichnamigen Maschinengewehrs (Kalašnikov, 2020; R.: Konstantin Buslov) oder über den Kampfflieger Michail Devjataev (Devjataev, 2021; R.: Timur Bekmambetov und Sergej Trofimov).

Die zunehmende Akzentuierung des Sieges zeigt, dass eine kritische Aufarbeitung der Kriegsgeschehnisse weniger denn je erwünscht ist, denn der „strahlende sowjetische Sieg über Hitlerdeutschland wird auch nicht durch die stalinistischen Verbrechen relativiert“.[37] Eine Diskussion um die Sinnhaftigkeit von Krieg als solchem kommt schon gar nicht in Frage. Sowjetische Filme wie *Sud'ba čeloveka* (Ein Menschenschicksal, 1959; R.: Sergej Bondarčuk), *Ivanovo detstvo* (Iwans Kindheit, 1962; R.: Andrej Tarkovskij), *Letjat žuravli* (Wenn die Kraniche ziehen, 1957; R.: Michail Kalatozov) oder *Proverka na dorogach* (Verkehrskontrolle, 1971; R.: Aleksej German) wirken gegenüber diesen jüngeren patriotischen Produktionen wie Friedensmanifeste. Aber auch die ambivalenten Bilder, die postsowjetische Filme wie *Poslednij poezd* (Der letzte Zug, 2003; R.: Aleksej German jr.) oder *Polumgla* (Dämmerung, 2005: R.: Artem Antonov) vom Zweiten Weltkrieg zeichnen, haben in der heutigen russischen Kinolandschaft offensichtlich keinen Platz mehr, genauso wenig wie ein Film über die Rolle der Alliierten wie etwa *Peregon* (Die Überstellung, 2006; R.: Aleksandr Rogožkin).

Aleksandra Kotta, „Matč“ Andreja Maljukova i „Bitva za Sevastopol'“ Sergeja Mokrickogo. Filmpro.ru, 12.6.2015, <www.filmpro.ru/materials/37078>.

[36] Čempiony: Bystree. Vyše. Sil'nee. kinopoisk, 3.12.2015, <www.kinopoisk.ru/film/840818/?ysclid=la2chowhhe70104440>.

[37] Schmid, Bewegte Geschichtsbilder [Fn. 7], S. 24.

Wo bleibt die jüngere Generation?

Trotz (oder gerade wegen) des Hypes um den Sieg im Krieg ist unübersehbar, dass beim Publikum gewisse Ermüdungserscheinungen eintreten, wie zahlreiche Kommentare im Internet nahelegen.[38] Hinzu kommt, dass die jüngere Generation allein aufgrund der zeitlichen Entfernung diesem Krieg schon merklich distanzierter gegenübersteht: Für heute Zwanzigjährige sind es ja nicht einmal mehr die Großeltern, die den Krieg noch selbst erlebt haben, sondern die Urgroßeltern, die sie meist nicht mehr kennengelernt haben.[39] Neuere Produktionen versuchen denn auch einiges, um die Generationenlücke zu überbrücken. So treten an die Stelle der in früheren Filmen zentralen Figuren von älteren Militärs immer öfter sehr junge Protagonisten, sei es ein Panzerfahrer, der gerade erst einen Schnellkurs zum Unterleutnant abgeschlossen hat (T-34) oder ein zwanzigjähriger unerfahrener Leutnant (Doroga na Berlin, Der Weg nach Berlin, 2015; R.: Sergej Popov), oder aber junge Artilleristen und Infanteristen unmittelbar nach ihrer Ausbildung (Podol'skie kursanty, Die Absolventen von Podolsk, 2020; R.: Vadim Šmelev).

Zugleich kommen immer öfter auch technische Spezialeffekte zum Einsatz. Auf diese Weise lassen sich Dauerbrenner wie die Spionageserie *Diversant* (Der Saboteur, seit 2004) aufpolieren, in der 2020 dank Künstlicher Intelligenz der längst verstorbene Schauspieler Vladislav Galkin wieder einen Auftritt hat (Diversant: Krym, Miniserie, 2020, R.: Dmitrij Iosifov). In technischer Hinsicht bahnbrechend war der Film *Stalingrad* (2013) von Fedor Bondarčuk, der als erster in Russland das IMAX 3D Verfahren nutzte – mit dem Effekt, dass das Bild der umkämpften Stadt hier „mehr mit Pantora von Star Wars oder mit Hogwarts gemeinsam" hatte als mit der historischen Realität.[40] Männliche Jugendliche schätzen derlei Innovationen durchaus, ja, sie empfinden solche Filme nicht nur des Inhalts wegen als „patriotisch", sondern gerade auch, weil sie technisch mit Hollywood-Produktionen mithalten können.[41]

---

[38] Vgl. z.B. Svavik auf <https://www.kinopoisk.ru/film/1191022/> oder Badyk auf <https://www.kinopoisk.ru/film/1313591/>.

[39] Wie Filme über den Großen Vaterländischen Krieg, am besten gleich als Teil des Schulcurriculums, der deshalb befürchteten „Verweichlichung" der Jugend entgegenwirken sollen, schildert Olga Kucherenko: That'll Teach'em to Love Their Motherland!: Russian Youth Revisit the Battles of World War II, in: The Journal of Power Institutions in Post-Soviet Societies, 12/2011, <http://journals.openedition.org/pipss/3866>, <https://doi.org/10.4000/pipss.3866>.

[40] Anastasija Kostetskaya: Stalingrad re-imagined as mythical chronotope. Fedor Bondarchuk's „Stalingrad" in IMAX 3D. 7.3.2016, <https://doi.org/10.1080/17503132.2016.1151140>.

[41] Stephen M Norris: Guiding stars. The comet-like rise of the war film in Putin's Russia. Recent World War II films and historical memories, in: Studies in Russian and Soviet Cinema, 2007, 1:2, S. 163–189, hier S. 184. DOI: <10.1386/srsc.1.2.163_1>.

Fedor Bondarčuk: Stalingrad (2013)

Ein anderer Weg, ein jüngeres Publikum anzusprechen, ist die Arbeit mit zwei Zeitebenen, damit sich heutige Jugendliche im Damals wiederfinden. Das Vorbild dafür lieferte Andrej Maljukov mit seinem Film *My iz buduščego* (Wir kommen aus der Zukunft, 2008): Vier Typen aus der St. Petersburger Jugendszene, denen es an Ehrerbietung sowohl gegenüber der Vergangenheit als auch gegenüber Russland mangelt, graben auf Schlachtfeldern des Zweiten Weltkriegs nach Fundstücken, um sie auf dem Schwarzmarkt zu Geld zu machen. Als sie in einem ehemaligen militärischen Unterstand Soldbücher finden, müssen sie zu ihrem Schreck feststellen, dass dort ihre eigenen Namen stehen. Durch einen Zeitsprung landen sie im Jahr 1942, wo sie mitsamt ihrer Einheit vom Feind eingekesselt sind. In merklich pädagogischer Absicht lässt das Drehbuch sie Gefahr, Aufopferung und Teamgeist erleben und schließlich geläutert und voll Dankbarkeit für die erbrachten Opfer der Kriegsgeneration ins Heute zurückkehren. Der Film

kam beim Publikum gut an, obwohl die Figuren recht schablonenhaft und teils unglaubwürdig sind – so robbt die Krankenschwester, in die sich zwei der Protagonisten verlieben, im Minirock, gut frisiert und mit manikürten Nägeln durch den Schlamm.
Zwei Jahre später kam *Tuman* (Der Nebel, 2010; R.: Ivan Šurchoveckij und Artem Aksenenko) in die Kinos – dieses Mal mit jungen Soldaten als Protagonisten. Um ihren Weg abzukürzen, halten sie willkürlich einen Bus mit Kriegsveteranen an, die daraufhin eine für sie wichtige Veranstaltung versäumen. Sozusagen als Strafe „von oben" verirren sich die Soldaten kurz darauf in plötzlich auftretendem dichten Nebel und landen im Jahr 1941, wo sie heftige Kampfhandlungen durchstehen müssen. Auch in diesem Film ist das pädagogische Konzept offensichtlich, und die Absicht, der jungen Generation Dankbarkeit gegenüber den Veteranen beizubringen, steht stark im Vordergrund. Die letzten Bilder zeigen die heil in die Gegenwart zurückgekehrten Protagonisten, die bei einer Militärparade den Veteranen ihren Respekt erweisen.
2018 ist mit *Rubež* (Die Grenze, 2018; R.: Dmitrij Tjurin) ein weiterer ganz ähnlich aufgebauter Film erschienen, mit dem Unterschied, dass er nur so strotzt von Spezialeffekten. Der Film spielt am Nevskij pjatačok, 50 km südöstlich von St. Petersburg, einem Brückenkopf, der während der Belagerung von Leningrad von den sowjetischen Truppen gehalten werden konnte und später zu einem Symbol für Heldenmut und Selbstaufopferung wurde. In diesem Film ist es ein profitorientierter junger Geschäftsmann, der ohne jede Achtung für die hier Gefallenen das Terrain für seinen Sandabbau nutzen will.[42] Er wird in die Kämpfe um Leningrad zurückversetzt und muss mit eigenen Augen (im Slim-fit-Anzug) das Leiden und Sterben seiner Vorfahren erleben – eine Erfahrung, aus der er moralisch geläutert und patriotisch gestimmt hervorgeht. Der Film, der zum Tag der Vaterlandsverteidiger am 23. Februar herauskam, besteht überwiegend aus clipartigen kurzen Szenen, der Krieg sieht hier im Wesentlichen wie ein großes, spannendes Computerspiel aus. Kritischere Rezensenten bezweifeln, dass die Einbeziehung der Jugend mit solchen Mitteln gelingen wird: „*Rubež* will etwas Neues bringen, ein Element der Fantastik hinzufügen, um die heutige Zeit mit dem Großen Vaterländischen Krieg zu verbinden. Das wäre alles nicht schlecht, wenn da nicht ein grober Fehler wäre – der Film wendet sich an die junge Generation, ohne ihre Sprache wirklich zu kennen."[43]

Und wo bleiben die Frauen?

Filme über den Großen Vaterländischen Krieg sprechen in erster Linie Männer an, da sie traditionell das größere Interesse an Action, Kampfszenen und allerlei technischen Tricks haben. Es liegt daher nahe, dass heute auch nach Wegen gesucht wird, ein weibliches Publikum zu erschließen – bisher oft mit zweifelhaftem Erfolg. So stellte zum Beispiel die offizielle Plattform für die Geschichte der Russländischen Föderation zum Frauentag 2020 eine Liste von neun Filmen mit der Überschrift „Unsere Heldinnen: Die besten Filme über Frauen im Großen Vaterländischen Krieg" ins Netz. Der redaktionelle Kommentar dazu ließ kaum ein Klischee aus:

---

[42] Der Film rekurriert auf einen Konflikt, der sich 2017 um den Sandabbau an der Gedenkstätte von Maluks (60 km östlich von St. Petersburg) entsponnen hat.
[43] Egor Parfenenkov: Recenzija na „Rubež". Kanobu, 24.2.2018.

> Am 8. März feiern wir den Internationalen Frauentag – ein wunderbarer Anlass, daran zu erinnern, welchen Beitrag das schöne Geschlecht zum Großen Sieg geleistet hat. Die Scharfschützenmädchen, Fliegerinnen, Aufklärerinnen und Minenräumerinnen – sie alle kämpften mit voller Kraft gegen die Naziinvasoren und wurden zu Prototypen von Filmheldinnen, sei es sowjetischen oder zeitgenössischen.[44]

Der Liste nach zu schließen ist die Vorstellung der (anonymen) Verfasser davon, was Frauen an Filmen über den Großen Vaterländischen Krieg schätzen könnten, recht schlicht: eine ausführliche Liebesgeschichte, Kämpfe ja, aber keine Schlachten, und eine eher traditionelle Erzählweise.

Eine Blaupause dafür bietet offensichtlich der sowjetische Film *A zori zdes' tichie* (Im Morgengrauen ist es noch still, 1972; R.: Stanislav Rostockij; nach einer Erzählung von Boris Vasil'ev). Der Film erzählt die tragische Geschichte von fünf jungen Soldatinnen und ihrem Kommandanten, die in den Wäldern Kareliens den Kampf mit zahlenmäßig überlegenen deutschen Saboteuren aufnehmen, wobei alle fünf Frauen der Reihe nach umkommen. Die Geschlechterverhältnisse bleiben – wie auch in der literarischen Vorlage – patriarchalen Mustern verhaftet: Die Frauen sind am Ende tot, und nur der Mann überlebt. Der Kommandant vereinigt in seiner Person militärische und pflegerische Aufgaben; er ist es auch, der das Weiterleben nach dem Krieg sichert: Hatte er während der Filmhandlung schon einiges zu tun, um als „Kindermädchen" das (aus männlicher Sicht) bisweilen unkonventionelle Verhalten der jungen Protagonistinnen einzuhegen, so übernimmt er am Schluss auch noch die Betreuung des hinterbliebenen Waisenkindes.

2015, zu den 70-jährigen Siegesfeiern, kam ein Remake von *A zori zdes' tichie* in die Kinos (R.: Renat Davlet'jarov). Die zeittypischen Akzentverschiebungen in Richtung Glamour sind unübersehbar: Der Kommandant hat sich vom einfachen „Mužik" zu einem gepflegten, anziehenden jungen Mann gewandelt, und die „Mädchen aus dem Volk" scheinen nun eher den Titelbildern von Illustrierten entsprungen. Außerdem ist die eine Szene, die die Mädchen in der Banja zeigt, im Remake nicht nur viel länger, sondern auch explizit als Inszenierung ihrer Nacktheit angelegt. Auch in dem zwei Jahre vor dem Remake entstandenen Film *Cel' vižu* (Ich sehe das Ziel, 2013; R.: Evgenij Sokurov), der sich gleichfalls deutlich an *Zori zdes' tichie* anlehnt, fallen solche Anpassungen an den Geschmack der Gegenwart auf. Hier werden sieben junge Mädchen – hübsch frisiert und fröhlich – viele Einstellungen lang bei ihrer intensiven Ausbildung als Scharfschützinnen gezeigt. Die Instruktorin ist in diesem Fall zwar eine Frau, setzt aber in ihrer Rolle keine neuen Akzente. Den oft verkündeten Patriotismus können die Mädchen dann in der Schlussszene unter Beweis stellen, wenn sie in einem sinn- und aussichtslosen Einsatz eine nach der anderen umkommen.

Substanziellere Akzentverschiebungen sind in der vierteiligen Miniserie *Čerez pricel* (Durch das Zielfernrohr, 2022; R.: Sergej Korotaev), ausgestrahlt zum 9. Mai 2022, zu beobachten. Wieder stehen fünf junge Frauen und ihr Ausbilder im Mittelpunkt des Geschehens, doch in diesem Film nehmen die Beziehungen der fünf Scharfschützinnen

---

[44] Naši geroini: Lučšie fil'my o ženščinach Velikoj Otečestvennoj vojny (video), in: Istorija RF. Glavnyj istoričeskij portal RF, 6.3.2022, <https://histrf.ru/read/articles/nashi-ghieroini-luchshiie-filmy-o-zhienshchinakh-vielikoi-otiechiestviennoi-voiny-vidieo>.

untereinander, ihre Alltagsverrichtungen und emotionalen Befindlichkeiten vergleichsweise viel Raum ein, was sichtlich auf ein weibliches Publikum abzielt. Am auffallendsten ist aber die Romantisierung des Krieges: Der Heldentod spielt hier keine Rolle mehr, die jungen Frauen werden zwar verwundet, sterben aber nicht. Vollends sentimental wird die Geschichte mit der Liebesbeziehung zwischen dem Ausbilder und der Gruppenführerin, die sich im Lauf der Geschichte entwickelt und im Finale mit einem langen Kuss in die glückliche Zukunft weist. Im Krieg, so der neue Subtext, robbt man nicht nur durch Schlamm, sondern hat gute Chancen, das große Glück zu finden, samt Aussicht auf ein erfülltes Familienleben danach.
Ein weiterer Versuch, auch weibliche Zuschauerinnen anzusprechen, sind Biopics von Frauen im Großen Vaterländischen Krieg. Dazu zählen die bereits erwähnten Filme *Zoja* und *Marija*. Eine besondere Erwähnung verdient in diesem Zusammenhang der Film *Bitva za Sevastopol'* (Die Schlacht um Sewastopol, 2015). Diese von Sergej Mokrickij inszenierte relativ freie Nacherzählung des Lebens der Scharfschützin Ljudmila Pavličenko gab gewissermaßen das Startsignal für eine ganze Reihe von patriotischen weiblichen Biopics. Im heutigen Kontext wirkt der Film dennoch in mancher Hinsicht ungewöhnlich: Sein Grundtenor ist nicht Kriegslust, sondern der Wunsch „Nur keinen Krieg!“, die Amerikaner werden als Partner dargestellt, und zu alledem ist er eine russisch-ukrainische Koproduktion – eine Zusammenarbeit, die wohl für sehr lange Zeit nicht wieder vorkommen dürfte.[45] Die historische Ljudmila Pavličenko wurde in Kiew ausgebildet und bereiste auf Einladung von Eleonore Roosevelt mit einer Delegation die USA. Das Ziel ihrer Reise war es, Amerika zur Eröffnung einer zweiten Front zu bewegen. In Chicago hielt Pavličenko eine Rede mit dem vielzitierten Satz: „Meine Herren! Ich bin 25 Jahre alt, habe aber an der Front bereits 309 faschistische Invasoren getötet. Kommt es Ihnen nicht auch so vor, meine Herren, als würden Sie sich schon allzu lange hinter meinem Rücken verstecken?“ Verglichen mit anderen Filmen über den Großen Vaterländischen Krieg ist die Protagonistin hier eine relativ lebendige Figur, die unter anderem den Verlust ihrer beiden Lebensgefährten verkraften muss. Einige Rezensenten bezeichnen *Bitva za Sevastopol'* gar als Antikriegsfilm,[46] was aber deutlich übertrieben ist.

Resümee

Allein die schiere Menge der seit 2015 produzierten Filme über den Großen Vaterländischen Krieg zeigt, dass dieses Thema politisch gewollt ist und eine Finanzierung dafür leicht zu finden ist. Die deutlichste Veränderung in vielen dieser Filme ist eine Verschiebung des inhaltlichen Akzents von Krieg auf Sieg. Zugleich wird der Krieg oft als ein spannendes Abenteuer dargestellt, das in einer virtuellen Realität zu bestehen ist; Leid und Verluste bleiben ausgeblendet. Damit entfernen sich diese Filme vom Anspruch einer kritischen Aufarbeitung des Krieges, wie sie während der Tauwetterperiode

[45] Die Dreharbeiten zu diesem Film begannen 2012 und waren 2013 – also vor dem Überfall auf die Krim – bereits abgeschlossen. Der ukrainische Titel „Nezlamna“ (Die Unzerbrechliche) trifft das Thema des Films übrigens wesentlich besser, denn die Schlacht um Sevastopol' spielt nur am Rande eine Rolle.

[46] Anton Dolin: „Bitva za Sevastopol'“. Afiša Daily, 1.4.2015.

unter Nikita Chruščev und auch während der Perestrojka versucht wurde.[47] Die neueren Filme rekurrieren dagegen eher auf die Heroik der Brežnev-Ära und stehen auch nicht an, den Stalinkult der Nachkriegsjahre zu revitalisieren. Parallel dazu ist eine Sakralisierung des Krieges zu beobachten, die sich in der zunehmenden christlichen Symbolik und in der häufigen Darstellung kirchlicher Riten zeigt. Eingebettet sind die neueren Filme in eine allgemeine mentale Aufrüstung, die einem militanten Patriotismus und einem „Russland über alles" Vorschub leistet – wobei die Grenzen zwischen diesem Russland und der Sowjetunion zunehmend verschwimmen. Auf den ersten Blick mag es scheinen, als spielten diese Filme lediglich eine Vergangenheit durch, die inzwischen 75 Jahre zurückliegt. Kritischer betrachtet zeigt sich allerdings, dass bei den Zuschauern das Gefühl eines niemals endenden siegreichen Krieges aufrechterhalten werden soll – eine Stimmung, die jederzeit auf neuen Einsatzgebieten genutzt werden kann.

Schlagwörter:
Russland, Film, Militarisierung, Siegeskult, Heldenverehrung, Zweiter Weltkrieg, Großer Vaterländischer Krieg

[47] Einen kompakten Überblick über die historische Entwicklung der Filme über den Großen Vaterländischen Krieg bis 2005 bietet Imke Hansen: Sowjetische und postsowjetische Repräsentationen des Zweiten Weltkriegs, in: Jörg Morre, Babette Quinkert, (Hg.): Die deutsche Besatzungsherrschaft in der Sowjetunion, 1941–1944. Paderborn 2014, S. 299–317. DOI: <https://doi.org/10.30965/9783657777808_019>.

„A zori zdes' tichie" von Renat Davlet'jarov (2015)

Die „Deutschen" in „Zoja" von Maksim Brius (2021)

Sergej Čapnin

Die bewaffnete Ikonostase

Russlands Staat, die Kirche und die Armee

In den vergangenen Jahren sind in Russland mehrere Kirchen für die Armee, die Nationalgarde und die Geheimdienste errichtet worden. Sie symbolisieren das Bündnis zwischen Staat und Orthodoxer Kirche. Insbesondere die *Hauptkirche der Streitkräfte* ist Ausdruck der Militarisierung des Landes, der neoimperialen Ideologie des Putinismus und der Instrumentalisierung der Kirche zu weltlichen Zwecken. Die Architektur und die Ausstattung des Kirchenbaus dienen irdischen Zwecken. Militärische Werte sollen gefestigt und gefördert, soldatisches Heldentum verherrlicht und die Erinnerung an siegreiche Kriege in Russlands Geschichte wachgehalten werden.

In den drei Jahrzehnten seit der Auflösung der Sowjetunion hat die Russisch Orthodoxe Kirche (ROK) etwa 20 000 Kirchen restauriert oder neu erbaut. Auch wenn keine genaue Statistik vorliegt, ist das ein beeindruckender Umfang. Eine allgemeine Typologie dieser Kirchenbauten im Hinblick auf ihre architektonische Konzeption und ihre soziale Funktion steht noch aus. Eine spezielle Gruppe von Kirchengebäuden wurde errichtet, um das feste Bündnis zwischen dem Staat und der Russisch Orthodoxen Kirche zum Ausdruck zu bringen und zu propagieren. Nach Russlands großflächigem militärischen Angriff auf die Ukraine am 24. Februar 2022 und dessen vorbehaltloser Unterstützung durch Patriarch Kirill (Gundaev) von Moskau und der ganzen Rus' verdienen die Kirchenbauten, die zu Symbolen der Zusammenarbeit zwischen Kirche, Armee und Geheimdiensten geworden sind, besondere Aufmerksamkeit. Die *Hauptkirche der Streitkräfte der Russländischen Föderation* (Glavnyj Chram Vooružennych Sil Rossii), die zum 75. Jahrestag des Sieges im Großen Vaterländischen Krieg im Gebiet Moskau im Jahr 2020 errichtet wurde, ist der auffälligste Ausdruck des religiösen Charakters der neoimperialen Ideologie.

Im ersten postsowjetischen Jahrzehnt, den 1990er Jahren, verkörperte die Kirchenarchitektur in Russland kein gefestigtes Weltbild, sondern war Ausdruck einer von Ratlosigkeit und einer tiefen Identitätskrise geprägten Stimmung. In dieser Phase ging es vor allem um die Wiederherstellung der historischen Gerechtigkeit. Die Kirche forderte, die vom Sowjetregime geschlossenen und zerstörten Kirchen nicht nur an sie zurückzugeben, sondern sie auch auf Staatskosten und mit Unterstützung kommerzieller Organisationen zu restaurieren. Bezeichnenderweise ließen sich Staat und Wirtschaft bei der Mittelvergabe für die Kirchenrestaurierung weniger von religiösen Motiven als von einem

---

Sergej Čapnin (1968), Journalist, Senior Fellow am Orthodox Christian Studies Center der Fordham University, New York

 doi: 10.35998/oe-2022-220

Die Hauptkirche der Streitkräfte. Foto: Sergej Vlasov, Patriarchia.ru

Weihung der Hauptkirche der Streitkräfte, 13.7.2021, Foto: Oleg Varov, Patriarhia.ru

Schuldgefühl gegenüber der Kirche leiten. Die Kirche verstand es, sich als einzigartige gesellschaftliche Institution darzustellen, die nicht nur hohes gesellschaftliches Vertrauen genoss, sondern auch für das Anknüpfen an die Tradition des vorrevolutionären Russland und der tausendjährigen russländischen Staatlichkeit stand.

Ende der 1990er Jahre hatte die Maxime von der Wiederherstellung historischer Gerechtigkeit ausgedient. Der neue Leitsatz lautete, die Wiedergeburt der Kirche werde unausweichlich zur Wiedergeburt Russlands als einer besonderen „orthodoxen Zivilisation“ führen. Entsprechend kam der Orthodoxie aus Sicht der ROK eine Schlüsselstellung bei der Herausbildung einer neuen russischen Identität zu. Ideen, die in Kirchenkreisen entwickelt worden waren, insbesondere die Konzeptionen der „Russischen Welt“ und der „traditionellen Werte“, erwiesen sich als geeignete Basis für eine neoimperiale Ideologie.[1] Diese Entwicklung verlief zum Teil spontan und unreflektiert. Doch die Prioritäten des kirchlichen Lebens – genauer gesagt, die Prioritätsvorgaben des Patriarchen und der Kirchenbürokratie – ließen die Kirche auf eine immer engere Verbindung mit dem Staat zusteuern. Nachdem Kirill im Februar 2009 zum Patriarchen gewählt wurde, war dieser Prozess faktisch abgeschlossen. Die Kirche wurde zunehmend als Teil des Staatsapparats wahrgenommen.

Das neoimperiale Narrativ hat bis heute nichts an Bedeutung verloren. Staat und Kirche sind ihm gemeinsam verpflichtet. Dies dient auch als Rechtfertigung für die direkte und indirekte staatliche Finanzierung der Russisch Orthodoxen Kirche sowie für die enge Beziehung zwischen Staatschef und Kirchenoberhaupt. Als Vladimir Putin Patriarch Kirill 2016 zum 70. Geburtstag gratulierte, erklärte er:

> Die Russisch Orthodoxe Kirche ist zusammen mit unseren traditionellen Konfessionen die wichtigste geistige Stütze unseres Volkes und unserer Staatlichkeit.[2]

Hier sind zwei Aspekte hervorzuheben: Erstens erkennt Russlands Präsident an, dass der Staat, dem er vorsteht, eine geistige Stütze benötigt. Zweitens setzt der Präsident in dieser für autoritäre Regime charakteristischen Wendung Volk und Staat vollständig und bedingungslos in eins.

Sechs Jahre später, im Jahr 2022, gebrauchte der Kirchenfunktionär Vachtang Kipšidze mit abschätzigem Blick auf westliche Politiker praktisch dieselbe Formel, nur diesmal aus kirchlicher Sicht:

> Der Patriarch hat sich nie gegen Volk und Staat gestellt und wird das auch nie tun. Das ist etwas sehr Wichtiges. Und deshalb ruft es bei ihnen so einen enormen Hass hervor.[3]

---

1 Patriarch Moskovskij i vseja Rusi Kirill. Sem’ slov o russkom mire. Vsemirnyj russkij narodnyj sobor 2015. – Sergey Chapnin. The Rhetoric of Traditional Values in Contemporary Russia, in: Kristina Stoeckl, Dmitry Uzlaner (eds.): Postsecular Conflicts. Innsbruck 2020, S. 128–138.

2 Vystuplenie Prezidenta Rossii V.V. Putina vo vremja prazdničnogo koncerta v Chrame Christa Spasitelja po slučaju 70-letija Svjatejšego Patriarcha Kirilla. Patriarchia.ru, 22.11.2016, <www.patriarchia.ru/db/text/4694573.html>.

3 Zakonnyj vopros. Podcast, Duma-TV, 16.10.2022, <https://dumatv.ru/news/kipshidze--patriarh-nikogda-ne-zanimal-i-ne-budet-zanimat-pozitsiyu-protiv-naroda-i-gosudarstva>.

Hier zeigt sich, dass der öffentliche Diskurs der offiziellen Kirchenvertreter demselben ideologischen Strickmuster folgt wie der des Präsidenten: Sie unterscheiden nicht zwischen Volk und Staat und identifizieren sich dadurch voll und ganz mit dem autoritären Regime. Jedwede Kritik an dieser Position wird als Hass eingestuft, der vom offenkundigen Feind ausgeht – dem „kollektiven Westen“.

Regionaler und korporativer Kirchenbau

Das Bündnis zwischen Staat und Russisch Orthodoxer Kirche manifestierte sich architektonisch über lange Zeit vor allem in den Kathedralen der regionalen Zentren. Die meisten dieser Bauten sind am Vorbild der wiedererrichteten Christ-Erlöser-Kathedrale in Moskau ausgerichtet. Der Wiederaufbau der im Dezember 1931 vom Sowjetregime gesprengten Kirche war in der zweiten Hälfte der 1990er Jahre ein wichtiges Ereignis.[4] Der damalige Moskauer Bürgermeister Jurij Lužkov nahm sich dieses Projekts persönlich an. Auch heute noch taucht der Bau im Haushalt der Stadt Moskau auf: Der gesamte Komplex, der nicht nur religiöse, sondern auch gewerbliche Einrichtungen beherbergt, wird von einer Stiftung verwaltet, welche die Moskauer Stadtverwaltung eingerichtet hat. Die ROK kann nur über einen Teil der Räumlichkeiten frei verfügen.

Die Wiedererrichtung von Kathedralen – die oft reich und prunkvoll ausfallen, aber weder immer schön gestaltet noch gut gelegen sind – lag bald im Trend. Es galt, die führende Rolle der Orthodoxie im städtischen Raum zu verankern. Die Ausnahme von der Regel waren Tatarstan und Tschetschenien, wo die Bevölkerung vorwiegend islamischen Glaubens ist. In Kazan, der Hauptstadt Tatarstans, entstand die Kul-Scharif-Moschee als architektonischer Mittelpunkt. Und beim Wiederaufbau des im zweiten Tschetschenienkrieg zerstörten Groznyj wurde im Zentrum der tschetschenischen Hauptstadt mit der Achmat-Kadyrov-Moschee einer der größten Moscheebauten der modernen Welt errichtet. Er trägt auch die offizielle Bezeichnung „Herz Tschetscheniens“.

Während die Regionalregierungen den Bau von Kathedralen betrieben, bildete sich auch eine Praxis des *korporativen* Kirchenbaus heraus, bei dem staatliche Unternehmen – teils gewinnorientiert, teils in staatlicher Trägerschaft – als Förderer auftraten. So fungierte mit *Rosatom,* der Föderalen Agentur für Atomenergie Russlands, eines der größten Wirtschaftsunternehmen unter staatlicher Kontrolle, als Hauptsponsor zur Wiedereröffnung des Klosters Sarov im Gebiet Nižnij Novgorod. Das Kloster, das eng mit der Verehrung des heiligen Seraphim von Sarov (1754–1833), eines der populärsten Heiligen in Russland, verbunden ist, war 1927 geschlossen worden. Genau hier, buchstäblich innerhalb der Klostermauern, wurde die erste sowjetische Atombombe hergestellt. Eine Gruppe konservativer Publizisten nahm diesen historischen Zufall zum Anlass, das Konzept der „nuklearen Orthodoxie“ auf den Schild zu heben, das Egor Cholmogorov 2007 in einem Vortrag in Sarov auf den Punkt brachte:

---

[4] Isabelle de Keghel: Die Moskauer Erlöserkathedrale als Konstrukt nationaler Identität. Ein Beitrag zur Geschichte des „patriotischen Konsenses“, in: OSTEUROPA, 2/1999, S. 145–159.

> Der nuklearen Orthodoxie als Ideologie geht es . . . um die Notwendigkeit, mit Hilfe von Grundlagentechnologien [. . .] die grundlegende Entscheidung der Nation für die Heiligkeit zu schützen.[5]

Weiter führte er aus:

> Die neue russische (russkaja; sic!) Staatlichkeit, die darauf abzielt, die russische Zukunft (russkogo buduščevo; sic!) als eschatologischen Übergang zum Absoluten zu konstruieren, kann keine reine Herrschaft des Sinns (smyslokratija) sein. Sie muss durch eine Hagiokratie und Hagiopolitik ergänzt werden, das heißt durch die permanente Berufung auf heilige Symbole, heilige Realitäten und die unmittelbare Hilfe der Heiligen. Eben dies war die Praxis in Byzanz wie auch im orthodoxen Russland. Sie war auf die intensive Inanspruchnahme der segensreichen Hilfe der Obrigkeit und raffinierter hagiopolitischer Verfahren gegründet.[6]

Damals nutzte die Obrigkeit die heiligen Symbole und die „unmittelbare Hilfe der Heiligen" noch recht scheu und unsicher. Raffinierte Formen sollte dieses *Spiel mit dem Heiligen* fünfzehn Jahre später annehmen: in der *Hauptkirche der Streitkräfte der Russländischen Föderation*. Hier kommt es – ebenso wie zumindest ein Teil von Cholmogorovs Ideen der „atomaren Orthodoxie" – architektonisch zum Ausdruck.

Kehren wir zunächst noch einmal zum Ende des 20. Jahrhunderts zurück. 1998 wurde in Vlassicha bei Moskau, dem Hauptsitz der Strategischen Raketentruppen der Russländischen Föderation, die Il'ja-Muromec-Kirche mit einem der heiligen Großmärtyrerin Barbara geweihten Nebenaltar errichtet. Dort hatte Priester Michail Vasil'ev gewirkt, der im November 2022 auf Seiten der russländischen Truppen im Krieg im Gebiet Cherson ums Leben kam. Auf der Website der Kirche wird stolz geschildert, wie eng die Kleriker in das Armeeleben einbezogen sind:

> Die Geistlichen haben Teil am Leben und Tun der Truppen in allen seinen Ausprägungen: von der Eidesleistung der jungen Rekruten über die Sitzungen der Militärräte bis hin zur Teilnahme an der Vorbereitung und Durchführung von Raketenstarts auf Testgeländen an verschiedenen Enden unseres Landes. Auf Ersuchen des Kommandos der Strategischen Raketentruppen fahren die Kleriker des Metochions auch zu anderen Garnisonen der Truppen, die auf den Territorien von 17 Subjekten der Russländischen Föderation stationiert sind. Über das Jahr hinweg werden besondere, frühe Eucharistiegottesdienste für Soldaten und Offiziere abgehalten, bei denen jeweils 100 bis 300 Soldaten die heilige Kommunion empfangen.[7]

---

[5] Egor Cholmogorov: Atomnoe pravoslavie: sarovskaja lekcija. Specnaz Rossii 7 (13), Juli 2007, <www.specnaz.ru/article/?1118>. – Zum Konzept der „nuklearen Orthodoxie" und seinen Hintergründen: Dmitry Adamsky: Russian Nuclear Orthodoxy. Religion. Politics and Strategy. Stanford 2019.

[6] Ebd.

[7] Website der Kathedrale der Strategischen Raketentruppen, <http://sobor-rvsn.ru/church/>.

Die Mariä-Verkündigungs-Kirche im Moskauer Stadtteil Sokolniki wurde zur Hauptkirche der Luftstreitkräfte erklärt. Die Kirche des FSB an der Bol'šaja Lubjanka ist weitaus bescheidener und wird als „Hauskirche" bezeichnet. Die Truppen der Nationalgarde der Russländischen Föderation (Rosgvardija) haben hingegen eine eigene „Hauptkirche". Sie wurde im November 2022, also während des großflächigen Kriegs gegen die Ukraine, in dem auch die Nationalgarde im Einsatz ist, von Patriarch Kirill eingeweiht. In einer Predigt nach dem Gottesdienst stellte der Patriarch Russlands Angriff auf die Ukraine als internen Konflikt, also faktisch als einen Bürgerkrieg dar:

> Leider haben nicht alle Politiker genügend Verstand, um zu begreifen, woher der Wind weht und was sich hinter diesem Wunsch mächtiger Kräfte außerhalb der Rus verbirgt, die Menschen zu einem mörderischen Krieg aufzustacheln. Es steckt nur eines dahinter: Der Wunsch, die Heilige Rus zu schwächen. Mit diesem Ausdruck meine ich sowohl Russland als auch die Ukraine und Belarus. Sie sind nach Lavrentij von Černigov, dem herausragenden Asketen der Frömmigkeit, die Heilige Rus. [. . .] Heute haben wir für alle unsere Soldaten und natürlich besonders für unsere Gardetruppen gebetet. Wir haben den Herrn gebeten, denen, die zur Verteidigung des Vaterlandes berufen sind, Kraft zu geben und ihren Willen zu stärken, vor allem ihr Bewusstsein für die Richtigkeit der Tat, die jeder Soldat vollbringt, indem er für die Verteidigung seines Vaterlandes einsteht.[8]

Die *Nikolaj-Marinekathedrale* in Kronstadt (Morskoj sobor svjatitelja Nikolaja Čudotvorca) erhielt 2013 den Status der *Hauptkirche der russländischen Marine*. Es gibt orthodoxe Kirchen bei Militäreinheiten in Russland und auf russländischen Militärbasen im Ausland. Die Priester, die in diesen Kirchen dienen, sind nach russländischem Recht keine Militärseelsorger, sondern haben den Status stellvertretender Kommandeure für die Arbeit mit gläubigen Militärangehörigen.

Die Hauptkirche der Streitkräfte

Die *Hauptkirche der Streitkräfte* im Park „Patriot" bei Moskau nimmt eine Sonderstellung unter Russlands Militärkirchen ein. Wer hätte gedacht, dass sich die – weltliche wie kirchliche – Öffentlichkeit durch die Errichtung eines weiteren Sakralbaus zum Staunen bringen lassen würde? Doch geschah genau dies: Die Einweihung der Hauptkirche der Streitkräfte der Russländischen Föderation war nicht nur ein innerkirchliches, sondern ein staatliches Ereignis. In der öffentlichen Diskussion über die Ausstattung der Kirche, die monatelang andauerte, zeigten sich Beteiligte verblüfft, ja schockiert.

---

8 Patriaršaja propoved' posle Liturgii v chrame ravnoapostol'nogo knjazja Vladimira v podmoskovnoj Balašiche. Patriarchia.ru, 6.11.2022, <www.patriarchia.ru/db/text/5974368.html>.

Patriarch Kirill verleiht dem Kommandeur der Nationalgarde, Armeegeneral Viktor Zolotov, einen kirchlichen Orden nach der Einweihung der Kirche des Heiligen Großfürsten Vladimir, der Hauptkirche der Nationalgarde, in Balašicha (Moskauer Gebiet), 6.11.2022. Foto: Oleg Varov, Patriarchia.ru

Mosaik mit der Darstellung der Heiligen Il'ja Muromec, Aleksandr Nevskij und Fejdor Ušakov als Schutzpatrone der sowjetischen Armee während des Zweiten Weltkriegs. Foto: Oleg Varov, Patriarchia.ru

Die *Hauptkirche der Streitkräfte* unterscheidet sich deutlich von den übrigen Kirchenneubauten, auch den verschiedenen „korporativen Kirchen". Sie ist weder eine historische Rekonstruktion noch der funktionalen Architektur verpflichtet, sondern darauf angelegt, eine umfassende neue visuelle Ausdrucksform für die imperiale Ideologie zu finden. Das künstlerische Programm des Baus fällt durch seinen Eklektizismus auf, der sich weniger auf der Ebene der einzelnen Architektur- und Gestaltungselemente als im Ideellen manifestiert. Hier dominiert die enge Verflechtung des Kirchlichen mit dem Sowjetischen. Diese Idee wird prägnant und plastisch zum Ausdruck gebracht.

Die neuen orthodoxen Kirchenbauten in Russland sind zum allergrößten Teil bestenfalls recht durchschnittliche Nachahmungen unterschiedlicher Architekturstile, etwa des byzantinischen Kirchenbaus, der Pskov-Novgoroder Architektur, der Moskauer Ornamentik, des Barock oder des Klassizismus. Oft bleibt es jedoch bei einem postmodernen Sammelsurium verschiedener Stilzitate, wobei nicht einmal versucht wird, den Zweck des Baus und die Aufteilung und Symbolik des Raums zu verstehen. Die Architekten sind bis auf seltene Ausnahmen nicht in der Lage, eigenständige architektonische und gestalterische Entscheidungen zu treffen. Die Auftraggeber verlangen dies auch so gut wie nie. Der Bau soll vor allem „traditionell", reich und prunkvoll wirken und keine auffälligen Neuerungen aufweisen.

Auch die *Hauptkirche der Streitkräfte* ist sehr prunkvoll und reich ausgestattet; allerdings wird man den Auftraggebern und Architekten hier schwerlich Kühnheit absprechen können. Sie haben alles daran gesetzt, den Bau mit verschiedenen Bedeutungen aufzuladen, sowohl offenen als auch versteckten. Letztere beziehen sich allerdings nicht auf die Geheimnisse der Erkenntnis Gottes und der Gemeinschaft mit Gott, sondern auf formale Daten und kalendarische Werte. Selbst führende Experten der liturgischen Theologie oder Architekturhistoriker dürften ohne weitere Erklärung kaum in der Lage sein, diese Denksportaufgabe zu lösen.

Weshalb beträgt der Durchmesser des Tambours der Hauptkuppel genau 19 Meter und 45 Zentimeter? Antwort: Um das Ende des Großen Vaterländischen Krieges im Jahr 1945 zu würdigen.

Weshalb sind die kleinen Kuppeln 14 Meter und 18 Zentimeter hoch? Antwort: Der Krieg dauerte von 1941–1945 genau 1418 Tage.

Weshalb sind an der Ikonostase 48 Ikonen angebracht? Antwort: Dies entspricht der Anzahl der Monate, in denen im Großen Vaterländischen und im Sowjetisch-Japanischen Krieg gekämpft wurde.

Mit anderen Worten, die Architekten sind nach Kräften bemüht, zu zeigen, dass mit dem Kirchenbau ganz irdische – ideologische – Werte gefestigt und gefördert werden sollen: die Verherrlichung soldatischen Heldentums und die Erinnerung an die Geschichte militärischer Siege. Diese Manier, der Architektur hinterrücks Bedeutungen unterzuschieben, setzt sich auch bei anderen architektonischen Gestaltungs- und Ausstattungselementen fort.

Was den theologischen Gehalt angeht, so wird das Thema des Sieges in einem Geist interpretiert, der der Verkündigung des Evangeliums fremd ist. Die Mosaike in der Galerie zeigen, wie die Mutter Gottes in verschiedenen historischen Schlachten russische, sowjetische und russländische Soldaten beschützt und begünstigt hat. Der Sieg wird unmissverständlich als Zerstörung und Demütigung des Feindes und Triumph des von der Staatsmacht geführten nationalen Geistes aufgefasst. Die Stufen des Baus bestehen aus eingeschmolzenen Ketten deutscher Panzer. Verteidigungsminister Sergej Šojgu erklärte stolz:

> Wenn wir die Stufen dieser Kirche hochsteigen, haben wir das Gefühl, auf die Waffen des besiegten Feindes zu treten.[9]

Anders gesagt: Auch heute, 78 Jahre nach dem Ende des Zweiten Weltkriegs, lässt der „bezwungene Feind" niemandem Ruhe. Der Minister muss sich nicht nur selbst stets von Neuem vergewissern, dass der Feind wirklich besiegt ist, sondern auch die Jugend lehren, ihn mit Füßen zu treten. Schon an der Schwelle der Kirche wird eine besondere Siegesstimmung heraufbeschworen, die sich im Inneren noch weiter verstärken soll. Dabei ist der Raum so ausgestaltet, dass man beim Eintreten von einer monumentalen Parade sakraler Bilder überwältigt wird.

Vasilij Nesterenko, der die künstlerische Ausgestaltung der Kirche verantwortet, schwärmt:

> Ein weltweit bedeutsamer Gesichtspunkt ist, dass wir in der Kuppel die größte Christusdarstellung der Welt haben [. . .] Das nennt man Know-how. Das hat es noch nie gegeben. Ein Mandylion. [. . .] An der westlichen Apsis auf der gegenüberliegenden Seite ist eine riesige, dreißig Meter hohe Muttergottes, die von allen Kriegen zeugt, die wir hatten. Sie wird vor allem mit dem Großen Vaterländischen Krieg assoziiert.[10]

Erzpriester Leonid Kalinin, der den Bau für die ROK beaufsichtigte, kommentierte:

> Die Motive im westlichen Teil der Kirche etwa werden hauptsächlich den Siegen russischer Waffen und den sie begleitenden Erscheinungen [der Muttergottes; S.Č.] gewidmet sein.[11]

Ein Problem gab es bei der Darstellung der „führenden Rolle der Partei und der Regierung", wie man zu Sowjetzeiten gesagt hätte. Ein Stalin-Bild auf einem Mosaik im Vorraum der Kirche rief nicht nur scharfe Kritik, sondern Empörung hervor, nicht zuletzt bei den orthodoxen Christen. So schrieb etwa der Erzmönch Ioann (Dmitrij Kurmojarov) in seinem Facebook-Account:

> Es handelt sich nicht um eine Kirche, sondern um einen heidnischen Tempel. [. . .] Es ist ein weiteres Beispiel dafür, wie sich die Orthodoxie in banales Heidentum verwandelt, mit ihren Kultstätten, ihren himmlischen Schutzheiligen, Ikonen der Streitkräfte und Kirchen nach Berufszugehörigkeit.[12]

Wegen dieser Äußerungen wurde er im Übrigen vom Dienst suspendiert.[13]

---

9 Stupeni glavnogo chrama VS Rossii sdelajut iz trakov nemeckich tankov. RIA Novosti, 13.3.2020.

10 „Ne chotite, ne molites'." Interview mit Vasilij Nesterenko, dem Leiter der künstlerischen Ausgestaltung der Kirche der russländischen Streitkräfte. MBCh-media, 1.5.2020.

11 V Patriaršem sovete po kul'ture podtverdili, čto chram Vooružennych sil ukrasjat mozaikami s Putinym, Šojgu i Stalinym. MBCh-media 24.4.2020.

12 <www.facebook.com/permalink.php?story_fbid=2655409451364261&id=100006856967199>.

13 Nakazannomu za kritiku chrama Minoborony svjaščenniku zapretili služit' v Novosibirske i prepodavat'. tajga.info, 16.9.2020, <https://tayga.info/159410>.

Die Nikolaj-Marinekathedrale in Kronstadt ist seit 2013 Hauptkirche der russländischen Marine.

Aus Sicht des Bauherrn und sogar der Vertreter des Moskauer Patriarchats hat das jedoch schon seine Richtigkeit. So erklärte Erzpriester Kalinin unbeirrt:

> Was Stalin betrifft, wissen doch alle, dass er einerseits ein Tyrann und andererseits der Oberbefehlshaber [der Streitkräfte] war. Die Entscheidung, ihn aus der Geschichte zu streichen, kann nur von der Staatsduma, dem Präsidenten oder durch ein nationales Referendum getroffen werden. Vorzugsweise letzteres, damit niemand für das Volk entscheidet.[14]

Hier zeigt sich einmal mehr, wie ehrfürchtig die offiziellen Kirchenvertreter mit hochgestellten Persönlichkeiten umgehen und wie sorgsam sie nationale Geschichtsmythen pflegen, selbst wenn diese aus der Zeit eines atheistischen Staates stammen. Es ist schwer vorstellbar, dass etwa der Papst als Bischof von Rom leidenschaftlich die Idee verteidigen würde, Statuen von Nero oder Diokletian in den christlichen Kirchen der Stadt aufzustellen.

In der ideologischen Konstruktion, in der das Projekt der *Hauptkirche der Streitkräfte* verankert ist, darf das Bildnis Stalins nicht fehlen . Ohne den Staat gibt es keine Siege. Sicher, der Sieg muss vom Volk errungen werden, aber ohne Führer bringt es nichts zuwege. Und deshalb kommt dem Bildnis des Führers eine zentrale Funktion zu. Aber wie Stalin darstellen? Diese Frage dürfte den Künstlern viel Kopfzerbrechen bereitet haben. Letztlich scheuten sie davor zurück, Stalin direkt in die Komposition einzubeziehen und stellten stattdessen sein Porträt auf einem Transparent inmitten der Siegesparade dar. Es ist schwer zu sagen, wer diese Entscheidung genehmigt hat und warum die Bauherren und die Aufsichtsführenden der Russisch Orthodoxen Kirche sie für gut befanden. Das Transparent mit dem Porträt des *vožd'* auf rotem Stoff ist unmittelbar dem Kirchenbanner nachempfunden. Auf Kirchenbannern sind in der Regel die Ikonen von Heiligen abgebildet. Die ROK trägt damit die parareligiösen Praktiken, deren sich die Bolschewiki bedienten, nicht nur weiter, sondern legitimiert sie. Mehr noch, sie gibt ihren Segen dazu, dass solche Darstellungen in der Kirche verwendet werden.

Ist ein Bildnis Stalins in einem orthodoxen Gotteshaus mit den kirchlichen Traditionen vereinbar? Ja, aber in einem völlig anderen Zusammenhang, der keinerlei positive Konnotationen weckt. An der Westwand von Kirchenbauten befindet sich traditionsgemäß ein Fresko mit dem Motiv des Jüngsten Gerichts, das die Schicksale der Gerechten und der Sünder nach ihrem Tod zeigt. Im unteren Teil sind die verschiedenen Qualen dargestellt, die die Sünder erleiden müssen. Dort, in einem Kessel mit kochendem Teer, könnte auch Iosif Stalin Platz finden, der Millionen von Sowjetbürgern russischer, ukrainischer, belarussischer oder anderer Nationalität vernichtet hat.

Es fragt sich, wem die *Hauptkirche der Streitkräfte* der Russländischen Föderation eigentlich gewidmet ist. Hier sind nicht nur einzelne Elemente, sondern das gesamte Konzept eines orthodoxen Kirchengebäudes einer radikalen Umdeutung unterzogen worden. Kann man wirklich sagen, dass diese Kirche zur Ehre Gottes errichtet wurde?

Zur Beantwortung bedarf es eines kleinen Exkurses: Als ich vor einigen Jahren als Kurator die erste große Ausstellung zeitgenössischer christlicher Kunst vorbereitete,

---

[14] Ebd.

musste ich mich mit der Frage befassen, welche Art von Kunst wir heute als christlich bezeichnen können. Die formale Annahme, dass es sich bei Kunst mit christlichen Motiven immer um christliche Kunst handle, führt schnell in die Sackgasse. Im postmodernen Zeitalter sind Zitate nicht nur möglich, sondern als künstlerische Praxis weit verbreitet. Um ein Kunstwerk zu schaffen, das das Evangelium oder die Kirchengeschichte thematisiert, muss man nicht an Christus glauben oder ihn auch nur achten.
Was also dann? Die Antwort auf diese Frage findet sich im Matthäusevangelium. In der Geschichte von der Geburt des Heilands heißt es von den Weisen aus dem Morgenland:

> [U]nd sie gingen in das Haus hinein und fanden das Kind samt Maria, seiner Mutter. Da fielen sie nieder und beteten es an; und sie öffneten ihre Schatzkästchen und brachten ihm Gaben.[15]

Unsere freie Kreativität ist eine Gabe, die wir von Gott empfangen haben. Und Christen sind aufgerufen, ihm diese Gabe darzubringen. Die Geschichte der drei Weisen, die ihre Gaben brachten, gibt uns den Schlüssel zu einem christlichen Verständnis von Kunst und von freier Kreativität im weiteren Sinn.
Die Weisen aus dem Morgenland brachten dem Christkind nicht nur Gaben dar, sie beteten es auch an. Ist dieses Moment der Anbetung im ikonographischen Programm des Kirchenbaus präsent? Um das zu klären, hilft der Blick auf zwei zentrale Bildnisse, die Russlands Präsidenten und den wichtigsten Stifter des Kirchenbaus, Verteidigungsminister Sergej Šojgu, zeigen. Das Mosaik ist mittlerweile wieder demontiert worden, doch das tut nichts zur Sache. Präsident und Minister wurden inmitten einer Menschenmenge dargestellt, die die Annexion der Krim durch Russland bejubelt. Auf die erstaunten Fragen, ob solche Abbildungen in einem Gotteshaus möglich seien, erwidert der Vorsteher der Hauptkirche der russländischen Streitkräfte, Bischof Stefan von Klin, seelenruhig:

> Es gibt eine Tradition der Darstellung historischer Szenen aus verschiedenen geschichtlichen Epochen. Die Angliederung der Krim ist natürlich ein solches bedeutendes Ereignis. Und daran waren die ersten Personen des Staates beteiligt, die dort abgebildet sind.[16]

In Kirchen werden jedoch nicht einfach irgendwelche historischen Ereignisse dargestellt, sondern nur solche, in denen das Wirken der göttlichen Vorsehung in der Geschichte zum Ausdruck kommt. Kann die Angliederung der Krim an Russland dazu gezählt werden? Diese Frage ist für die Kirche äußerst heikel. Nicht nur, weil die Weltgemeinschaft den Beitritt nicht anerkannt hat, sondern weil mittlerweile klar ist, dass die Annexion der Krim der Auftakt zu einem großen und blutigen Krieg war, den ganz allein Russland zu verantworten hat. Gibt es hier irgendeinen Grund zum Stolz? Die ROK erkennt faktisch an, dass sie zusammen mit der Staatsmacht die Verantwortung für die begangenen Verbrechen auf sich nimmt. Wie anders ließe sich diese Symbolik heute interpretieren?

[15] Matthäus 2, 11, <www.bibleserver.com/SLT/Matth%C3%A4us2,11>.
[16] V RPC ob"jasnili portrety Putina i Stalina na mozaike glavnogo chrama armii. RBC, 24.4.2020.

Es kann durchaus zulässig sein, den Stifter eines Kirchenbaus auf Gemälden und Mosaiken abzubilden, aber die Darstellung sollte die Idee der Gabe und der Anbetung zum Ausdruck bringen.

Ziehen wir zum Vergleich die Kirche Santa Maria dell' Ammiraglio heran, die Mitte des 12. Jahrhunderts in Palermo erbaut wurde. Ihr Stifter, Georg von Antiochien, war ein herausragender Marinekommandant des sizilianischen Königs Roger II. In der Vorhalle der Kirche ließ er ein Mosaik anbringen, auf dem er abgebildet ist. Aber wie sieht dieses Bildnis aus? Es zeigt Georg von Antiochien, wie er sich vor der Muttergottes zu Boden wirft. Dabei hat er im Verhältnis zu ihr eher die Größe eines mittleren Hundes. Dieses Mosaik hat nichts Triumphales oder Erhabenes, sondern drückt Demut und Ehrerbietung aus. Kann man sich Sergej Šojgu in einer solchen Pose denken? Meine Vorstellungskraft reicht dafür nicht aus. Für den Verteidigungsminister Russlands wäre es unangebracht, von Demut zu sprechen. Sie wird im heutigen Russland ausschließlich als eine – für Staatsmänner unverzeihliche – Schwäche gesehen. Putins Bemerkung im Atelier des Künstlers Il'ja Glazunov ist noch gut in Erinnerung:

> Boris und Gleb sind natürlich Heilige, klar. Aber man muss kämpfen – für sich selbst, für das Land. Sie haben alles kampflos aufgegeben. Das kann uns kein Vorbild sein.[17]

Das Verteidigungsministerium und der Staat haben allen Anlass, auf diesen Kirchenbau stolz zu sein. Für die ROK ist er hingegen schon jetzt zu einem großen Problem geworden. Der staatlich aufgenötigte Militarismus in Gestalt eines Sakralbaus ist den orthodoxen Traditionen theologisch wie ästhetisch zutiefst fremd. Für die Kirche kommt es im Gegenteil darauf an, die Erinnerung an den Großen Vaterländischen Krieg vollständig zu entmilitarisieren. Der Gedanke, diese Erinnerung auf eine persönliche, zivilgesellschaftliche Ebene zu übertragen, lag der vor einigen Jahren ins Leben gerufenen Aktion „Unsterbliches Regiment" zugrunde. Auch sie ist inzwischen jedoch vom Staat vereinnahmt worden, der sie zu Propagandazwecken instrumentalisiert.[18]

Das jahrelange Bestreben, aus dem Sieg im Großen Vaterländischen Krieg eine „geistige Klammer" zu konstruieren, Krieg und Sieg zu einem Schlüsselelement der Konsolidierung der Nation zu machen, hat Russland letztlich zum Angriff auf die Ukraine und in die nationale Katastrophe geführt.

Gut möglich, dass die Hauptkirche der Streitkräfte in einigen Jahren, nach dem Sturz des Putin-Regimes, zum Denkmal einer verbrecherischen Staatsideologie wird – einem Mahnmal zur Erinnerung an die Opfer jenes Krieges, auf den weder Russland noch die Russisch Orthodoxe Kirche je stolz sein werden.

Aus dem Russischen von Anselm Bühling, Berlin

Schlagwörter:
Russland, Russisch Orthodoxe Kirche, ROK, Kirchenbau, Hauptkirche der Streitkräfte, Militarisierung, Geschichtspolitik

---

17 Zit nach: <www.youtube.com/watch?v=Oc_UVNTAThg>.

18 Julie Fedor: Russlands „Unsterbliches Regiment. Der Staat, die Gesellschaft und die Mobilisierung der Toten, in: OSTEUROPA, 5/2017, S. 61–85.

Abstracts

Weapons, Coat of Arms, Economy

Russia's Glocal War against Ukraine

Hanna Notte
Infectious Refusal to Cooperate
USA vs. RF: The Death of Nuclear Arms Control

Exclusion is an important strategy in international politics. In spite of an overarching conflict, states set certain areas aside and cooperate to their mutual advantage. This practice is becoming increasingly rare in US-Russia relations. Moscow is threatening to end joint nuclear arms control, in order to get the US to stop supporting Ukraine. After the ABM Treaty and the INF Treaty, the New START Treaty, the last major bilateral agreement on nuclear arms control, is now teetering on the brink of collapse. Many other areas of international cooperation are also affected by the spreading logic of confrontation: the Nuclear Non-Proliferation Treaty, the nuclear agreement with Iran, humanitarian aid deliveries to north-west Syria, and joint climate research in the Arctic.

Mykola Homaniuk
Empire, Union, Rossiia
The Symbolic Politics the Occupiers in Ukraine

Since its attack on Ukraine, Russia has been using all means of symbolic politics in an effort to justify the occupation and annexation of territories in the southeast of its western neighbour. Above all, toponyms from the era of the Russian Empire play a major role. But emblems and posters also display historical imagery that is supposed to justify the violent appropriation of territory. Soviet symbols, such as the monuments to Lenin that have been returned to public spaces, serve the same purpose. The occupiers are very restrained in their use of Russian toponyms from the Tsarist era and today's.

Egbert Jahn
Ceasefire by Arms Deliveries
Two Scenarios for Ukraine

Western states are supplying Ukraine with ever larger amounts of weapons in ever improving quality. At the same time, there are growing calls to stop the deliveries and start negotiations for a ceasefire. In Germany, the "Manifesto for Peace" has received considerable support. Implementation of the demands would lead to direct German support for Russia's policy of war and conquest, destroy Ukraine in its present form, and shake up the global order. German national pacifism would create a serious existential crisis for the EU and NATO. A peace policy is only conceivable as a European and transatlantic one. Russia and Ukraine are not yet ready for ceasefire negotiations. But it does already make sense to develop scenarios for negotiated solutions. Neither warring party will achieve its maximum war aims militarily.

Roland Götz
Wartime Economy
Russia's Economic Development in 2022

After Russia's attack on Ukraine, numerous institutes predicted a significant economic slump in Russia in 2022 due to tightened Western sanctions. This has not set in. As the energy sector remained almost completely exempt from sanctions until the end of 2022, Russia's economy saw a significant inflow of foreign currency. This prevented a collapse of the financial system. Statistical data shows that in 2022 the wartime economy was strengthened at the expense of the civilian economy.

Natal'ia Zubarevich
Sanction Resistant
Russia's Regions in 2022

The economic slump in Russia in 2022 was less severe than forecast. This was due to high global market prices for energy commodities, the rapid adaptation of companies to Western sanctions, and targeted intervention on the part of the state. However, development in the regions varied greatly. Oil-producing regions benefited from high prices. The situation was difficult due to the departure of international corporations from centres of the automotive industry. This also applies to the regions in the country's west, where the lumber processing and ferrous metal industries play a major role. In the country's west and east, where production is geared to the domestic market or export to Asia, this was less the case. Regional budgets are stable due to payments from Moscow. Unemployment is low. However, aging and emigration are leading to a shortage in skilled workers. No recovery is expected in 2023. Growth is to be expected only where armaments factories are located.

Sergei Vakulenko
Price Cap or Invisibility Cloak?
Russia's Oil Exports and Their Price

Western countries want to reduce Russia's revenues from oil exports. To this end, the EU and G7 states in early December 2022 decided on a price cap for crude oil that Russia brings to the world market by ship. Shipowners, technical service providers, financial service providers, and insurers from these countries are only allowed to participate in oil exports from Russia if the price achieved is no more than $60 dollars per barrel. Official figures give the impression that the mechanism is working. Russia was said to be selling crude oil at an average of $47 a barrel as of January 2023. In fact, however, it can be assumed that the Russian companies are achieving prices between $70 and $75 per barrel in the important market of India. The market for shipping services is so opaque that regulations can be circumvented and revenues directed to shadow accounts.

Katia Mikhailovskaia
Foreign Companies in Russia
A Portrait of Customs and Mores from the Year of War 2022

Many foreign companies left Russia after its attack on Ukraine in February 2022. But appearances are deceiving: many corporations are still active in Russia, especially in the agricultural, food and pharmaceutical sectors. They had to struggle with logistical problems and experienced a boom in demand. They adapted corporate strategies and developed justification strategies. The atmosphere within the labour force has also changed. Employees are contextualising themselves with new views of themselves and the world in a country that is committing war crimes every day. The spectrum ranges from indignation, which is openly expressed in circles of like-minded people, to repression and jingoism. Nobody wants to make any personal sacrifices for the fatherland.

Ulrich Schmid
Inside War's Hall of Mirrors
Zelens'kyi's and Putin's Political Rhetoric

Russia's war in Ukraine is also being fought on the media battlefield. Both presidents are employing rhetorical strategies to rally audiences at home and abroad to their side. However, Putin's wartime propaganda has become bogged down in absurd arguments and can hardly reach those addressed outside of his own ideological circle. Zelens'kyi benefits from his television experience and consistently orients his forceful speeches to the horizon of his audience's expectations. Whatever the military outcome of the war, Zelens'kyi has already won as a rhetorician.

Dar'ia Talanova
"Blood Is Dripping from the Satchel"
Patriotism Education in Russian Schools

Teaching patriotic duties is high on the agenda in Russia's schools. Pupils are forced to write letters to the front, collect humanitarian aid for the residents of the Donbas, and celebrate the "Russian Spring". Since September 1, 2022, teachers have had to start every school week by raising the Russian flag and conducting a classroom lesson on the "special operation". However, ideological education did not enter Russia's schools recently. Since 2012, it has played an increasingly important role in curricula and in extracurricular activities in particular.

Yuliya von Saal
Raised to Hate
The Militarisation of Childhood in Belarus

In response to the mass protests against the Lukashenka regime in 2020 and 2021, which were largely carried out by young people, the autocrat decreed a "new start" for the Belarusian education system under "military-patriotic" auspices. State institutions are inoculating children with an ideology that, under the guise of "loyalty to their homeland", incites hatred of internal and external "enemies". Drawing on models from the Soviet Union and Russia, young "defenders of the fatherland" are being cultivated. In pre-military classes, "military-patriotic clubs", and summer camps, the security organs are introducing schoolchildren to military service with promises of adventure and community. Through indoctrination, drill, and intimidation, they are seeking to mould them into loyal, docile subordinates.

Dietmar Neutatz
Putin's History Politics Machine
The Russian Military Historical Society

History policy serves the Putin regime as an instrument to legitimize its imperialist great power politics and strengthen national unity. At its core lies a patriotic, heroic military history. The Russian Military Historical Society uses multimedia exhibitions, monumental memorials, battle re-enactments, military-historical tourism and intensive work with children and young people to charge the public sphere with patriotic warfare. The glorification of historical wars and victories under the firm leadership of strong rulers, and especially the memory of the heroic defence of the Fatherland in the Second World War have made up an integral part of anti-Western propaganda during the invasion of Ukraine and tightening of Western sanctions.

Christine Engel
Victory, Victory, Victory!
The Apotheosis of the Second World War in Russian Cinema

Feature films about the Great Patriotic War have been experiencing a boom in Russia for several years. Thanks to generous support from state funds, a flood of new productions has emerged that form part of the country's general martial and patriotic mental rearmament. These films increasingly pay homage to an unadulterated cult of victory. Productions that are critical of war as such have disappeared. Instead, today's films and television series often present combat as a (computer) adventure enriched with special effects. The new cinematic canon is characterized not only by a romanticization of war, but also by a revival of Stalin and a close connection to the Orthodox Church.

Sergei Chapnin
The Armed Iconostasis
Russia's State, the Church, and the Army

In recent years, several churches for the army, the national guard, and the secret services have been built in Russia. They symbolize the alliance between the state and the Orthodox Church. In particular, the main church of the armed forces stands as an expression of the country's militarization, Putin's neo-imperial ideology, and the instrumentalization of the church for secular purposes. The architecture and furnishings of the church's structure serve earthly purposes. Military values are to be consolidated and promoted, soldierly heroism glorified, and the memory of victorious wars in Russia's history kept alive.